公益財団法人
数学オリンピック財団
監修

日本評論社

まえがき

本書は，第 30 回 (2020) 以後の 5 年間の日本数学オリンピック (JMO) の予選・本選，および第 61 回 (2020) 以後の 5 年間の国際数学オリンピック (IMO)，さらに第 36 回 (2024) アジア太平洋数学オリンピック (APMO)，2023 年 11 月実施のヨーロッパ女子数学オリンピック (EGMO) の日本代表一次選抜試験と第 13 回大会で出題された全問題とその解答などを集めたものです．

巻末付録の 6.1，6.2，6.3 では，JMO の予選・本選の結果，EGMO および IMO での日本選手の成績を記載しています．6.4 には，2020〜2024 年の日本数学オリンピック予選・本選，国際数学オリンピックの出題分野別リストを掲載しています．

また，巻末付録 6.5 の「記号，用語・定理」では，高校レベルの教科書などではなじみのうすいものについてのみ述べました．なお，巻末付録 6.6 では，JMO，JJMO についての参考書を紹介してあります．6.7 は，第 35 回日本数学オリンピック募集要項です．

なお，本書に述べた解答は最善のものとは限らないし，わかりやすくないものもあるでしょう．よって，皆さんが自分で工夫し解答を考えることは，本書の最高の利用法の一つであるといえましよう．

本書を通して，皆さんが数学のテーマや考え方を学び，数学への強い興味を持ち，日本数学オリンピック，さらには国際数学オリンピックにチャレンジするようになればと願っています．

公益財団法人　数学オリンピック財団 理事長
前田 吉昭

日本数学オリンピックの行事

(1)　国際数学オリンピック

The International Mathematical Olympiad : IMO

1959年にルーマニアがハンガリー，ブルガリア，ポーランド，チェコスロバキア(当時)，東ドイツ(当時)，ソ連(当時)を招待して，第1回IMOが行われました．以後ほとんど毎年，参加国の持ち回りでIMOが行われています．次第に参加国も増えて，イギリス，フランス，イタリア(1967)，アメリカ(1974)，西ドイツ(当時)(1976)が参加し，第20回目の1978年には17ヶ国が，そして日本が初参加した第31回(1990)の北京大会では54ヶ国が，2003年以来20年ぶりに日本で開催された昨年2023年千葉大会では112ヶ国，618名の生徒が，世界中から参加し，名実ともに世界中の数学好きの少年少女の祭典となっています．

IMOの主な目的は，すべての国から数学的才能に恵まれた若者を見いだし，その才能を伸ばすチャンスを与えること，また世界中の数学好きの少年少女および教育関係者であるリーダー達が互いに交流を深めることです．IMOの大会は毎年7月初中旬の約2週間，各国の持ち回りで開催しますが，参加国はこれに備えて国内コンテストなどで6名の代表選手を選び，団長・副団長らとともにIMOへ派遣します．

例年，団長等がます開催地へ行き，あらかじめ各国から提案された数十題の問題の中からIMOのテスト問題を選び，自国語に訳します．その後，選手6名が副団長とともに開催地に到着します．

開会式があり，その翌日から2日間コンテストが朝9時から午後1時半まで(4時間半)行われ，選手達はそれぞれ3問題，合計6問題を解きます．コンテストが終わると選手は国際交流と観光のプログラムに移ります．団長・副団長らはコンテストの採点(各問7点で42点満点)と，その正当性を協議で決めるコーディネーションを行います．開会より10日目頃に閉会式があり，ここで成績優秀者に金・銀・銅メダルなどが授与されます．

(2)　アジア太平洋数学オリンピック
The Asia Pacific Mathematics Olympiad : APMO

APMO は 1989 年にオーストラリアやカナダの提唱で西ドイツ国際数学オリンピック (IMO) 大会の開催中に第 1 回年会が開かれ，その年に 4 ヶ国 (オーストラリア，カナダ，香港，シンガポール) が参加して第 1 回アジア太平洋数学オリンピック (APMO) が行われました．

以後，参加国の持ち回りで主催国を決めて実施されています．第 2 回には 9 ヶ国が参加し，日本が初参加した 2005 年第 17 回 APMO では 19 ヶ国，2024 年の第 36 回 APMO は日本を含む 38 ヶ国が参加し，日本は金メダル 1 個，銀メダル 2 個，銅メダル 4 個を取り，国別順位は 9 位となりました．

APMO のコンテストは，参加国の国内で参加国ほぼ同時に行われ，受験者数に制限はありませんが，国際的ランクや賞状は各国国内順位 10 位までの者が対象となります．その他の参加者の条件は IMO と同じです．

コンテスト問題は参加各国から 2〜3 題の問題を集めて主催国と副主催国が協議して 5 問題を決定します．

コンテストの実施と採点は各国が個別に行い，その上位 10 名までの成績を主催国へ報告します．そして主催国がそれを取りまとめて，国際ランクと賞状を決定します．

APMO は毎年以下のようなスケジュールで実施されています．

- 7 月　参加希望国が主催国へ参加申し込みをする．IMO 開催中に年会が開かれる．
- 8 月　参加国は 2 ∼ 3 題の候補問題を主催国へ送る．
- 翌年 1 月　主催国がコンテスト問題等を参加各国へ送る．
- 3 月　第 2 火曜日 (アメリカ側は月曜日) に参加国の自国内でコンテストを実施する．
- 4 月　各国はコンテスト上位 10 名の成績を主催国へ送る．
- 5 月末　主催国より参加各国へ国際順位と賞状が送られる．

(3)　ヨーロッパ女子数学オリンピック

European Girls' Mathematical Olympiad : EGMO

公益財団法人数学オリンピック財団 (JMO) は，女子選手の育成を目的として，2011 年から中国女子数学オリンピック China Girls Math Olympiad(CGMO) に参加してきました．しかし，2013 年は鳥インフルエンザの問題などで中国からの招待状も届かず，不参加となりました．

一方，イギリスにおいて，CGMO の大会と同様の大会をヨーロッパでも開催したいとの提案が，2009 年にマレーエドワーズカレッジのジェフ・スミス氏によって英国数学オリンピック委員会に出され，国際女性デー 100 周年の 2011 年 3 月 8 日に公式に開催が発表されました．そして，2012 年 4 月に第 1 回 European Girls' Mathematical Olympiad (EGMO) が英国ケンブリッジ大学のマレーエドワーズカレッジで開催され，第 2 回は 2013 年 4 月にオランダのルクセンブルクで開催されました．各国は 4 名の代表選手で参加します．

数学オリンピック財団としては，大会としてテストの体制，問題の作成法やその程度，採点法など IMO に準じる EGMO に参加する方が，日本の数学界における女子選手の育成に大きな効果があると考え，参加を模索していましたが，2014 年の第 3 回トルコ大会から参加が認められました．

毎年 11 月に EGMO の一次選抜試験を実施し，翌年 1 月の JMO 予選の結果を考慮して日本代表選手を選抜し 4 月にヨーロッパで開催される大会に派遣します．

今年の第 13 回ジョージア大会は，日本は銀メダル 3 個，銅メダル 1 個を取り，53 ヶ国中で 9 位となりました．

(4) 日本数学オリンピックと日本ジュニア数学オリンピック

The Japan Mathematical Olympiad：JMO

The Japan Junior Mathematical Olympiad：JJMO

前記国際数学オリンピック (IMO) へ参加する日本代表選手を選ぶための日本国内での数学コンテストが，この日本数学オリンピック (JMO) と日本ジュニア数学オリンピック (JJMO) です．

2023 年は JMO と JJMO の募集期間を 9 月 1 日～10 月 31 日としました．今年も JMO と JJMO の双方を開催する予定ですが，詳細は 9 月に発表します．

以下，通常の年に行っていることを書きます．

毎年 1 月の成人の日に，JMO は全国都道府県に設置された試験場にて，また，JJMO はオンラインで予選を午後 1 時～4 時の間に行い (12 題の問題の解答のみを 3 時間で答えるコンテスト，各問 1 点で 12 点満点)，成績順にそれぞれ約 100 名を A ランク，a ランクとし，さらに，予選受験者の約半数までを B ランク，b ランクとします．そして，A ランク者・a ランク者を対象として，JMO 及び JJMO の本選を 2 月 11 日の建国記念の日の午後 1 時～5 時の間に行い (5 題の問題を記述して 4 時間で答えるコンテスト)，成績順に JMO では，約 20 名を AA ランク者，JJMO では約 10 名を aa ランク者として表彰します．JMO では金メダルが優勝者に与えられ，同時に優勝者には川井杯 (優勝者とその所属校とにレプリカ) が与えられます．

JMO の AA ランク者および JJMO の aaa ランク者 (5 名) は，3 月に 7 日間の春の合宿に招待され，合宿参加者の中からそこでのテストの結果に基いて，4 月初旬に IMO への日本代表選手 6 名が選ばれます．

(5) 公益財団法人数学オリンピック財団

The Mathematical Olympiad Foundation of Japan

日本における国際数学オリンピンク (IMO) 派遣の事業は 1988 年より企画され，1989 年に委員 2 名が第 30 回西ドイツ大会を視察し，1990 年の第 31 回北京大会に日本選手 6 名を役員とともに派遣し，初参加を果たしました．

初年度は，任意団体「国際数学オリンピック日本委員会」が有志より寄付をいただいて事業を運営していました．その後，元協栄生命保険株式会社の川井三郎名誉会長のご寄付をいただき，さらに同氏の尽力によるジブラルタ生命保険株式会社，富士通株式会社，株式会社アイネスのご寄付を基金として，1991 年 3 月に文部省 (現文部科学省) 管轄の財団法人数学オリンピック財団が設立されました (2013 年 4 月 1 日より公益財団法人数学オリンピック財団)．以来この財団は，IMO 派遣などの事業を通して日本の数学教育に多大の貢献をいたしております．

数学オリンピックが，ほかの科学オリンピックより 10 年以上も前から，世界の仲間入りができたのは，この活動を継続して支えてくださった数学者，数学教育関係者達の弛まぬ努力に負うところが大きかったのです．

なお，川井三郎氏は日本が初めて参加した「IMO 北京大会」で，日本選手の健闘ぶりに大変感激され，数学的才能豊かな日本の少年少女達のために，個人のお立場で優勝カップをご寄付下さいました．

このカップは「川井杯」と名付けられ，毎年 JMO の優勝者に持ち回りで贈られ，その名前を刻み永く栄誉を讃えています．

目次

第1部

日本数学オリンピック 予選

1.1 第30回 日本数学オリンピック 予選(2020)

● 2020年1月13日 [試験時間3時間，12問]

1. 千の位と十の位が2であるような4桁(けた)の正の整数のうち，7の倍数はいくつあるか．

2. 一辺の長さが1の正六角形ABCDEFがあり，線分ABの中点をGとする．正六角形の内部に点Hをとったところ，三角形CGHは正三角形となった．このとき三角形EFHの面積を求めよ．

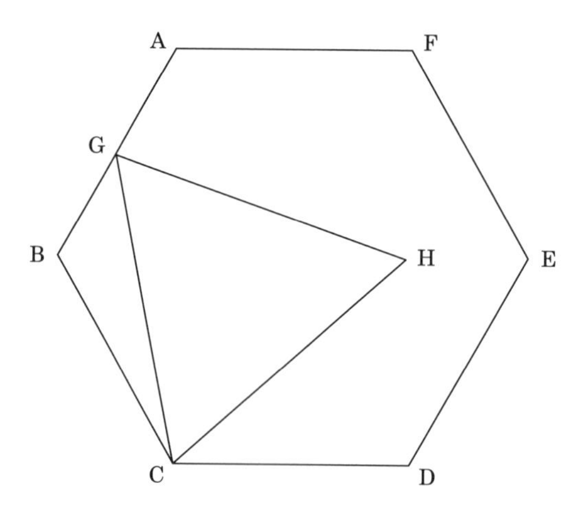

3. 2×3のマス目の各マスに1以上6以下の整数を重複しないように1つずつ書き込む．辺を共有して隣(とな)りあうどの2マスについても書き込まれた整数が互いに素になるように書き込む方法は何通りあるか．ただし，回転や裏返しにより一致する書き込み方も異なるものとして数える．

4. 正の整数 n であって，n^2 と n^3 の桁数の和が 8 であり，n^2 と n^3 の各桁合わせて 1 以上 8 以下の整数がちょうど 1 個ずつ現れるようなものをすべて求めよ．

5. 正の整数 n は 10 個の整数 $x_1, x_2, \cdots, x_{10}$ を用いて $(x_1^2-1)(x_2^2-2)\cdots(x_{10}^2-10)$ と書ける．このような n としてありうる最小の値を求めよ．

6. 平面上に 3 つの正方形があり，図のようにそれぞれ 4 つの頂点のうち 2 つの頂点を他の正方形と共有している．ここで，最も小さい正方形の対角線を延長した直線は最も大きい正方形の左下の頂点を通っている．最も小さい正方形と最も大きい正方形の一辺の長さがそれぞれ 1, 3 であるとき，斜線部の面積を求めよ．

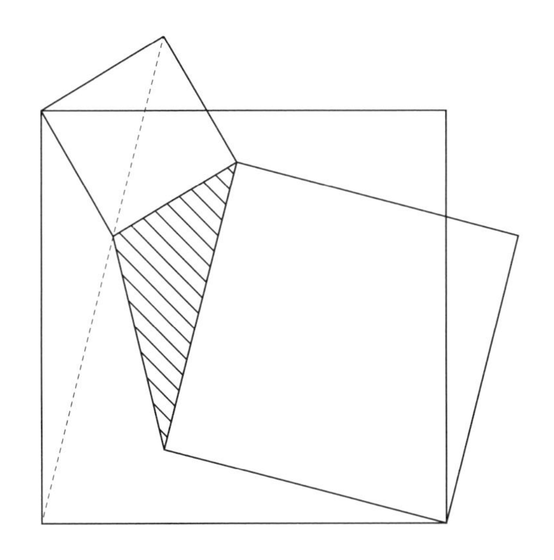

7. 2×1010 のマス目の各マスに 1 以上 5 以下の整数を 1 つずつ書き込む．辺を共有して隣りあうどの 2 マスについても書き込まれた数の差が 2 または 3 となるように書き込む方法は何通りあるか．ただし，回転や裏返しにより一致する書き込み方も異なるものとして数える．

8. 100 個の正の整数からなる数列 $a_1, a_2, \cdots, a_{100}$ が次をみたしている．

(i) $2 \leqq k \leqq 100$ なる整数 k に対し，$a_{k-1} < a_k$ である．

(ii) $6 \leqq k \leqq 100$ なる整数 k に対し，a_k は $2a_1, 2a_2, \cdots, 2a_{k-1}$ のいずれかである．

このとき a_{100} としてありうる最小の値を求めよ．

9.　2以上の整数に対して定義され2以上の整数値をとる関数 f であって，任意の2以上の整数 m, n に対して $f(m^{f(n)}) = f(m)^{f(n)}$ をみたすものを考える．このとき $f(6^6)$ としてありうる最小の値を求めよ．

10.　8×8 のマス目を図のように白と黒の2色で塗り分ける．黒い駒4個と白い駒4個をそれぞれいずれかのマスに置き，以下の条件をみたすようにする方法は何通りあるか．

各行・各列にはちょうど1個の駒が置かれており，黒い駒は黒いマスに，白い駒は白いマスに置かれている．

ただし，同じ色の駒は区別せず，回転や裏返しにより一致する置き方も異なるものとして数える．

11.　円 Ω の周上に5点 A, B, C, D, P がこの順にある．点 P を通り直線

AB に点 A で接する円と点 P を通り直線 CD に点 D で接する円が Ω の内部の点 K で交わっている．また線分 AB, CD の中点をそれぞれ M, N とすると，3 点 A, K, N および D, K, M はそれぞれ同一直線上にあった．AK $=5$, DK $=3$, KM $=7$ が成り立つとし，直線 PK と Ω の交点のうち P でない方を Q とするとき，線分 CQ の長さを求めよ．ただし，XY で線分 XY の長さを表すものとする．

12. 正の整数 k に対し，k 個の正の整数 $a_1, a_2, \cdots, a_k$ が次の条件をみたすとき**長さ** k **の良い数列**とよぶことにする．

- すべて 30 以下で相異(あい)なる．
- $i = 1, 2, \cdots, k-1$ に対し，i が奇数ならば a_{i+1} は a_i の倍数である．i が偶数ならば，a_{i+1} は a_i の約数である．

良い数列の長さとしてありうる最大の値を求めよ．

解答

【1】　[解答：14 個]

n を千の位と十の位が 2 であるような 4 桁の正の整数とする．n の百の位を a，一の位を b とすると $n = 2020 + 100a + b = 7(14a + 288) + 2a + b + 4$ となるから，n を 7 で割った余りは $2a + b + 4$ を 7 で割った余りと等しい．a, b を 7 で割った余りをそれぞれ a', b' とおくと n が 7 の倍数となるのは，

$$(a', b') = (0, 3),\ (1, 1),\ (2, 6),\ (3, 4),\ (4, 2),\ (5, 0),\ (6, 5)$$

となるときである．7 で割った余りが 0, 1, 2 である 1 桁の整数は 2 個ずつ，3, 4, 5, 6 である 1 桁の整数は 1 個ずつであるから，答は $2\cdot 1 + 2\cdot 2 + 2\cdot 1 + 1\cdot 1 + 1\cdot 2 + 1\cdot 2 + 1\cdot 1 = \mathbf{14}$ 個である．

【2】　[解答：$\dfrac{\sqrt{3}}{8}$]

XY で線分 XY の長さを表すものとする．正六角形 ABCDEF の 6 つの頂点は同一円周上にあり，その円周を 6 等分している．その円の中心を O とおくと $\angle\mathrm{BOC} = 60^\circ$ が成り立ち，また $\mathrm{OB} = \mathrm{OC}$ であるので三角形 OBC は正三角形であることがわかる．よって $\mathrm{BC} = \mathrm{OC}$ および

$$\angle\mathrm{BCG} = 60^\circ - \angle\mathrm{GCO} = \angle\mathrm{OCH}$$

が成り立つ．また三角形 CGH が正三角形であることから $\mathrm{CG} = \mathrm{CH}$ も成り立つので，三角形 BCG と OCH は合同とわかる．よって

$$\angle\mathrm{BOH} = \angle\mathrm{BOC} + \angle\mathrm{COH} = 60^\circ + 120^\circ = 180^\circ$$

といえる．また $\angle\mathrm{BOE} = 180^\circ$ であるので，4 点 B, O, H, E が同一直線上にあるとわかる．三角形 BCG と OCH が合同であることから $\mathrm{OH} = \mathrm{BG} = \dfrac{1}{2}$ であるので，点 H は線分 OE の中点とわかる．よって三角形 EFH の面積は三角形 OEF の面積のちょうど半分である．$\mathrm{OE} = \mathrm{OF} = \mathrm{EF} = 1$ より三角形 OEF は一

辺の長さが 1 の正三角形であるので，三平方の定理より三角形 OEF の面積は

$$\frac{1}{2} \cdot 1 \cdot \sqrt{1^2 - \frac{1}{2^2}} = \frac{\sqrt{3}}{4}$$

とわかる．よって答は $\frac{\sqrt{3}}{4} \cdot \frac{1}{2} = \boldsymbol{\frac{\sqrt{3}}{8}}$ である．

【3】 [解答：16 通り]

偶数が書き込まれたマスたちは辺を共有しないから偶数は各列にちょうど 1 つずつ書き込まれる．したがって，2×3 のマス目を図のように黒と白の市松模様に塗れば，3 つの偶数はすべて黒色のマスに書き込まれるかすべて白色のマスに書き込まれるかのいずれかである．6 を中央の列の黒いマスに書き込んだとすると 3 は白いマスに書き込まれなければならないが，すべての白いマスは 6 の書き込まれたマスと辺を共有するから条件をみたすように整数を書き込むことはできない．したがって，6 を中央の列の黒いマスに書き込むことはできない．同様に，6 を中央の列の白いマスに書き込むこともできないから，6 は四隅(すみ)のいずれかに書き込まれる．

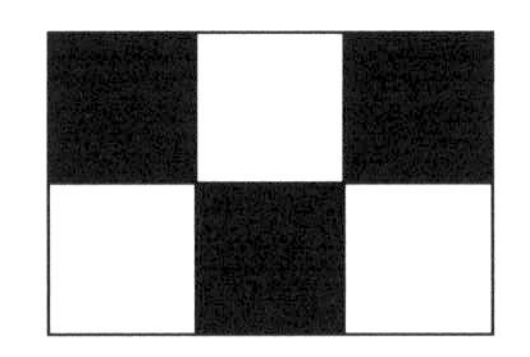

6 を左上のマスに書き込むとする．このとき 3 は左上のマスと辺を共有しない白いマスに書き込まなければならないから右下のマスに書き込まれる．先の議論より，条件をみたすには残りの白いマス 2 つに 1 と 5 を書き込み，残りの黒いマス 2 つに 2 と 4 を書き込まなければならない．一方で 1 と 5 は 6 以下のすべての偶数と互いに素であり，2 と 4 は 6 以下のすべての奇数と互いに素であるから，このように整数を書き込めば必ず条件をみたす．したがって 6 を左上のマスに書き込むとき，条件をみたす整数の書き込み方は 4 通りである．6 をほかの隅のマスに書き込んだ場合も同様であるから，答は $4 \cdot 4 = \mathbf{16}$ 通りである．

【4】 [解答：24]

21 以下の整数 n について

$$n^2 \leqq 21^2 = 441, \qquad n^3 \leqq 21^3 = 9261$$

が成り立つので n^2 と n^3 の桁数の和は 7 以下である．また 32 以上の整数 n について

$$n^2 \geqq 32^2 = 1024, \qquad n^3 \geqq 32^3 = 32768$$

が成り立つので n^2 と n^3 の桁数の和は 9 以上である．これらより問題の条件をみたす整数は 22 以上 31 以下であるとわかる．$n = 25, 26, 30, 31$ のとき，n^2 と n^3 の一の位は一致するのでこれらは問題の条件をみたさない．また 23^2, 27^2, 29^3 の一の位は 9 であるので，23, 27, 29 は問題の条件をみたさない．さらに $22^2 = 484$, $28^3 = 21952$ であり，各桁に同じ数字が 2 回以上現れるので 22, 28 も問題の条件をみたさない．一方 $24^2 = 576$, $24^3 = 13824$ より，24 は問題の条件をみたす．よって答は **24** である．

【5】　[解答：84]

$1 \leqq i \leqq 10$ に対し，整数 x を用いて $x^2 - i$ と書けるような 0 でない整数で絶対値が最小のものを a_i とする．また整数 x を用いて $x^2 - i$ と書けるような 0 でない整数で，a_i と正負が異なるようなもののうち絶対値が最小のものを b_i とおくと次のようになる．

$$\begin{aligned} (a_1, a_2, \cdots, a_{10}) &= (-1, -1, 1, -3, -1, -2, 2, 1, -5, -1), \\ (b_1, b_2, \cdots, b_{10}) &= (3, 2, -2, 5, 4, 3, -3, -4, 7, 6). \end{aligned} \qquad (*)$$

ここで正の整数 n が 10 個の整数 $x_1, x_2, \cdots, x_{10}$ を用いて $n = (x_1^2 - 1)(x_2^2 - 2) \cdots (x_{10}^2 - 10)$ と書けているとする．$1 \leqq i \leqq 10$ に対して，$n \neq 0$ なので $x_i^2 - i$ は 0 でないから $|x_i^2 - i| \geqq |a_i|$ である．また，1 以上 10 以下のすべての整数 i に対して $x_i^2 - i$ と a_i の正負が一致すると仮定すると，$n = (x_1^2 - 1)(x_2^2 - 2) \cdots (x_{10}^2 - 10)$ と $a_1 a_2 \cdots a_{10} = -60$ の正負が一致することとなり矛盾である．したがって，$x_j^2 - j$ と a_j の正負が異なるような $1 \leqq j \leqq 10$ が存在する．このとき，$|x_j^2 - j| \geqq |b_j|$ であるが，$(*)$ から $\left|\dfrac{b_j}{a_j}\right| \geqq \dfrac{7}{5}$ がわかるので，

$$n = |n| = |x_1^2 - 1||x_2^2 - 2| \cdots |x_{10}^2 - 10| \geqq \left|\frac{b_j}{a_j}\right| \cdot |a_1 a_2 \cdots a_{10}| \geqq \frac{7}{5} \cdot 60 = 84$$

となる．一方で $(x_1, x_2, \cdots, x_{10}) = (0,1,2,1,2,2,3,3,4,3)$ とおくと $(x_1^2-1)(x_2^2-2)\cdots(x_{10}^2-10) = 84$ であるから，答は **84** である．

【6】　[解答：$\dfrac{\sqrt{17}-1}{4}$]

XY で線分 XY の長さを表すものとする．

図のように点に名前をつける．

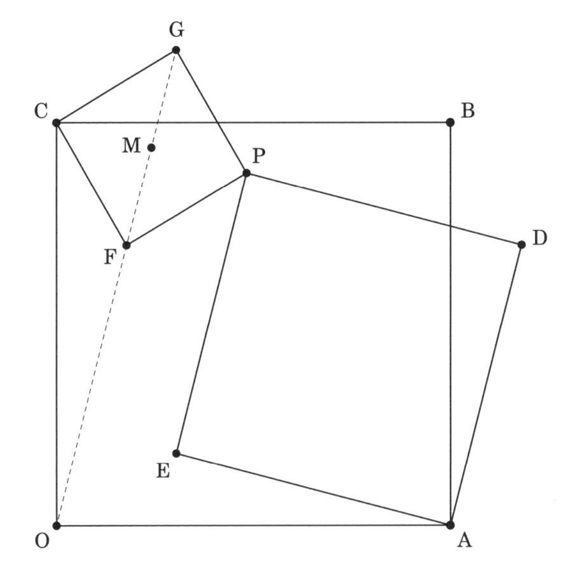

ここで M は線分 FG の中点である．三角形 PEF の面積が求めるものである．

直線 FG は線分 PC の垂直二等分線なので FG が O を通るという条件から OC = OP であるとわかる．よって三角形 POC は二等辺三角形であり，また OA = OC から三角形 POA も二等辺三角形である．ここから

$$\angle\mathrm{APC} = \angle\mathrm{APO} + \angle\mathrm{OPC} = \frac{180^\circ - \angle\mathrm{POA}}{2} + \frac{180^\circ - \angle\mathrm{POC}}{2}$$
$$= \frac{360^\circ - (\angle\mathrm{POA} + \angle\mathrm{POC})}{2} = \frac{360^\circ - \angle\mathrm{AOC}}{2} = \frac{360^\circ - 90^\circ}{2} = 135^\circ$$

と求まり，したがって $\angle\mathrm{FPE} = \angle\mathrm{CPA} - \angle\mathrm{CPF} - \angle\mathrm{EPA} = 45^\circ$ である．また，$\angle\mathrm{PFG} = 45^\circ = \angle\mathrm{FPE}$ なので，線分 FG と線分 EP は平行である．つまり線分 OF と線分 EP は平行である．

$\angle\mathrm{DEP} = \angle\mathrm{FPE} = 45^\circ$ より線分 DE と線分 FP は平行である．また OA =

$\mathrm{OC}=\mathrm{OP}$ から O は線分 PA の垂直二等分線，つまり直線 DE 上にあるので，線分 OE と線分 FP が平行であるとわかる．よって四角形 OEPF は平行四辺形である．特に求める面積は平行四辺形 OEPF の面積の $\frac{1}{2}$ であり，$\frac{\mathrm{OF}\cdot\mathrm{PM}}{2}$ である．

ここで直角三角形 OMC に対して三平方の定理を用いると，

$$\mathrm{OM}=\sqrt{\mathrm{OC}^2-\mathrm{MC}^2}=\sqrt{3^2-\left(\frac{\sqrt{2}}{2}\right)^2}=\sqrt{9-\frac{1}{2}}=\sqrt{\frac{17}{2}}$$

がわかる．よって $\mathrm{OF}=\mathrm{OM}-\mathrm{FM}=\sqrt{\frac{17}{2}}-\sqrt{\frac{1}{2}}$ が得られ，三角形 PEF の面積は

$$\frac{\mathrm{OF}\cdot\mathrm{PM}}{2}=\frac{1}{2}\cdot\left(\sqrt{\frac{17}{2}}-\sqrt{\frac{1}{2}}\right)\cdot\sqrt{\frac{1}{2}}=\boldsymbol{\frac{\sqrt{17}-1}{4}}$$

と求まる．

【7】　[解答：$10\cdot 3^{1009}$ 通り]

条件をみたす書き込み方を考えると，各列に縦に並ぶ数字の組としてありうるものは

$$(1,3),\ (1,4),\ (2,4),\ (2,5),\ (3,1),\ (3,5),\ (4,1),\ (4,2),\ (5,2),\ (5,3)$$

の 10 組ある．これらの組について列として隣りあうことができるものを結ぶと次のようになる．

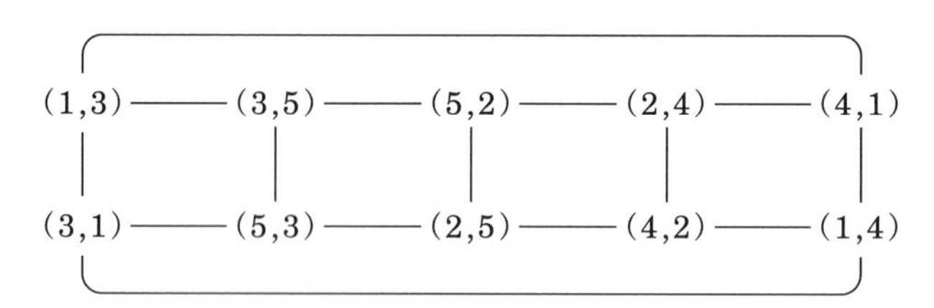

どの組についても，結ばれている組はちょうど 3 つあることがわかる．

左の列から順に書き込んでいくことを考えると，1 列目の書き込み方は 10 通りあり，それ以降の列については 3 通りずつあるので，答は $\mathbf{10\cdot 3^{1009}}$ 通りである．

【8】　[解答：$2^{19} \cdot 9$]

正の整数 100 個からなる数列 $a_1, a_2, \cdots, a_{100}$ が条件をみたしているとして $a_{100} \geqq 2^{19} \cdot 9$ を示す．$a_{100} < 2^{19} \cdot 9$ であるとして矛盾を導く．(ii) から帰納的に，数列に現れる整数は非負整数 k および 1 以上 5 以下の整数 ℓ を用いて $2^k \cdot a_\ell$ と書けることがわかる．このように書ける a_5 より大きい整数の中で 95 番目に小さいものは $2^{19} \cdot a_5$ 以上であることを示す．a_5 より大きく $2^{19} \cdot a_5$ 以下であって $2^k \cdot a_\ell$ と書けるような整数が 96 個以上存在するとする．このとき $\frac{96}{5} > 19$ であるから，ある ℓ に対して 20 個の非負整数 $k_1 < \cdots < k_{20}$ であって $a_5 < 2^{k_1} \cdot a_\ell$ かつ $2^{k_{20}} \cdot a_\ell \leqq 2^{19} \cdot a_5$ となるようなものが存在する．しかしこのとき

$$2^{k_{20}-k_1} = \frac{2^{k_{20}} \cdot a_\ell}{2^{k_1} \cdot a_\ell} < \frac{2^{19} \cdot a_5}{a_5} = 2^{19}$$

となり，$k_{20} \geqq k_{19} + 1 \geqq \cdots \geqq k_1 + 19$ に矛盾する．したがって，$2^{19} \cdot a_5 \leqq a_{100} < 2^{19} \cdot 9$ であることが示された．これより $a_5 \leqq 8$ となる．しかし，$2 = 2 \cdot 1, 4 = 2^2 \cdot 1, 6 = 2 \cdot 3$ であるから，数列に現れる整数は $s \in \{1, 3, 5, 7\}$ と非負整数 k を用いて $2^k \cdot s$ と書けることがわかる．このように書ける整数が $2^{19} \cdot 9$ より小さいとき，$2^k \leqq 2^k \cdot s < 2^{19} \cdot 9 < 2^{23}$ より $k < 23$ であるから，そのような整数は高々 $23 \cdot 4 = 92$ 個である．よって $a_{100} \geqq 2^{19} \cdot 9$ となり矛盾する．以上より $a_{100} \geqq 2^{19} \cdot 9$ が示された．

一方，$0 \leqq i \leqq 19$ と $1 \leqq j \leqq 5$ をみたす整数 i, j に対して

$$a_{5i+j} = 2^i \cdot (4 + j)$$

により定めた数列は条件をみたし，$a_{100} = 2^{19} \cdot 9$ が成立する．よって答は $\mathbf{2^{19} \cdot 9}$ である．

【9】　[解答：4]

f を条件をみたす関数とする．$f(6^6) = 2$ が成立すると仮定すると，

$$2 = f(6^6) = f\left((6^3)^2\right) = f\left((6^3)^{f(6^6)}\right) = f(6^3)^{f(6^6)} = f(6^3)^2 \geqq 2^2 = 4$$

となり矛盾する．また，$f(6^6) = 3$ が成立すると仮定すると，

$$3 = f(6^6) = f\left((6^2)^3\right) = f\left((6^2)^{f(6^6)}\right) = f(6^2)^{f(6^6)} = f(6^2)^3 \geqq 2^3 = 8$$

となり矛盾する．よって $f(6^6) \geqq 4$ がわかる．

2 以上の整数 n に対して，$n = k^e$ をみたす 2 以上の整数 k が存在するような正の整数 e のうち最大のものを $e(n)$ と書く．正の整数に対して定義され正の整数値をとる関数 h を次のように定める．

$$h(a) = \begin{cases} \dfrac{a}{6} & (a = 6 \cdot 4^b \text{ となるような非負整数 } b \text{ が存在するとき}), \\ a & (\text{それ以外のとき}). \end{cases}$$

2 以上の整数に対して定義され 2 以上の整数値をとる関数 f を $f(n) = 4^{h(e(n))}$ により定める．このとき，$e(m)$ が非負整数 b を用いて $6 \cdot 4^b$ と書けることと，$e(m) \cdot 4^{h(e(n))}$ が非負整数 c を用いて $6 \cdot 4^c$ と書けることは同値であるので，任意の 2 以上の整数 m, n に対して

$$h(e(m) \cdot 4^{h(e(n))}) = h(e(m)) \cdot 4^{h(e(n))}$$

が成立するとわかる．よって

$$f(m^{f(n)}) = 4^{h(e(m^{f(n)}))} = 4^{h(e(m)f(n))} = 4^{h(e(m))f(n)}$$
$$= (4^{h(e(m))})^{f(n)} = f(m)^{f(n)}$$

より f は条件をみたす．また，この f に対して，$f(6^6) = 4^{h(e(6^6))} = 4^{h(6)} = 4^1 = 4$ であるから，答は $\mathbf{4}$ である．

【10】　[解答：20736 通り]

上から i 行目，左から j 列目のマスをマス (i, j) と書くことにする．

$s, t \in \{0, 1\}$ に対して，$i \equiv s \pmod 2$, $j \equiv t \pmod 2$ となるようなマス (i, j) に置かれている駒の数を $a_{s,t}$ で表すことにする．偶数行目には合計 4 個，偶数列目にも合計 4 個の駒が置かれているから，$a_{0,0} + a_{0,1} = 4$, $a_{0,0} + a_{1,0} = 4$ である．したがって $a_{0,1} = a_{1,0}$ となる．また，$i + j$ が偶数のときマス (i, j) は黒いマスであり，$i + j$ が奇数のときマス (i, j) は白いマスであるから，$a_{0,0} + a_{1,1} = 4$, $a_{0,1} + a_{1,0} = 4$ である．以上より，$a_{0,0} = a_{0,1} = a_{1,0} = a_{1,1} = 2$ となる．つまり，黒い駒は偶数行偶数列，奇数行奇数列にそれぞれ 2 個ずつ，白い駒は偶数行奇数列，奇数行偶数列にそれぞれ 2 個ずつ置かれる．一方でその

ように駒を置いたとき，各行・各列に 1 個ずつ置かれていれば条件をみたしている．

黒い駒を置く行を偶数行目から 2 行，奇数行目から 2 行選び，列についても同様にそれぞれ 2 列ずつ選んだとする．行と列の選び方によらず，黒いマスに黒い駒を 4 個置いて，選んだ行および列にちょうど 1 個ずつあるようにする方法は $2! \cdot 2! = 4$ 通りである．白い駒についても同様であり，行と列の選び方はそれぞれ $({}_4\mathrm{C}_2)^2 = 36$ 通りであるから，答は $4 \cdot 4 \cdot 36 \cdot 36 = \mathbf{20736}$ 通りとなる．

【11】　[解答：11]

四角形 PQCD が円に内接するので $\angle\mathrm{PQC} = 180^\circ - \angle\mathrm{PDC}$ が成り立つ．また接弦定理より $\angle\mathrm{PKD} = 180^\circ - \angle\mathrm{PDC}$ が成り立つので $\angle\mathrm{PQC} = \angle\mathrm{PKD}$ とわかる．よって $\mathrm{KD} \mathbin{/\!/} \mathrm{QC}$ を得る．同様に $\mathrm{KA} \mathbin{/\!/} \mathrm{QB}$ を得る．直線 MK と BQ の交点を E とすると $\mathrm{KA} \mathbin{/\!/} \mathrm{QB}$ より錯角が等しく $\angle\mathrm{MAK} = \angle\mathrm{MBE}$ が成り立つ．また，M が線分 AB の中点であり，$\angle\mathrm{AMK} = \angle\mathrm{BME}$ が成り立つことから三角形 MAK と MBE は合同である．よって $\mathrm{EK} = 2\mathrm{MK} = 14$ を得る．直線 NK と CQ の交点を F とすると，四角形 EQFK は対辺どうしが平行であるので平行四辺形であるとわかる．よって $\mathrm{QF} = \mathrm{EK} = 14$ が成り立つ．$\mathrm{KD} \mathbin{/\!/} \mathrm{QC}$ であることと N が線分 CD の中点であることから，上と同様に錯角が等しいことを利用すると三角形 NDK と NCF は合同であるといえ，$\mathrm{CF} = \mathrm{KD} = 3$ を得る．よって $\mathrm{CQ} = \mathrm{QF} - \mathrm{CF} = 14 - 3 = \mathbf{11}$ である．

【12】　[解答：23]

正の整数 x, y に対し，x と y のうち大きい方を $\max(x, y)$ で表す．ただし，$x = y$ のときは $\max(x, y) = x$ とする．

$a_1, a_2, \cdots, a_k$ を良い数列とする．3 以上 $k-1$ 以下の奇数 i について a_{i-1}, a_i, a_{i+1} は相異なり，a_{i-1} と a_{i+1} は a_i の倍数であるから，

$$3a_i \leqq \max(a_{i-1}, a_{i+1}) \leqq 30$$

より $a_i \leqq 10$ を得る．$k \geqq 24$ とすると，$a_3, a_5, a_7, \cdots, a_{23}$ が相異なる 1 以上 10 以下の整数でなければならないが，このようなことはあり得ない．したがって $k \leqq 23$ である．

一方で,

$$11, 22, 1, 25, 5, 20, 10, 30, 6, 18, 9, 27, 3, 24, 8, 16, 4, 28, 7, 14, 2, 26, 13$$

は長さ 23 の良い数列であるから，答は **23** である.

1.2　第 31 回 日本数学オリンピック 予選 (2021)

● 2021 年 1 月 11 日 [試験時間 3 時間，12 問]

1.　互いに素な正の整数 m, n が $m+n=90$ をみたすとき，積 mn としてありうる最大の値を求めよ．

2.　下図のような正十角形がある．全体の面積が 1 のとき，斜線部の面積を求めよ．

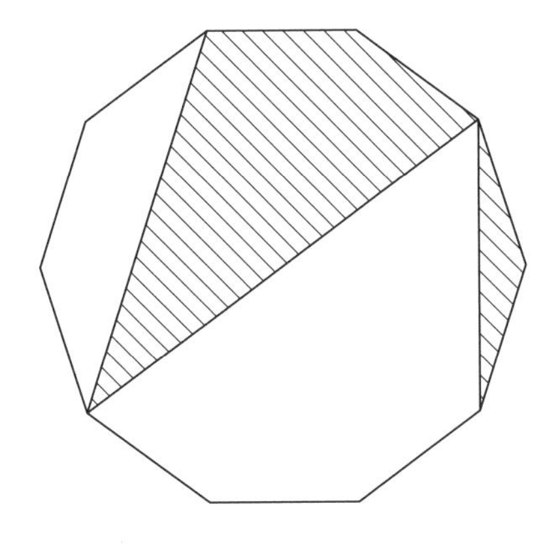

3.　AB = AC なる二等辺三角形 ABC の内部に点 P をとり，P から辺 BC, CA, AB におろした垂線の足をそれぞれ D, E, F とする．BD = 9, CD = 5, PE = 2, PF = 5 のとき，辺 AB の長さを求めよ．ただし，XY で線分 XY の長さを表すものとする．

4.　黒板に 3 つの相異(あい)なる正の整数が書かれている．黒板に実数 a, b, c が書かれているとき，それぞれを $\dfrac{b+c}{2}, \dfrac{c+a}{2}, \dfrac{a+b}{2}$ に同時に書き換える

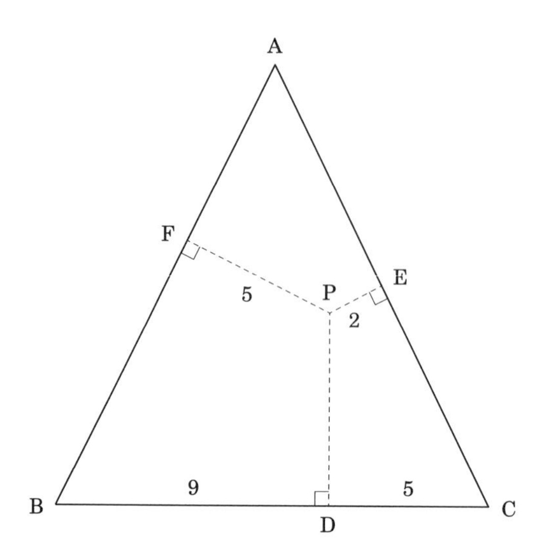

という操作を考える．この操作を 2021 回行ったところ，最後に黒板に書かれた 3 つの数はすべて正の整数だった．このとき，最初に書かれていた 3 つの正の整数の和としてありうる最小の値を求めよ．

5.　下図のように，一辺の長さが 1 の立方体 4 個からなるブロックが 4 種類ある．このようなブロック 4 個を $2 \times 2 \times 4$ の直方体の箱にはみ出さないように入れる方法は何通りあるか．

ただし，同じ種類のブロックを複数用いてもよく，ブロックは回転させて入れてもよい．また，箱を回転させて一致する入れ方は異なるものとして数える．

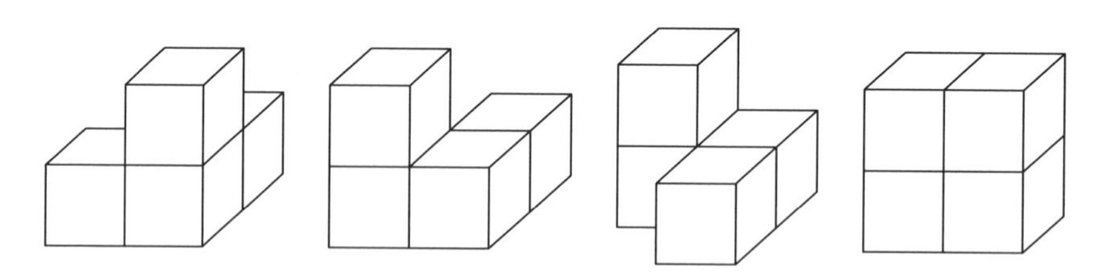

6.　正の整数 n に対して，正の整数 m であって m と n が互いに素であり，$m+1$ と $n+1$ も互いに素となるようなもののうち最小のものを $f(n)$ で

表す．このとき，$f(1), f(2), \cdots, f(10^{10})$ のうちに現れる正の整数は何種類あるか．

7. 三角形 ABC の辺 BC 上に点 P, Q があり，三角形 ACP の垂心と三角形 ABQ の垂心は一致している．AB = 10, AC = 11, BP = 5, CQ = 6 のとき，辺 BC の長さを求めよ．

ただし，XY で線分 XY の長さを表すものとする．

8. 2 以上 20 以下の整数の組 $(a_1, a_2, \ldots, a_{17})$ であって，

$$a_1^{a_2^{\cdot^{\cdot^{\cdot^{a_{17}}}}}} \equiv a_2^{a_3^{\cdot^{\cdot^{\cdot^{a_{17}}}}}} \equiv 1 \pmod{17}$$

となるものの個数を求めよ．ただし，指数は右上にある 2 数から順に計算する．

9. 2021×2021 のマス目の各マスに 1, 2, 3 の数を 1 つずつ書き込む方法であって，どの 2×2 のマス目についても，その 4 マスに書かれている数の総和が 8 になるようなものが全部で A 通りあるとする．このとき，A を 100 で割った余りを求めよ．

ただし，回転や裏返しにより一致する書き込み方も異なるものとして数える．

10. 三角形 ABC の辺 AB, AC 上にそれぞれ点 D, E があり，4 点 D, B, C, E は同一円周上にある．また，四角形 DBCE の内部に点 P があり，∠BDP = ∠BPC = ∠PEC をみたしている．AB = 9, AC = 11, DP = 1, EP = 3 のとき，$\dfrac{\mathrm{BP}}{\mathrm{CP}}$ の値を求めよ．

ただし，XY で線分 XY の長さを表すものとする．

11. 1 以上 1000 以下の整数からなる組 (x, y, z, w) すべてについて，$xy + zw$, $xz + yw$, $xw + yz$ の最大値を足し合わせた値を M とする．同様に，1 以上 1000 以下の整数からなる組 (x, y, z, w) すべてについて，$xy + zw$, $xz + yw$, $xw + yz$ の最小値を足し合わせた値を m とする．このとき，$M - m$ の正の約数の個数を求めよ．

12.　7×7 のマス目があり，上から1行目，左から4列目のマスに1枚のコインが置かれている．マス Y がマス X の**左下のマス**であるとは，ある正の整数 k について，Y が X の k マス左，k マス下にあることをいう．同様に，マス Y がマス X の**右下のマス**であるとは，ある正の整数 k について，Y が X の k マス右，k マス下にあることをいう．1番下の行以外のマス X について，X にコインが置かれているとき次の4つの操作のうちいずれかを行うことができる：

(a) X からコインを取り除き，X の1つ下のマスにコインを1枚置く．

(b) X からコインを取り除き，X の左下のマスそれぞれにコインを1枚ずつ置く．

(c) X からコインを取り除き，X の右下のマスそれぞれにコインを1枚ずつ置く．

(d) X からコインを取り除き，X の1マス左，1マス下にあるマスと X の1マス右，1マス下にあるマスにコインを1枚ずつ置く．ただし，そのようなマスが1つしかない場合はそのマスのみにコインを1枚置く．

ただし，コインを置こうとする場所にすでにコインがある場合，その場所にはコインを置かない．

操作を何回か行ったとき，マス目に置かれているコインの枚数としてありうる最大の値を求めよ．

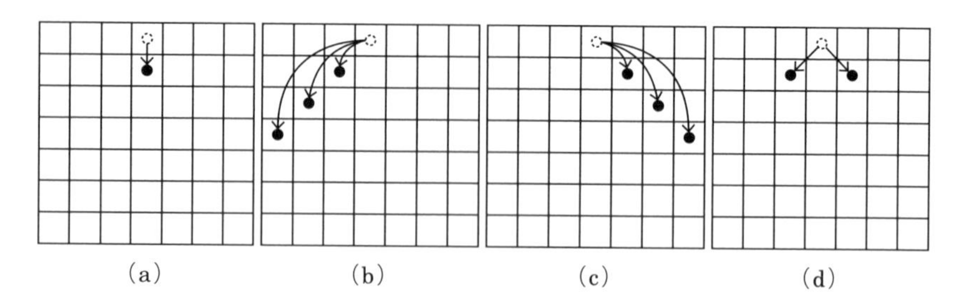

解答

【1】 [解答：2021]

$(m,n)=(43,47)$ は条件をみたし，このとき $mn=2021$ である．一方で，

$$mn=\left(\frac{m+n}{2}\right)^2-\left(\frac{m-n}{2}\right)^2=45^2-\left(\frac{m-(90-m)}{2}\right)^2=2025-(m-45)^2$$

より，$|m-45|$ が小さいほど mn は大きくなる．$|m-45|\leqq 1$ のとき $(m,n)=(44,46),(45,45),(46,44)$ となるが，m と n が互いに素でないからこれらは条件をみたさない．したがって，

$$mn=2025-(m-45)^2\leqq 2025-2^2=2021$$

を得る．以上より，答は **2021** である．

【2】 [解答：$\dfrac{2}{5}$]

図のように点に名前をつける．ここで O は直線 AF と直線 DI の交点である．

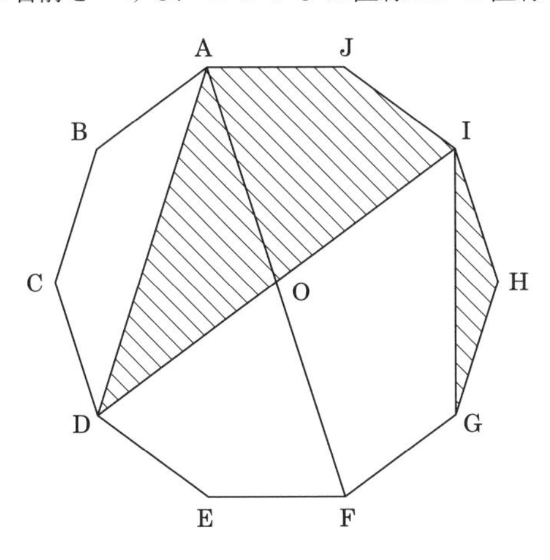

正十角形の 10 個の頂点は O を中心とする円の円周上にあり，その円周を 10 等分している．よって円周角の定理より $\angle\mathrm{FAD}=\dfrac{1}{2}\cdot\dfrac{2}{10}\cdot 360^\circ=36^\circ$, $\angle\mathrm{CDA}=$

$\frac{1}{2}\cdot\frac{2}{10}\cdot 360^\circ = 36^\circ$ とわかるので AF // CD を得る．よって三角形 AOD の面積と三角形 AOC の面積は等しい．また三角形 GHI と三角形 ABC は合同であるから，斜線部の面積は六角形 ABCOIJ の面積と等しいといえる．正十角形は三角形 OAB と合同な三角形 10 個に，六角形 ABCOIJ は三角形 OAB と合同な三角形 4 個に分割できるので，求める面積は $1\cdot\frac{4}{10} = \mathbf{\frac{2}{5}}$ とわかる．

【3】　[解答：$4\sqrt{7}$]

BC の中点を M とし，P を通り辺 BC に平行な直線と辺 AB, AC との交点をそれぞれ Q, R とする．AB = AC より $\angle\mathrm{ABM} = \angle\mathrm{AQP} = \angle\mathrm{ARP}$ なので，三角形 AMB，三角形 PFQ，三角形 PER はすべて相似な直角三角形である．これより $\mathrm{PQ} : \mathrm{PR} = \mathrm{PF} : \mathrm{PE} = 5 : 2$ がわかる．また四角形 BCRQ は等脚台形であり線分 PD はその底辺と垂直なので，$\mathrm{PQ} - \mathrm{PR} = \mathrm{BD} - \mathrm{CD} = 4$ である．よって，$\mathrm{PQ} = 4\cdot\frac{5}{5-2} = \frac{20}{3}$ となり，$\mathrm{AB} : \mathrm{AM} = \mathrm{PQ} : \mathrm{PF} = 4 : 3$ を得る．

三平方の定理より，$\mathrm{AB} : \mathrm{BM} = \mathrm{AB} : \sqrt{\mathrm{AB}^2 - \mathrm{AM}^2} = 4 : \sqrt{4^2 - 3^2} = 4 : \sqrt{7}$ が成り立つので，辺 AB の長さは $\mathrm{BM}\cdot\frac{\mathrm{AB}}{\mathrm{BM}} = \frac{9+5}{2}\cdot\frac{4}{\sqrt{7}} = \mathbf{4\sqrt{7}}$ である．

【4】　[解答：$3\cdot 2^{2021} + 3$]

最初の状態を 0 回の操作の後とみなす．0 以上 2021 以下の整数 n に対して，n 回の操作の後，黒板に書かれている 3 つの数を $a \leqq b \leqq c$ として $p_n = c - b$, $q_n = b - a$ とおく．この状態で 1 回操作を行うと，書かれる 3 つの数は $\frac{a+b}{2} \leqq \frac{a+c}{2} \leqq \frac{b+c}{2}$ なので，$p_{n+1} = \frac{b-a}{2} = \frac{q_n}{2}$, $q_{n+1} = \frac{c-b}{2} = \frac{p_n}{2}$ となる．よって，$p_{2021} = \frac{q_0}{2^{2021}}$, $q_{2021} = \frac{p_0}{2^{2021}}$ がわかる．最初に書かれていた数は相異なり，p_0, q_0 はともに 0 でないので，p_{2021}, q_{2021} もともに 0 ではない．さらに 2021 回の操作の後に黒板に書かれている数はすべて正の整数なので，p_{2021}, q_{2021} はともに 1 以上で，p_0, q_0 がともに 2^{2021} 以上であることがわかる．最初に書かれた数のうち最も小さいものは 1 以上なので，3 つの数の和は，$1 + (1 + 2^{2021}) + (1 + 2\cdot 2^{2021}) = 3\cdot 2^{2021} + 3$ 以上である．

逆に，$1, 1 + 2^{2021}, 1 + 2\cdot 2^{2021}$ が最初に書かれていれば条件をみたすことを示す．先の議論から，$p_{2021} = 1$, $q_{2021} = 1$ である．また，操作によって 3 つの数の和が変わらないので，2021 回の操作の後の和も $3 \cdot 2^{2021}+3$ である．よって 2021 回の操作の後に書かれている整数は 2^{2021}, $2^{2021}+1$, $2^{2021}+2$ であることがわかり，これらはすべて整数である．以上より答は $\mathbf{3 \cdot 2^{2021}+3}$ である．

【5】 [解答：379]

一辺の長さが 1 の立方体を**小立方体**とよぶことにする．また，箱を 16 個の小立方体からなる図形とみなし，このうち 8 個が集まってできる一辺の長さが 2 の立方体を**中立方体**とよぶことにする．

箱の中に 4 つのブロックが入っているときについて考える．それぞれのブロックに対して，そのブロックを含む中立方体が存在する．このような中立方体を 1 つとり，そのブロックの**外接中立方体**とよぶことにする．外接中立方体は全部で 4 つあるが，中立方体は 3 つしか存在しないので，鳩の巣原理により，共通の外接中立方体をもつ 2 つのブロックが存在する．2 つのブロックの体積の合計は中立方体の体積と等しいので，これらの 2 つのブロックを組み合わせると中立方体ができることがわかる．

ここで，2 つのブロックを組み合わせて中立方体を作る方法が何通りあるか考える．まず，1 つ目のブロックと 2 つ目のブロックの順番を区別して考える．下図のように，4 種類のブロックをそれぞれ (a), (b), (c), (d) と表す．1 つ目のブロックの位置を決めたとき，それと組み合わさって中立方体を形成するような 2 つ目のブロックが存在するならばその形と向きは一意に定まることに注意する．

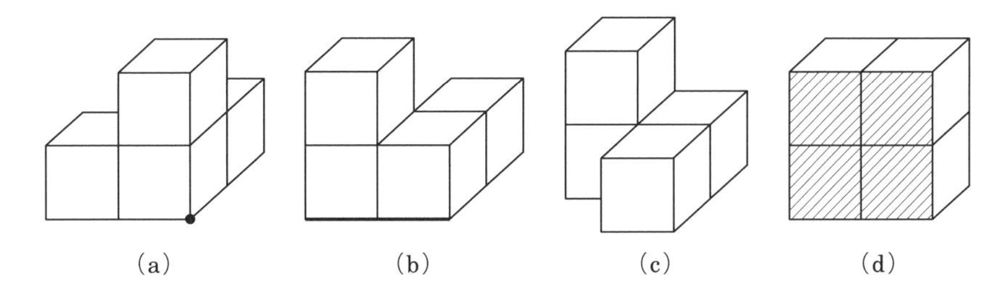

- 1 つ目のブロックが (a) であるとき，図の黒点が中立方体のどの頂点と重なるかと 1 つ目のブロックの置き方は 1 対 1 に対応する．また，このと

き (a) をもう1つ組み合わせて中立方体を作ることができる．立方体の頂点は8個あるので，組み合わせ方は8通りある．

- 1つ目のブロックが (b) であるとき，図の太線が中立方体のどの辺と重なるかと1つ目のブロックの置き方は1対1に対応する．また，このとき (b) をもう1つ組み合わせて中立方体を作ることができる．立方体の辺は12個あるので，組み合わせ方は12通りある．

- 1つ目のブロックが (c) であるとき，対称性より，(b) と同様に考えて組み合わせ方は12通りある．

- 1つ目のブロックが (d) であるとき，図の斜線部が中立方体のどの面と重なるかと1つ目のブロックの置き方は1対1に対応する．また，このとき (d) をもう1つ組み合わせて中立方体を作ることができる．立方体の面は6個あるので，組み合わせ方は6通りある．

したがって，2つのブロックの組み合わせ方は全部で $8+12+12+6=38$ 通りあり，1つ目のブロックと2つ目のブロックの順番を区別しないで数えると，組み合わせ方は全部で $38 \div 2 = 19$ 通りある．

最後に，2つのブロックを組み合わせてできる中立方体が箱のどの位置にあるかで場合分けする．箱の 2×2 の2つの面をそれぞれ**上面**，**下面**とよぶことにし，3つの中立方体のうち上面を含むものを A, 下面を含むものを B, どちらも含まないものを C とおく．A が2つのブロックからなるとき B も2つのブロックからなる．逆に，B が2つのブロックからなるとき A も2つのブロックからなる．よって，ブロックを入れる方法の数は A と B が2つのブロックからなるように入れる方法の数と，C が2つのブロックからなるように入れる方法の数を足して，A と B と C のすべてが2つのブロックからなるように入れる方法の数を引いた数である．

- A と B が2つのブロックからなるとき，ブロックを入れる方法は $19 \times 19 = 361$ 通りである．

- C が2つのブロックからなるとき，残りの2つのブロックはいずれも (d)

であるので，ブロックを入れる方法は 19 通りである．

- A と B と C のすべてが 2 つのブロックからなるとき，4 つの (d) が，2×2 の面が上面と平行になるように入れられているときなので，ブロックを入れる方法は 1 通りである．

以上より，答は $361 + 19 - 1 = \mathbf{379}$ 通りである．

【6】 [解答：11]

正の整数 n について，$n+1$ を割りきらない最小の素数を p としたとき，$f(n) = p-1$ となることを示す．任意の 1 以上 $p-1$ 未満の整数 m について，$2 \leqq m+1 < p$ より，$m+1$ は p 未満の素因数 q をもつ．p の定義より q は $n+1$ を割りきるので，$m+1$ と $n+1$ は互いに素でない．よって，$f(n) \geqq p-1$ である．一方，任意の $p-1$ の素因数は p 未満なので $n+1$ を割りきり，したがって n を割りきらないので $p-1$ と n は互いに素である．さらに p は $n+1$ を割りきらない素数なので p と $n+1$ も互いに素である．以上より，$f(n) = p-1$ が示された．

n 番目に小さい素数を p_n とし，正の整数 k について $a_k = p_1p_2 \cdots p_k - 1$ とすると，$\{a_k\}$ は単調増加で，

$$
\begin{aligned}
a_{10} &= (2 \times 3 \times 5) \times (7 \times 11 \times 13) \times 17 \times 19 \times 23 \times 29 - 1 \\
&< 30 \times 1001 \times 20 \times 20 \times 25 \times 30 = 9009 \times 10^6 \\
a_{11} &= (2 \times 3 \times 5) \times (7 \times 11 \times 13) \times 17 \times 19 \times 23 \times 29 \times 31 - 1 \\
&\geqq 30 \times 1000 \times 10 \times 10 \times 20 \times 20 \times 30 = 36 \times 10^9
\end{aligned}
$$

である．特に $a_{10} < 10^{10} < a_{11}$ となる．任意の 1 以上 10^{10} 以下の整数 n について $n+1$ は a_{11} 以下なので，$p_1, p_2, \cdots, p_{11}$ のいずれかでは割りきれない．したがって，ある 1 以上 11 以下の整数 k を用いて $f(n) = p_k - 1$ と書ける．

一方，任意の 1 以上 10 以下の整数 k について $a_k \leqq 10^{10}$ であり，$a_k + 1 = p_1p_2 \cdots p_k$ を割りきらない最小の素数は p_{k+1} であるので $f(a_k) = p_{k+1} - 1$ となる．さらに $f(2) = 1 = p_1 - 1$ であるから，任意の 1 以上 11 以下の整数 k について，$f(n) = p_k - 1$ となる 1 以上 10^{10} 以下の整数 n が存在する．以上より，

$f(1), f(2), \cdots f(10^{10})$ のうちには $p_1 - 1, p_2 - 1, \cdots p_{11} - 1$ の **11** 種類の正の整数が現れる．

【7】　[解答：$\sqrt{231}$]

三角形 ABC の垂心を H とし，三角形 ABQ と三角形 ACP の共通する垂心を K とする．また，A から直線 BC におろした垂線の足を D とする．定義より，A, D, H, K は同一直線上にある．

$\mathrm{AB} = 10$, $\mathrm{AC} = 11$, $\mathrm{BC} > 5$ であるので，$\angle\mathrm{B}$ と $\angle\mathrm{C}$ はともに $90°$ より小さい．したがって，D は辺 BC 上にあり，D と H は異なる．また，D と K が一致していると仮定すると，2 点 P, Q がいずれも D と一致し，三平方の定理より $\mathrm{AB}^2 - \mathrm{BP}^2 = \mathrm{AD}^2 = \mathrm{AC}^2 - \mathrm{CQ}^2$ となるが，$10^2 - 5^2 \neq 11^2 - 6^2$ よりこれは矛盾である．よって，D と K も異なる．

いま 2 直線 BH, PK はいずれも辺 AC と垂直である．よって，この 2 直線は平行であり，$\mathrm{DB} : \mathrm{BP} = \mathrm{DH} : \mathrm{HK}$ となる．同様にして 2 直線 CH, QK も平行であるので，$\mathrm{DC} : \mathrm{CQ} = \mathrm{DH} : \mathrm{HK}$ となる．以上より $\mathrm{DB} : \mathrm{BP} = \mathrm{DC} : \mathrm{CQ}$ がわかり，$\mathrm{DB} : \mathrm{DC} = \mathrm{BP} : \mathrm{CQ} = 5 : 6$ となる．実数 t を用いて $\mathrm{DB} = 5t$, $\mathrm{DC} = 6t$ とおくと，三角形 ABD と三角形 ACD について三平方の定理を用いることで $10^2 - (5t)^2 = 11^2 - (6t)^2$ を得る．求める長さは $\mathrm{BC} = 11t$ であるから，答は $\boldsymbol{\sqrt{231}}$ である．

【8】　[解答：$2042 \cdot 19^{14}$ 個]

まず，以下の補題を示す．

補題　整数 a, b, c があり，$a \not\equiv 0 \pmod{17}$, $b \geqq 1$, $c \geqq 4$ をみたしているとする．このとき $a^{b^c} \equiv 1 \pmod{17}$ であることと $a \equiv 1 \pmod{17}$ または b が偶数であることは同値である．

補題の証明　$a \equiv 1 \pmod{17}$ のときは明らかに $a^{b^c} \equiv 1 \pmod{17}$ である．また，b が偶数であるとき，$c \geqq 4$ より b^c は 16 の倍数となる．フェルマーの小定理より $a^{16} \equiv 1 \pmod{17}$ が成り立つので $a^{b^c} \equiv 1 \pmod{17}$ が従う．逆に $a^{b^c} \equiv 1 \pmod{17}$ であるとき，$a^d \equiv 1 \pmod{17}$ となる最小の正の整数 d がとれる．$a \not\equiv 1 \pmod{17}$ のとき $d \neq 1$ である．b^c が d の倍数でないと仮定すると

b^c は非負整数 s と 1 以上 d 未満の整数 t を用いて $b^c = sd + t$ と書けるので,

$$a^t \equiv (a^d)^s \cdot a^t = a^{b^c} \equiv 1 \pmod{17}$$

となり d の最小性に矛盾する．よって b^c は d の倍数である．同様に 16 は d の倍数であり，$d \neq 1$ より d が偶数とわかる．したがって b^c は偶数なので，b は偶数である．　(補題の証明終り)

$a_1 \equiv 0 \pmod{17}$ または $a_2 \equiv 0 \pmod{17}$ のときは明らかに条件をみたさない．以下，$a_1 \not\equiv 0 \pmod{17}$ かつ $a_2 \not\equiv 0 \pmod{17}$ であるとする．また

$$c_1 = a_3^{a_4^{\cdot^{\cdot^{\cdot^{a_{17}}}}}}, \quad c_2 = a_4^{a_5^{\cdot^{\cdot^{\cdot^{a_{17}}}}}}$$

とおくと，$c_1 \geqq 2^2 = 4$, $c_2 \geqq 2^2 = 4$ が成り立つ.

a_2 の偶奇で場合分けをする.

- a_2 が奇数のとき.

  補題より $a_1^{a_2^{c_1}} \equiv 1 \pmod{17}$ であることは $a_1 \equiv 1 \pmod{17}$ であることと同値である．また $a_2 \neq 18$ から $a_2 \not\equiv 1 \pmod{17}$ なので，補題より $a_2^{a_3^{c_2}} \equiv 1 \pmod{17}$ であることは a_3 が偶数であることと同値である．よって条件をみたす組は $1 \cdot 8 \cdot 10 \cdot 19^{14} = 80 \cdot 19^{14}$ 個ある.

- a_2 が偶数のとき.

  $a_1 \not\equiv 0 \pmod{17}$ より，補題から $a_1^{a_2^{c_1}} \equiv 1 \pmod{17}$ が成り立つ．また，補題より $a_2^{a_3^{c_2}} \equiv 1 \pmod{17}$ であることは $a_2 \equiv 1 \pmod{17}$ または a_3 が偶数であることと同値である．よって条件をみたす組は $18 \cdot 1 \cdot 19^{15} + 18 \cdot 9 \cdot 10 \cdot 19^{14} = 1962 \cdot 19^{14}$ 個ある.

以上より条件をみたす組は $80 \cdot 19^{14} + 1962 \cdot 19^{14} = \mathbf{2042 \cdot 19^{14}}$ 個ある.

【9】　[解答：3]

$1 \leqq i \leqq 2021$, $1 \leqq j \leqq 2021$ に対して，上から i 行目，左から j 列目のマスを (i, j) で表し，(i, j) に書き込まれた数を $f(i, j)$ で表す．さらに,

$$g(i,j)=\begin{cases} f(i,j) & (i+j\text{ が偶数のとき}),\\ 4-f(i,j) & (i+j\text{ が奇数のとき}) \end{cases}$$

と定める．このとき各 i, j について $g(i,j)$ は 1, 2, 3 のいずれかであり，$1 \leqq i \leqq 2020, 1 \leqq j \leqq 2020$ について，$f(i,j)+f(i,j+1)+f(i+1,j)+f(i+1,j+1)=8$ であるから，$i+j$ が偶数のとき，

$$\begin{aligned} g(i+1,j)-g(i,j) &= (4-f(i+1,j))-f(i,j) \\ &= f(i+1,j+1)-(4-f(i,j+1)) \\ &= g(i+1,j+1)-g(i,j+1) \end{aligned}$$

であり，$i+j$ が奇数のとき，

$$\begin{aligned} g(i+1,j)-g(i,j) &= f(i+1,j)-(4-f(i,j)) \\ &= (4-f(i+1,j+1))-f(i,j+1) \\ &= g(i+1,j+1)-g(i,j+1) \end{aligned}$$

となる．よって，いずれの場合も

$$g(i+1,j)-g(i,j)=g(i+1,j+1)-g(i,j+1) \qquad (*)$$

が成り立つ．逆に，$1 \leqq i \leqq 2021, 1 \leqq j \leqq 2021$ に対して 1, 2, 3 いずれかの値 $g(i,j)$ を定める方法であって，$1 \leqq i \leqq 2020, 1 \leqq j \leqq 2020$ に対して $(*)$ をみたすものを考えると，(i,j) に $i+j$ が偶数のとき $g(i,j)$ を，奇数のとき $4-g(i,j)$ を書き込んだマス目は問題文の条件をみたす．よって，A の値はそのような定め方の個数と一致する．

$g(1,1),\cdots,g(1,2021)$ の最大値，最小値をそれぞれ M, m とする．いま，任意の $1 \leqq i \leqq 2020, 1 \leqq j \leqq 2020$ について $(*)$ が成り立つことは，すべての $1 \leqq k \leqq 2020$ に対して，$g(k+1,\ell)-g(1,\ell)$ の値が $1 \leqq \ell \leqq 2021$ によらず一定であることと同値であり，この値を d_k とする．このとき，$1 \leqq k \leqq 2020$ のそれぞれについて $1 \leqq m+d_k$ かつ $M+d_k \leqq 3$，つまり $1-m \leqq d_k \leqq 3-M$ であることが各 $g(i,j)$ が 1 以上 3 以下となるための必要十分条件だから，1 以上 3 以下

の整数 $g(1,1),\cdots,g(1,2021)$ が定まっているとき，条件をみたすような $g(i,j)$ の定め方は $(3+m-M)^{2020}$ 個存在する．$M-m$ の値で場合分けをする．

- $M-m=0$ のとき．
  $g(1,1),\cdots,g(1,2021)$ はすべて等しく，その値は 1, 2, 3 の 3 通りある．よって，このとき $3\cdot 3^{2020}=3^{2021}$ 通りある．

- $M-m=1$ のとき．
  $m=1,2$ の 2 つの場合があり，$(g(1,1),\cdots,g(1,2021))$ としてありうるのはそれぞれ $2^{2021}-2$ 通りある．よって，このとき $2\cdot((2^{2021}-2)\cdot 2^{2020})=2^{4042}-2^{2022}$ 通りある．

- $M-m=2$ のとき．
  $(g(1,1),\cdots,g(1,2021))$ としてありうるのは $3^{2021}-2\cdot(2^{2021}-2)-3$ 通りある．よって，このとき $(3^{2021}-2\cdot(2^{2021}-2)-3)\cdot 1^{2020}=3^{2021}-2\cdot(2^{2021}-2)-3$ 通りある．

ゆえに，

$$
\begin{aligned}
A&=3^{2021}+(2^{4042}-2^{2022})+(3^{2021}-2\cdot(2^{2021}-2)-3)\\
&=2\cdot 3^{2021}+2^{4042}-2^{2023}+1
\end{aligned}
$$

を得る．

ここで，$3^{2021}\equiv(-1)^{2021}\equiv-1\equiv 3 \pmod 4$ であるから，

$$A\equiv 2\cdot 3+0-0+1\equiv 3 \pmod 4$$

である．次に，25 以下の正の整数であって 25 と互いに素なものは 20 個であるから，オイラーの定理より $2^{20}\equiv 3^{20}\equiv 1 \pmod{25}$ が成り立つ．よって，

$$A\equiv 2\cdot 3\cdot(3^{20})^{101}+2^2\cdot(2^{20})^{202}-2^3\cdot(2^{20})^{101}+1\equiv 6+4-8+1\equiv 3 \pmod{25}$$

となる．ゆえに，A を 100 で割った余りは **3** である．

【10】 [解答：$\dfrac{\sqrt{33}}{11}$]

$\angle \mathrm{BPC}+\angle \mathrm{CPE}=\angle \mathrm{PEC}+\angle \mathrm{CPE}=180^\circ-\angle \mathrm{ECP}$ より，直線 EP は辺 AB と交わり，その交点を Q とすると $\angle \mathrm{QPB}=\angle \mathrm{ECP}$ が成り立つ．同様に直線 DP は辺 AC と交わり，その交点を R とすると $\angle \mathrm{RPC}=\angle \mathrm{DBP}$ が成り立つ．よって $\angle \mathrm{QPB}=\angle \mathrm{RCP}$, $\angle \mathrm{QBP}=\angle \mathrm{RPC}$ が成り立つので，三角形 QBP と三角形 RPC は相似である．

また，$\angle \mathrm{QDR}=\angle \mathrm{BDP}=\angle \mathrm{PEC}=\angle \mathrm{QER}$ より 4 点 D, Q, R, E は同一円周上にあるので，四角形 DBCE が円に内接することとあわせて，$\angle \mathrm{ABC}=\angle \mathrm{DBC}=180^\circ-\angle \mathrm{CED}=180^\circ-\angle \mathrm{RED}=\angle \mathrm{DQR}=\angle \mathrm{AQR}$ となり，BC と QR は平行である．これより $\mathrm{BQ}:\mathrm{CR}=\mathrm{AB}:\mathrm{AC}=9:11$ を得る．さらに，4 点 D, Q, R, E が同一円周上にあることから三角形 QDP と三角形 REP は相似なので，$\mathrm{QP}:\mathrm{RP}=\mathrm{DP}:\mathrm{EP}=1:3$ を得る．

以上より，$\dfrac{\mathrm{BP}^2}{\mathrm{CP}^2}=\dfrac{\mathrm{BQ}\cdot\mathrm{QP}}{\mathrm{PR}\cdot\mathrm{RC}}=\dfrac{\mathrm{BQ}}{\mathrm{CR}}\cdot\dfrac{\mathrm{QP}}{\mathrm{RP}}=\dfrac{9}{11}\cdot\dfrac{1}{3}=\dfrac{3}{11}$ を得るので，答は $\dfrac{\mathrm{BP}}{\mathrm{CP}}=\sqrt{\dfrac{3}{11}}=\boldsymbol{\dfrac{\sqrt{33}}{11}}$ である．

【11】　[解答：20412 個]

3 つの実数 a, b, c に対し，これらの最大値と最小値の差は

$$\frac{|a-b|+|b-c|+|c-a|}{2}$$

である．よって，$|(xy+zw)-(xz+yw)|=|x-w||y-z|$ に注意すると

$$M-m=\frac{1}{2}\sum_{x,y,z,w=1}^{1000}\bigl(|x-w||y-z|+|x-y||z-w|+|x-z||y-w|\bigr)$$

となる．ここで

$$\sum_{x,y,z,w=1}^{1000}|x-w||y-z|=\left(\sum_{x,y=1}^{1000}|x-y|\right)^2=\left(2\sum_{d=1}^{999}d(1000-d)\right)^2$$
$$=\frac{(999\cdot 1000\cdot 1001)^2}{9}$$

であるから，

$$M-m=\frac{3}{2}\cdot\frac{(999\cdot 1000\cdot 1001)^2}{9}=2^5\cdot 3^5\cdot 5^6\cdot 7^2\cdot 11^2\cdot 13^2\cdot 37^2$$

となる．よって，$M-m$ の正の約数の個数は $6\cdot6\cdot7\cdot3\cdot3\cdot3\cdot3=\mathbf{20412}$ 個である．

【12】 [解答：19]

下図のように各マスに数を書き込むと，コインが置かれているマスに書き込まれている数の合計は操作によって増加しない．

128	64	128	64	128	64	128
32	64	32	64	32	64	32
32	16	32	16	32	16	32
8	16	8	16	8	16	8
8	4	8	4	8	4	8
2	4	2	4	2	4	2
2	1	2	1	2	1	2

初めにコインが置かれていたマスに書き込まれている数は 64 であり，1 の書き込まれているマスは 3 個，2 の書き込まれているマスは 8 個，4 の書き込まれているマスは 6 個ある．他のマスに書き込まれている数は 8 以上であるので，$64<1\cdot3+2\cdot8+4\cdot6+8\cdot3$ よりマス目に置かれているコインの枚数はつねに $3+8+6+3-1=19$ 以下である．

一方，以下のように操作をすることで実際にマス目に 19 枚置くことができる．上から i 行目，左から j 列目のマスに操作 (x) を行うことを「(i,j) に x」と表記する．

> $(1,4)$ に d, $(2,5)$ に b, $(5,2)$ に a, $(6,2)$ に d, $(4,3)$ に d, $(5,2)$ に a, $(5,4)$ に d, $(6,3)$ に d, $(6,5)$ に d, $(3,4)$ に d, $(4,3)$ に d, $(4,5)$ に a, $(5,5)$ に d, $(6,6)$ に d, $(5,4)$ に d, $(2,3)$ に c, $(5,6)$ に a, $(4,5)$ に d, $(3,4)$ に d の順で行う．

以上より，答は **19** である．

別解　マス目に置かれているコインの枚数が 19 枚以下であることの証明は上と同じである．以下の順で操作をしても，実際にマス目に 19 枚置くことができる．

$(1,4)$ に d, $(2,3)$ に d, $(3,2)$ に d, $(4,3)$ に d, $(5,2)$ に a, $(6,2)$ に d,
$(5,4)$ に d, $(6,3)$ に d, $(6,5)$ に d, $(3,4)$ に d, $(4,3)$ に a, $(5,3)$ に d,
$(4,5)$ に d, $(5,4)$ に d, $(5,6)$ に a, $(6,6)$ に d, $(2,5)$ に d, $(3,6)$ に d,
$(4,5)$ に d, $(5,6)$ に a, $(3,4)$ に d, $(4,3)$ に b, $(4,5)$ に c の順で行う．

以上より，答は **19** である．

1.3　第32回 日本数学オリンピック 予選(2022)

● 2022年1月10日 [試験時間3時間，12問]

1.　2022より大きい4桁(けた)の3の倍数であって，千の位，百の位，十の位，一の位に現れる数字がちょうど2種類であるようなもののうち，最小のものを求めよ．

2.　辺ADと辺BCが平行であり，角Bと角Cが鋭角であるような台形ABCDに半径3の円が内接している．$AB=7, CD=8$ のとき台形ABCDの面積を求めよ．

ただし，XYで線分XYの長さを表すものとする．

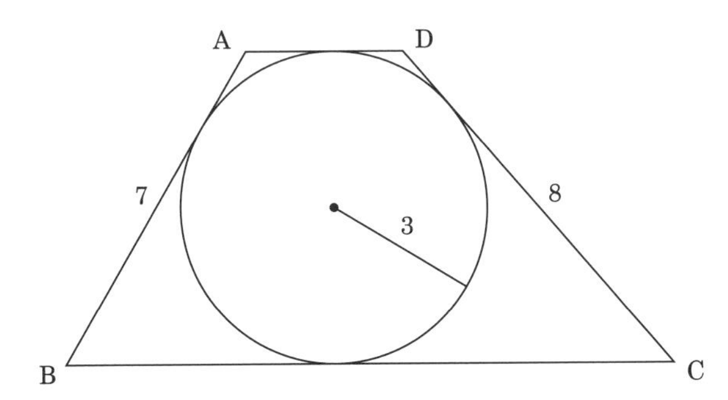

3.　正六角形の各頂点にマスA, B, C, D, E, Fがあり，各マスからは隣りあう頂点にあるマスか，向かいあう頂点にあるマスのいずれかに移動できる．マスAから始めて，マスAを途中で訪れることなくそれ以外のすべてのマスをちょうど1回ずつ訪れて，マスAに戻ってくるように移動する方法は何通りあるか．

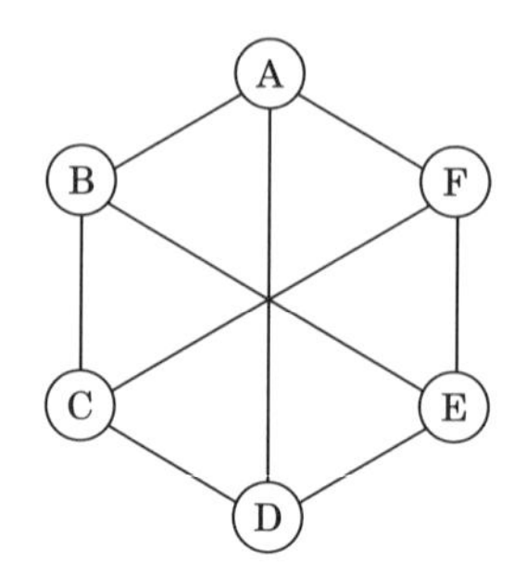

4.　凸四角形 ABCD とその内部の点 P があり，直線 AP と直線 AD，直線 BP と直線 CD はそれぞれ直交する．$AB = 7$, $AP = 3$, $BP = 6$, $AD = 5$, $CD = 10$ のとき，三角形 ABC の面積を求めよ．ただし，XY で線分 XY の長さを表すものとする．

5.　1 以上 2022 以下の整数の組 (m, n) であって，次の条件をみたすものはいくつあるか．

> 任意の正の整数 N について，ある非負整数 k とある N より大きい整数 d であって，$\dfrac{m-k^2}{d}$ と $\dfrac{n+2k}{d}$ がともに整数となるものが存在する．

6.　一辺の長さが 1 である正三角形のタイルが 36 枚あり，それらを組み合わせて図のような盤面を作る．このとき，● で示されている 30 個の点を**良い点**とよぶ．

この盤面において，それぞれのタイルを赤または青のいずれか 1 色に塗る方法であって，以下の条件をみたすものは何通りあるか．

> どの良い点についても，それを頂点にもつタイルのうち，赤で塗られているものと青で塗られているものの枚数が等しい．

ただし，盤面を回転したり裏返したりして一致する塗り方は区別して数える．

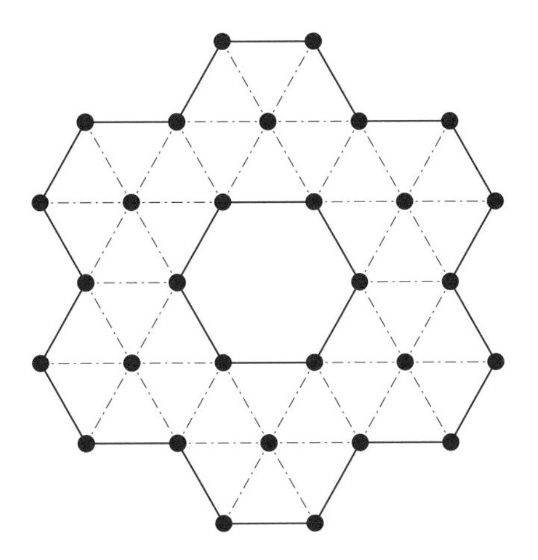

7.　$\angle\mathrm{BAC} = 90°$, $\mathrm{AB} = \mathrm{AC} = 7$ である直角二等辺三角形 ABC がある．辺 BC, CA, AB 上にそれぞれ点 D, E, F があり，$\angle\mathrm{EDF} = 90°$, $\mathrm{DE} = 5$, $\mathrm{DF} = 3$ をみたしているとき，線分 BD の長さを求めよ．ただし，XY で線分 XY の長さを表すものとする．

8.　$a_1 < a_2 < \cdots < a_{2022}$ をみたす正の整数の組 $(a_1, a_2, \cdots, a_{2022})$ であって，

$$a_1^2 - 6^2 \geqq a_2^2 - 7^2 \geqq \cdots \geqq a_{2022}^2 - 2027^2$$

が成り立つものはいくつあるか．

9.　$1, 2, \cdots, 1000$ の並べ替え $(p_1, p_2, \cdots, p_{1000})$ であって，任意の 1 以上 999 以下の整数 i に対して，p_i が i の倍数であるようなものはいくつあるか．

10.　1 以上 50 以下の整数から相異なる 25 個の整数を選ぶ方法であって，選ばれたどの相異なる 2 つの整数についても，一方が他方の約数となることがないようなものは何通りあるか．

11.　正の整数 n に対して，$f(n)$ を

$$f(n)=\begin{cases} n^{100} & (n\text{ の各桁の和が偶数のとき}), \\ -n^{100} & (n\text{ の各桁の和が奇数のとき}) \end{cases}$$

と定める．$S=f(1)+f(2)+\cdots+f(10^{100}-1)$ とするとき，S が 5^m で割りきれるような最大の非負整数 m を求めよ．ただし，S は 0 ではない．

12.　$\mathrm{AB}=11$, $\mathrm{AC}=10$ をみたす鋭角三角形 ABC があり，その垂心を H，辺 BC の中点を M とする．三角形 ABC の内部の点 P が三角形 BHC の外接円上にあり，$\angle\mathrm{ABP}=\angle\mathrm{CPM}$, $\mathrm{PM}=3$ をみたしている．このとき，線分 BC の長さを求めよ．

ただし，XY で線分 XY の長さを表すものとする．

解答

【1】 [解答：2112]

千の位，百の位，十の位，一の位に現れる数字がちょうど 2 種類であるような 4 桁の整数を**良い数**とよぶこととする．

まず，2000 以上 2099 以下の整数は千の位が 2, 百の位が 0 であるから，この範囲の良い数は 2000, 2002, 2020, 2022 のみである．これらはすべて 2022 以下であるから，条件をみたすものはこの中にはない．

次に，2100 以上 2199 以下の整数は千の位が 2, 百の位が 1 であるから，この範囲の良い数は 2111, 2112, 2121, 2122 のみである．ここで，2111 は 3 の倍数ではなく，2112 は 3 の倍数であるから，答は **2112** である．

【2】 [解答：45]

四角形 ABCD の内接円と辺 AB, BC, CD, DA の接点をそれぞれ E, F, G, H とする．A からこの内接円に引いた接線の長さは等しいので，$\mathrm{AE} = \mathrm{AH}$ である．同様に $\mathrm{BE} = \mathrm{BF}$, $\mathrm{CF} = \mathrm{CG}$, $\mathrm{DG} = \mathrm{DH}$ となる．したがって $\mathrm{AD} + \mathrm{BC} = \mathrm{AH} + \mathrm{DH} + \mathrm{BF} + \mathrm{CF} = \mathrm{AE} + \mathrm{BE} + \mathrm{CG} + \mathrm{DG} = \mathrm{AB} + \mathrm{DC} = 7 + 8 = 15$ である．四角形 ABCD の内接円の中心を I とすると，$\mathrm{AD} \perp \mathrm{IH}$, $\mathrm{BC} \perp \mathrm{IF}$ である．$\mathrm{AD} \mathbin{/\!/} \mathrm{BC}$ なので，点 H, I, F は同一直線上にある．したがって台形 ABCD の高さは FH に等しいから，台形 ABCD の面積は $\frac{1}{2} \cdot (\mathrm{AD} + \mathrm{BC}) \cdot \mathrm{FH} = \frac{1}{2} \cdot 15 \cdot 6 = \mathbf{45}$ である．

【3】 [解答：12 通り]

マス A, C, E からなるグループをグループ X, マス B, D, F からなるグループをグループ Y とする．このとき，それぞれのマスからはそのマスの属するグループとは異なるグループのマスのみに移動できる．A はグループ X に属するから，1, 3, 5 番目に訪れるマスはグループ Y に属するマス，2, 4 番目に訪れるマスはグループ X に属するマスである必要がある．また，訪れるマスはどの 2

つも互いに異なり，A とも異なるから，1, 3, 5 番目に訪れるマスはマス B, D, F の並べ替え(か)であり，2, 4 番目に訪れるマスはマス C, E の並べ替えである必要がある．一方，異なるグループに属するどの 2 つのマスについても，一方から他方へ移動できるから，a_1, a_3, a_5 をマス B, D, F の並べ替え，a_2, a_4 をマス C, E の並べ替えとすると，1 以上 5 以下の整数 i について i 番目に訪れたマスが a_i であるような移動方法が必ず存在する．よって，マス B, D, F の並べ替えが $3! = 6$ 通り，マス C, E の並べ替えが $2! = 2$ 通りであるから，条件をみたす移動方法の数は，$6 \cdot 2 = \mathbf{12}$ 通りである．

【4】　[解答：$\dfrac{245}{6}$]

A, B, C, D はこの順に反時計回りにあるとしてよい．直線 AP と直線 AD, 直線 BP と直線 CD がそれぞれ直交することから，三角形 APB を反時計回りに 90° だけ回転させると AP は AD と平行に，BP は CD と平行になる．P, A, B と D, A, C はそれぞれこの順に反時計回りにあるから，$\angle \mathrm{APB} = \angle \mathrm{ADC}$ であることがわかる．また，$\mathrm{AP} : \mathrm{BP} = 1 : 2 = \mathrm{AD} : \mathrm{CD}$ なので，三角形 APB と三角形 ADC は相似である．よって $\mathrm{AC} = \dfrac{\mathrm{AB} \cdot \mathrm{AD}}{\mathrm{AP}} = \dfrac{35}{3}$ となる．またこの相似より，$\angle \mathrm{BAC} = \angle \mathrm{BAP} + \angle \mathrm{PAC} = \angle \mathrm{CAD} + \angle \mathrm{PAC} = \angle \mathrm{PAD} = 90^\circ$ も従う．よって，三角形 ABC の面積は $\dfrac{1}{2} \cdot \mathrm{AB} \cdot \mathrm{AC} = \dfrac{\mathbf{245}}{\mathbf{6}}$ である．

【5】　[解答：44 個]

正の整数 d が $m - k^2, n + 2k$ をともに割りきるとき，d は $4(m - k^2) - (n - 2k)(n + 2k) = 4m - n^2$ も割りきる．よって $4m \neq n^2$ が成り立つとき，$N = |4m - n^2|$ とおくと任意の非負整数 k について $d \leqq N$ が成り立つから，(m, n) は条件をみたさない．

一方 $4m = n^2$ が成り立つとき，n は偶数であるので正の整数 t を用いて $n = 2t$ とかけ，このとき $m = \dfrac{n^2}{4} = t^2$ となる．$k = N, d = t + N$ とおくと，$d > N$ が成り立ち，

$$\frac{m - k^2}{d} = \frac{t^2 - N^2}{t + N} = t - N, \quad \frac{n + 2k}{d} = \frac{2t + 2N}{t + N} = 2$$

はともに整数である．よって，このような組 (m, n) は条件をみたすことがわ

かる．

以上より，条件をみたす組 (m,n) はある正の整数 t を用いて $(t^2,2t)$ と表せる 1 以上 2022 以下の整数の組すべてとわかる．$1 \leqq t^2 \leqq 2022$ より t は 1 以上 44 以下の整数であり，このとき $t^2, 2t$ はともに 1 以上 2022 以下の整数となる．よって答は **44** 個である．

【6】　[解答：68 通り]

下図のように，各タイルの名前を定める．

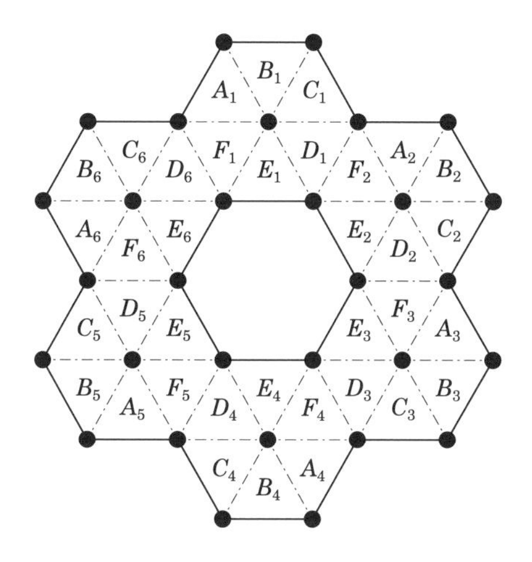

任意の 1 以上 6 以下の整数 i に対し，A_i と B_i, B_i と C_i の色はそれぞれ異なることに注意する．

任意の 1 以上 6 以下の整数 i に対し，D_i と E_i, E_i と F_i の色がそれぞれ異なるとする．いま，1 以上 6 以下の整数 i それぞれに対し，$A_i, B_i, \cdots, F_i$ に囲まれた良い点に注目することで，C_i と D_i, F_i と A_i の色はそれぞれ異なるといえる．逆に，これらをみたす塗り方はすべて条件をみたすことがわかる．このとき，1 以上 6 以下の整数 i それぞれに対し，$A_i, B_i, \cdots, F_i$ からなる六角形の塗り方としてありうるものはそれぞれ 2 通りずつあり，それぞれを独立に定められるから，条件をみたす塗り方は $2^6 = 64$ 通り存在する．

以下，ある j について D_j と E_j または E_j と F_j の色が同じ場合を考える．まず D_1 と E_1 が同じ色である場合について考える．対称性より B_1 が赤色であるとしてよい．上と同様にして，D_1 と E_1 も赤色である．このとき，E_2 と F_2 はともに青色であるから，A_2 が赤色，B_2 が青色，C_2 と D_2 が赤色と定まる．さらに，A_3 と F_3 はともに青色となるから，B_3 が赤色，C_3 が青色，D_3 と E_3 が赤色と定まる．同様にして，全体の色が下図のように矛盾なく一意に定まる．ただし，斜線部が赤色のタイルに対応するものとする．

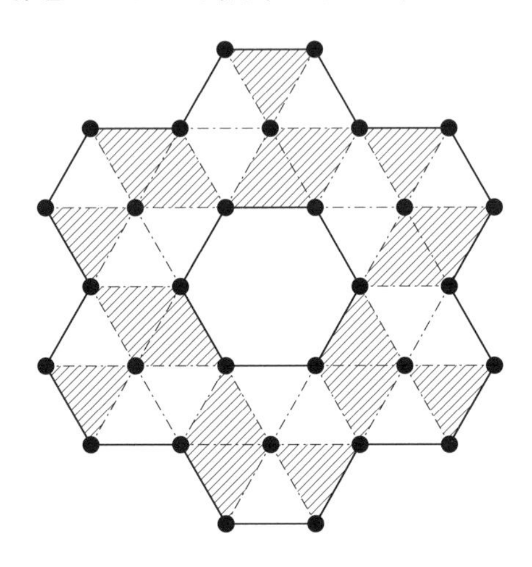

E_1 と F_1 が同じ色である場合も同様に，B_1 の色に応じて全体の色が矛盾なく一意に定まるから，条件をみたす塗り方は $2 \cdot 2 = 4$ 通り存在する．1 でない j について D_j と E_j または E_j と F_j が同じ色である場合も，同様に議論することで D_1 と E_1 または E_1 と F_1 が同じ色である場合に帰着することができるので，この 4 通りのいずれかに一致することがわかる．

以上より答は $64 + 4 = \mathbf{68}$ 通りである．

【7】　[解答：$\dfrac{21\sqrt{2}}{8}$]

直線 AB 上に PD ⊥ BC なる点 P をとると，$\angle\mathrm{CDP} = \angle\mathrm{EDF} = 90^\circ$ より $\angle\mathrm{CDE} = \angle\mathrm{PDF}$ が成り立ち，また $\angle\mathrm{DCE} = \angle\mathrm{DPF} = 45^\circ$ が成り立つから，三角形 PDF と三角形 CDE は相似比が $3:5$ の相似となる．また，$\angle\mathrm{PBD} = \angle\mathrm{BPD} = 45^\circ$ となるから $\mathrm{BD} = \mathrm{DP}$ が成り立つ．したがって $\mathrm{BD} : \mathrm{DP} : \mathrm{DC} = 3:3:5$ となるから，$\mathrm{BD} = 7\sqrt{2} \cdot \dfrac{3}{8} = \mathbf{\dfrac{21\sqrt{2}}{8}}$ である．

【8】 [解答：10 個]

$1 \leqq a_1 < a_2 < \cdots < a_{2022}$ より，任意の 1 以上 2022 以下の整数 i について $a_i \geqq i$ である．また $a_1^2 - 6^2 \geqq a_2^2 - 7^2 \geqq \cdots \geqq a_{2022}^2 - 2027^2$ は，任意の 1 以上 2021 以下の整数 i について $a_{i+1}^2 - a_i^2 \leqq (i+6)^2 - (i+5)^2 = 2i + 11$ が成り立つことと同値である．

$a_{i+1} \geqq a_i + 3$ をみたす 1 以上 2021 以下の整数 i が存在すると仮定すると，$a_{i+1}^2 - a_i^2 \geqq (a_i + 3)^2 - a_i^2 = 6a_i + 9 \geqq 6i + 9 > 2i + 11$ であるから，$a_{i+1}^2 - a_i^2 \leqq 2i + 11$ に矛盾する．よって，$a_i < a_{i+1}$ とあわせて，任意の 1 以上 2021 以下の整数 i について $a_{i+1} = a_i + 1$ または $a_{i+1} = a_i + 2$ である．

$a_{i+1} = a_i + 1$ のとき，$a_{i+1}^2 - a_i^2 \leqq 2i + 11$ は $a_{i+1}^2 - a_i^2 = 2a_i + 1$ より $a_i \leqq i + 5$ と同値である．よって，条件をみたす組であって任意の 1 以上 2021 以下の整数 i について $a_{i+1} = a_i + 1$ が成り立つものは，ある 0 以上 5 以下の整数 c によって $a_i = i + c$ と表せる 6 個である．

以下，$a_{i+1} = a_i + 2$ をみたす 1 以上 2021 以下の整数 i が存在する場合を考え，そのうち最大のものを j とする．このとき $4j + 4 \leqq 4a_j + 4 = a_{j+1}^2 - a_j^2 \leqq 2j + 11$ より $j = 1, 2, 3$ が必要である．

- $j = 1$ のとき，$4a_1 + 4 = a_2^2 - a_1^2 \leqq 2 \cdot 1 + 11$ より $a_1 = 1, 2$ が必要であり，条件をみたす組は $(1, 3, 4, 5, \cdots, 2022, 2023)$, $(2, 4, 5, 6, \cdots, 2023, 2024)$ のみである．

- $j = 2$ のとき，$4a_2 + 4 = a_3^2 - a_2^2 \leqq 2 \cdot 2 + 11$ より $a_2 \geqq 2$ とあわせて $a_2 = 2$ が必要であり，条件をみたす組は $(1, 2, 4, 5, 6, \cdots, 2022, 2023)$ のみである．

- $j = 3$ のとき，$4a_3 + 4 = a_4^2 - a_3^2 \leqq 2 \cdot 3 + 11$ より $a_3 \geqq 3$ とあわせて $a_3 = 3$ が必要であり，条件をみたす組は $(1, 2, 3, 5, 6, 7, \cdots, 2022, 2023)$ のみである．

以上より，条件をみたす組は $6 + 4 =$ **10** 個である．

【9】 [解答：504 個]

$S = \{1, 2, \cdots, 1000\}$ とする．S 上で定義され，S に値をとる全単射な関数 f

であって，任意の1以上999以下の整数iについて$f(i)$がiの倍数であるようなものの個数を求めればよい．以下$f^k(i) = \underbrace{f(f(\cdots f}_{k\text{個}}(i)\cdots))$とする．

数列$1000, f(1000), f^2(1000), \cdots$を考える．$S$が有限集合であるから，$i < j$かつ$f^i(1000) = f^j(1000)$をみたすような正の整数の組$(i, j)$が存在する．単射性より$f^{j-i}(1000) = 1000$であるから$f^m(1000) = 1000$をみたす正の整数$m$が存在する．そのような正の整数$m$として最小のものを$l$とする．このとき，$f(1000), f^2(1000), \cdots, f^l(1000) = 1000$が相異なることを示す．$f^s(1000) = f^t(1000)$かつ$1 \leqq s < t \leqq l$をみたす整数の組$(s, t)$が存在すると仮定する．このとき，$f^s(1000) = f^t(1000) = f^s(f^{t-s}(1000))$であるから，$f$の単射性より$f^{t-s}(1000) = 1000$となるが，$0 < t - s < l$より，これは$l$の最小性に矛盾する．したがって，$f(1000), f^2(1000), \cdots, f^l(1000) = 1000$が相異なることが示された．特に，$f(1000), f^2(1000), \cdots, f^{l-1}(1000)$は1000ではないため，任意の$l-1$以下の正の整数$i$に対して$f^{i+1}(1000)$は$f^i(1000)$の倍数である．

いま，$1000, f(1000), \cdots, f^{l-1}(1000)$に含まれない1000以下の正の整数を小さい順に$a_1, a_2, \cdots, a_k$とすると，$f(1000), f^2(1000), \cdots, f^l(1000)$は$1000, f(1000), \cdots, f^{l-1}(1000)$の並べ替えであるから，$f$の全単射性より$f(a_1), f(a_2), \cdots, f(a_k)$は$a_1, a_2, \cdots, a_k$の並べ替えである．したがって，

$$f(a_1) + f(a_2) + \cdots + f(a_k) = a_1 + a_2 + \cdots + a_k \qquad (*)$$

である．また任意のk以下の正の整数iに対して$a_i \neq 1000$であるから，$f(a_i)$はa_iの倍数である．特に$f(a_i) \geqq a_i$であるから$(*)$とあわせると，任意のk以下の正の整数iに対して，$f(a_i) = a_i$とわかる．以上より，ある正の整数の列$d_1 < d_2 < \cdots < d_l = 1000$であって，任意の1以上$l-1$以下の整数$i$について$d_{i+1}$が$d_i$の倍数であり，さらに

$$f(n) = \begin{cases} d_{i+1} & (n = d_i, 1 \leqq i \leqq l-1), \\ d_1 & (n = d_l), \\ n & (\text{それ以外}) \end{cases}$$

をみたすものが存在する.

逆にこのような整数列 $d_1 < d_2 < \cdots < d_l$ が存在するとき, f は問題の条件をみたす. よって, 正の整数の列 $d_1 < d_2 < \cdots < d_l = 1000$ であって, 任意の 1 以上 $l-1$ 以下の整数 i について d_{i+1} が d_i の倍数であるものの個数を求めればよい.

正の整数 n に対して, 正の整数の列 $d_1 < d_2 < \cdots < d_l = n$ であって, 任意の 1 以上 $l-1$ 以下の整数 i について d_{i+1} が d_i の倍数であるものの個数を c_n とする. 以下この値を求める. まず, $c_1 = 1$ である. 2 以上の整数 n に対して, $l = 1$ のときは条件をみたす数列は 1 個であり, $l \geqq 2$ のときは d_{l-1} は n 未満の n の正の約数であり, 任意の n 未満の n の正の約数 m について, $d_{l-1} = m$ となる条件をみたす整数列は c_m 個であるから

$$c_n = 1 + \sum_{m \text{ は } n \text{ 未満の } n \text{ の正の約数}} c_m$$

とわかる. これを用いると,

$$\begin{array}{llll} c_1 = 1, & c_2 = 2, & c_4 = 4, & c_8 = 8, \\ c_5 = 2, & c_{10} = 6, & c_{20} = 16, & c_{40} = 40, \\ c_{25} = 4, & c_{50} = 16, & c_{100} = 52, & c_{200} = 152, \\ c_{125} = 8, & c_{250} = 40, & c_{500} = 152, & c_{1000} = 504 \end{array}$$

とわかる. 以上より, 求める個数は $c_{1000} = \mathbf{504}$ 個である.

参考 i, j が正の整数であるとき, $c_{2^i5^j} = 2c_{2^{i-1}5^j} + 2c_{2^i5^{j-1}} - 2c_{2^{i-1}5^{i-1}}$ である.

【10】 [解答 : 1632 通り]

1 以上 49 以下の各奇数 n に対して, n と非負整数 k を用いて $n \cdot 2^k$ と表すことのできる 1 以上 50 以下の整数の集合を $\boldsymbol{n}$ **のグループ**とよぶことにする. このとき, 1 以上 50 以下の各整数はちょうど 1 つのグループに属している.

同じグループに属する 2 つの整数について, 一方が他方を必ず割りきる. これより, 条件をみたすように 25 個の整数を選ぶとき, 同じグループからは高々

1つの整数しか選ぶことはできない．グループの個数はちょうど25個であるので，各グループから1つずつ整数を選ぶ必要がある．

まず，$27, 29, \cdots, 49$ の各グループからの選び方は1通りしかない．これより，27は必ず選ばれるので，9のグループから選ばれる整数は18の倍数である．18は3と6の倍数なので，3のグループから選ばれる整数は12の倍数である．12は1と2と4の倍数なので，1のグループからは8の倍数を選ぶ必要がある．39と45も必ず選ばれるため，13, 15の各グループからはそれぞれ26と30を選ぶしかない．以下，他のグループからの整数の選び方を考える．

33は必ず選ばれるので，11が選ばれることはない．22と44は他のグループの数の約数になることはなく，また1, 2, 4のいずれも選ばれないので倍数になることもない．よって11のグループからの選び方は他のグループからの選び方とは独立に2通りある．

25と50は他のグループの数の約数になることはない．また30が必ず選ばれるので1, 2, 5, 10のいずれも選ばれることはなく，25と50は他のグループの数の倍数になることもない．よって25のグループからの選び方は他のグループからの選び方とは独立に2通りある．

17と34は他のグループの数の約数になることはなく，また1と2のどちらも選ばれないので倍数になることもない．よって17のグループからの選び方は，他のグループからの選び方とは独立に2通りある．19, 23のグループについても同様である．

7と21のグループからそれぞれ選ぶ方法としてありうるものは14と21, 28と21, 28と42の3通りある．14, 28, 21, 42は他のグループの数の約数になることはない．また1, 2, 3, 4, 6のいずれも選ばれないので倍数になることもない．よって7と21のグループからの選び方は他のグループからの選び方とは独立に3通りある．後は1, 3, 5, 9のグループからの選び方の個数を求めればよい．

1のグループからの選び方で場合分けをする．8の倍数を選ぶ必要があることに注意する．

- 8を選ぶとき，3, 5, 9の各グループからの選び方はそれぞれ12, 20, 18を選ぶ 1 通りある.

- 16 を選ぶとき，5 のグループからの選び方は 20 と 40 の 2 通り，3 と 9 のグループからそれぞれ選ぶ方法は 12 と 18, 24 と 18, 24 と 36 の 3 通りある.

- 32 を選ぶとき，5 のグループからの選び方は 20 と 40 の 2 通り，3 と 9 のグループからそれぞれ選ぶ方法は 12 と 18, 24 と 18, 24 と 36, 48 と 18, 48 と 36 の 5 通りある.

よって，1, 3, 5, 9 のグループからの選び方は $1+2\cdot 3+2\cdot 5=17$ 通りである.

以上より，答は $2^5\cdot 3\cdot 17=\mathbf{1632}$ 通りである.

【11】 [解答：5074]

$d=100$, $f(0)=0$ とすると，$S=f(0)+f(1)+\cdots+f(10^d-1)$ である．0 以上 10^d 未満の整数 n は，0 以上 9 以下の整数の組 $(a_0,a_1,\cdots,a_{d-1})$ を用いて,

$$n=a_0+a_1\cdot 10+\cdots+a_{d-1}\cdot 10^{d-1}$$

と一意に表される．このとき，$n>0$ ならば

$$f(n)=(-1)^{a_0+a_1+\cdots+a_{d-1}}\left(a_0+a_1\cdot 10+\cdots+a_{d-1}\cdot 10^{d-1}\right)^d \qquad (*)$$

であり，$n=0$ のときもこれは成立する．よって，S は 0 以上 9 以下の整数の組 $(a_0,a_1,\cdots,a_{d-1})$ すべてについて $(*)$ を足し合わせたものに等しい.

ここで，$\left(a_0+a_1\cdot 10+\cdots+a_{d-1}\cdot 10^{d-1}\right)^d$ は多項定理より，和が d であるような非負整数の組 $(b_0,b_1,\cdots,b_{d-1})$ すべてについて

$$\frac{d!}{b_0!b_1!\cdots b_{d-1}!}\prod_{b_i\neq 0}(a_i\cdot 10^i)^{b_i}=\frac{d!}{b_0!b_1!\cdots b_{d-1}!}\left(\prod_{b_i\neq 0}10^{ib_i}\right)\left(\prod_{b_i\neq 0}a_i^{b_i}\right)$$

を足し合わせたものである．ただし, $b_i\neq 0$ をみたす 0 以上 $d-1$ 以下のすべての整数 i について, x_i をかけ合わせたものを $\prod_{b_i\neq 0}x_i$ と表す．$\dfrac{d!}{b_0!b_1!\cdots b_{d-1}!}\prod_{b_i\neq 0}10^{ib_i}$ の値は $(a_0,a_1,\cdots,a_{d-1})$ によらないから，それぞれの $(b_0,b_1,\cdots,b_{d-1})$ の組に対して，0 以上 9 以下の整数の組 $(a_0,a_1,\cdots,a_{d-1})$ すべてについて

$$(-1)^{a_0+a_1+\cdots+a_{d-1}} \prod_{b_i \neq 0} a_i^{b_i}$$

を足し合わせたものを求めればよい.

ある 0 以上 $d-1$ 以下の整数 k が存在して, $b_k = 0$ が成立するときを考える. このとき, a_k を除いた $d-1$ 個の整数の組 $(a_0, a_1, \cdots, a_{k-1}, a_{k+1}, \cdots, a_{d-1})$ それぞれに対して, $\prod_{b_i \neq 0} a_i^{b_i}$ の値は a_k によらないから,

$$\begin{aligned}
&\sum_{a_k=0}^{9} \left((-1)^{a_0+a_1+\cdots+a_k+\cdots+a_{d-1}} \prod_{b_i \neq 0} a_i^{b_i} \right) \\
&= \left(\sum_{a_k=0}^{9} (-1)^{a_0+a_1+\cdots+a_k+\cdots+a_{d-1}} \right) \prod_{b_i \neq 0} a_i^{b_i} \\
&= (1 \cdot 5 + (-1) \cdot 5) \prod_{b_i \neq 0} a_i^{b_i} \\
&= 0
\end{aligned}$$

となる.

$b_k = 0$ をみたす k が存在しないとき, つまり $b_0 = b_1 = \cdots = b_{d-1} = 1$ のとき,

$$(-1)^{a_0+a_1+\cdots+a_{d-1}} \prod_{b_i \neq 0} a_i^{b_i} = (-1)^{a_0+a_1+\cdots+a_{d-1}} \prod_{i=0}^{d-1} a_i = \prod_{i=0}^{d-1} \left((-1)^{a_i} \cdot a_i \right)$$

である. ただし, $x_0, \cdots, x_{d-1}$ の積を $\prod_{i=0}^{d-1} x_i$ で表す. 0 以上 9 以下の整数の組 $(a_0, \cdots, a_{d-1})$ すべてについてこれを足し合わせたものは $\prod_{i=0}^{d-1} \left(\sum_{a_i=0}^{9} ((-1)^{a_i} \cdot a_i) \right) = (-5)^d$ となる.

$b_0 = b_1 = \cdots = b_{d-1} = 1$ のとき,

$$\frac{d!}{b_0! b_1! \cdots b_{d-1}!} \prod_{b_i \neq 0} 10^{i b_i} = d! \prod_{i=0}^{d-1} 10^i = d! \cdot 10^{\frac{d(d-1)}{2}}$$

であるから,

$$S = d! \cdot 10^{\frac{d(d-1)}{2}} \cdot (-5)^d = 100! \cdot 2^{4950} \cdot 5^{5050}$$

である．100 以下の正の整数に 5^3 の倍数は存在しないので，求める値は $\left[\dfrac{100}{5^1}\right] + \left[\dfrac{100}{5^2}\right] + 5050 = \mathbf{5074}$ である．

【12】　[解答：$2\sqrt{21}$]

三角形 ABC, BHC の外接円の半径をそれぞれ R, R' とすると，正弦定理より $\dfrac{\mathrm{BC}}{\sin\angle\mathrm{BAC}} = 2R$, $\dfrac{\mathrm{BC}}{\sin\angle\mathrm{BHC}} = 2R'$ が成り立つ．また，$\angle\mathrm{BHC} = \angle\mathrm{BAC} + \angle\mathrm{ABH} + \angle\mathrm{ACH} = \angle\mathrm{BAC} + 2(90^\circ - \angle\mathrm{BAC}) = 180^\circ - \angle\mathrm{BAC}$ であるから，$\sin\angle\mathrm{BAC} = \sin\angle\mathrm{BHC}$ が従う．ゆえに $R = R'$ である．

三角形 BHC の外接円と直線 PM の交点のうち，P でない方を Q とする．円周角の定理より，$\angle\mathrm{PBQ} = \angle\mathrm{PBC} + \angle\mathrm{CBQ} = \angle\mathrm{PBC} + \angle\mathrm{CPQ} = \angle\mathrm{PBC} + \angle\mathrm{ABP} = \angle\mathrm{ABC}$ である．正弦定理より $\dfrac{\mathrm{AC}}{\sin\angle\mathrm{ABC}} = 2R = 2R' = \dfrac{\mathrm{PQ}}{\sin\angle\mathrm{PBQ}}$ であるので，以上より $\mathrm{PQ} = \mathrm{AC} = 10$ を得る．よって $\mathrm{QM} = \mathrm{PQ} - \mathrm{PM} = 7$ であるから，三角形 BHC の外接円において方べきの定理より $\mathrm{BM} \cdot \mathrm{CM} = \mathrm{PM} \cdot \mathrm{QM} = 21$ が従う．$\mathrm{BM} = \mathrm{CM}$ より $\mathrm{BM} = \sqrt{21}$, すなわち $\mathrm{BC} = 2\mathrm{BM} = \mathbf{2\sqrt{21}}$ を得る．

1.4　第33回 日本数学オリンピック 予選(2023)

● 2023年1月9日 [試験時間3時間，12問]

1.　10を足しても10を掛けても平方数となるような最小の正の整数を求めよ．

2.　2の方が3より多く各桁(けた)に現れるような正の整数を**良い数**とよび，3の方が2より多く各桁に現れるような正の整数を**悪い数**とよぶ．たとえば，2023には2が2回，3が1回現れるので，2023は良い数であり，123には2が1回，3が1回現れるので，123は良い数でも悪い数でもない．

2023以下の良い数の個数と，2023以下の悪い数の個数の差を求めよ．

3.　一辺の長さが3である正三角形ABCの辺BC, CA, AB上にそれぞれ点D, E, Fがあり，$\mathrm{BD}=1$, $\angle\mathrm{ADE}=\angle\mathrm{DEF}=60^\circ$ をみたしている．このとき，線分AFの長さを求めよ．

ただし，XYで線分XYの長さを表すものとする．

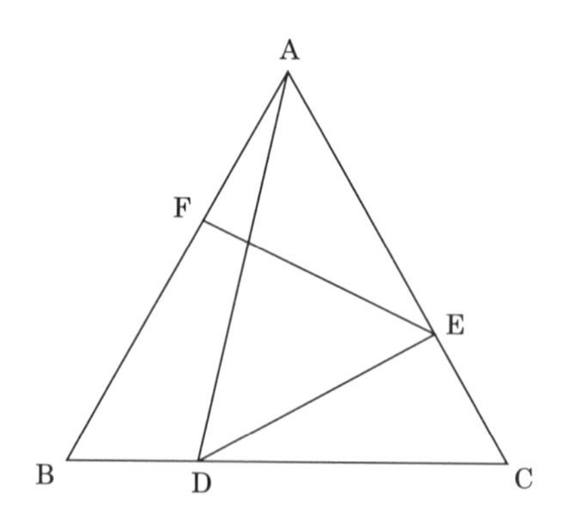

4.　正の実数 x, y に対し，正の実数 $x \star y$ を $x \star y = \dfrac{x}{xy+1}$ で定める．このとき，

$$(((\cdots(((100 \star 99) \star 98) \star 97) \star \cdots) \star 3) \star 2) \star 1$$

を計算せよ．ただし，解答は $\star$ を用いず数値で答えること．

5.　a_1, a_2, a_3, a_4, a_5, a_6, a_7 を相異(あい)なる正の整数とする．数列 a_1, $2a_2$, $3a_3$, $4a_4$, $5a_5$, $6a_6$, $7a_7$ が等差数列であるとき，$|a_7 - a_1|$ としてありうる最小の値を求めよ．ただし，数列 $x_1, x_2, \cdots, x_7$ が等差数列であるとは，$x_2 - x_1 = x_3 - x_2 = \cdots = x_7 - x_6$ となることをいう．

6.　正六角形が長方形に図のように内接している．斜線部の三角形と四角形の面積がそれぞれ 20, 23 であるとき，正六角形の面積を求めよ．

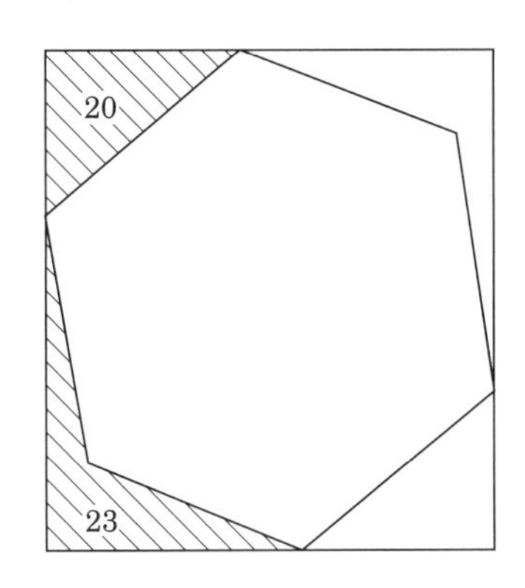

7.　正の整数 a, b, c は

$$\frac{(ab-1)(ac-1)}{bc} = 2023, \quad b \leqq c$$

をみたしている．c としてありうる値をすべて求めよ．

8.　図のような 15 個の円と 20 本の線分からなる図形があり，これらの円のそれぞれに 0, 1, 2 のいずれかを 1 つずつ書き込むことを考える．書き込み方の**美しさ**を，20 本の線分のうち，その両端にある 2 円に書き込まれた数の差が 1 であるようなものの個数とする．美しさとしてありうる

最大の値を M とするとき，美しさが M となる書き込み方は何通りあるか．

ただし，回転や裏返しにより一致する書き込み方も異なるものとして数える．

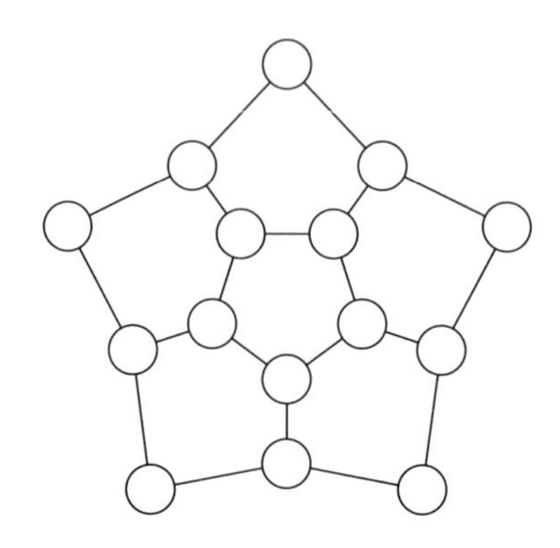

9.　$1, 2, \cdots, 2023$ の並べ替え（か）$p_1, p_2, \cdots, p_{2023}$ であって，

$$p_1 + |p_2 - p_1| + |p_3 - p_2| + \cdots + |p_{2023} - p_{2022}| + p_{2023} = 4048$$

をみたすものはいくつあるか．ただし，$1, 2, \cdots, 2023$ の並べ替えとは，1 以上 2023 以下の整数がちょうど 1 回ずつ現れる長さ 2023 の数列である．

10.　鋭角三角形 ABC があり，A から辺 BC におろした垂線の足を D，辺 AC の中点を M とする．線分 BM 上に点 P を，$\angle\mathrm{PAM} = \angle\mathrm{MBA}$ をみたすようにとる．$\angle\mathrm{BAP} = 41^\circ$, $\angle\mathrm{PDB} = 115^\circ$ のとき，$\angle\mathrm{BAC}$ の大きさを求めよ．

11.　A さんと B さんが黒板を使ってゲームを行う．はじめ，黒板には 2 以上 50 以下の整数が 1 つずつ書かれており，2 以上 50 以下の整数からなる空でない集合 S が定まっている．まず，最初のターンで A さんは S の要素をすべて黒板から消す．その後，2 人は B さんから始めて交互に黒板から 1 つ以上の整数を選んで消すことを繰り返す．ただし，直前の相手のターンで消されたどの整数とも互いに素であるような整数は消すことができない．自分のターンが始まったとき消せる整数がなければゲームを終了し，その人の負け，もう一方の勝ちとする.

B さんの行動にかかわらず，A さんが必ず勝つことができるような S はいくつあるか.

12. 　集合 $\mathcal{A}$ は，1 以上 2023 以下の整数に対して定義され 1 以上 2023 以下の整数値をとる関数からなり，次の 2 つの条件をみたしている.

- 任意の $\mathcal{A}$ に属する関数 f および任意の $x < y$ をみたす 1 以上 2023 以下の整数 x, y に対し，$f(x) \geqq f(y)$ が成り立つ.
- 任意の $\mathcal{A}$ に属する関数 f, g および任意の 1 以上 2023 以下の整数 x に対し，$f(g(x)) = g(f(g(x)))$ が成り立つ.

このとき，$\mathcal{A}$ の要素の個数としてありうる最大の値を求めよ.

解答

【1】　[解答 :90]

正の整数 n に対し，$n+10, 10n$ がともに平方数であるとする．このとき，正の整数 k を用いて $10n=k^2$ と表せる．すると k は 2 の倍数かつ 5 の倍数であるから，正の整数 ℓ を用いて $k=10\ell$ と表せ，$n=10\ell^2$ となる．$\ell=1,2$ のとき，$n+10$ はそれぞれ 20, 50 となり，いずれも平方数でないから条件をみたさない．よって，$\ell \geqq 3$ であるから，$n=10\ell^2 \geqq 10\cdot 3^2=90$ である．

一方，$90+10=100=10^2, 90\cdot 10=900=30^2$ であるから，これは条件をみたす．よって答は **90** である．

【2】　[解答 :22]

正の整数 k について，k を**チェンジ**した数とは，k の各桁に現れる 2 を 3 に，3 を 2 に変えた数のこととする．ここで，k をチェンジした数 l をさらにチェンジした数は k である．

1999 以下の良い数 m と 1999 以下の悪い数 n について，m をチェンジした数が n であるとき，(m,n) は**ペア**であるということとする．良い数 m の各桁に現れる 2 の個数が a 個，3 の個数が b 個であるとすると，$a>b$ である．よって，m をチェンジした数 n の各桁に現れる 2 の個数は b 個，3 の個数は a 個であり，n は悪い数である．さらに，$m \leqq 1999$ のとき，$n \leqq 1999$ である．良い数かつ悪い数であるような数は存在しないことに注意すると，これらのことから 1999 以下の良い数はちょうど 1 つのペアに含まれることがわかる．同様に，1999 以下の悪い数もちょうど 1 つのペアに含まれる．したがって，1999 以下の良い数の個数と，1999 以下の悪い数の個数はともにペアの個数に等しい．

また，2000 以上 2023 以下の整数のうち，良い数は 2003 と 2013 を除いた 22 個であり，悪い数は存在しない．以上より，答は **22** である．

【3】　[解答 :$\dfrac{7}{9}$]

三角形 ABD, DCE, EAF について，

$$\angle \mathrm{EDC} = \angle \mathrm{ADC} - \angle \mathrm{ADE} = (\angle \mathrm{DAB} + \angle \mathrm{ABD}) - 60^\circ = \angle \mathrm{DAB}$$

が成り立ち，同様に

$$\angle \mathrm{FEA} = \angle \mathrm{DEA} - \angle \mathrm{DEF} = (\angle \mathrm{EDC} + \angle \mathrm{DCE}) - 60^\circ = \angle \mathrm{EDC}$$

が成り立つ．また，$\angle \mathrm{ABD} = \angle \mathrm{DCE} = \angle \mathrm{EAF} = 60^\circ$ であるから，三角形 ABD, DCE, EAF は相似である．したがって $\dfrac{\mathrm{EA}}{\mathrm{AF}} = \dfrac{\mathrm{DC}}{\mathrm{CE}} = \dfrac{\mathrm{AB}}{\mathrm{BD}} = 3$ であるから，

$$\mathrm{DC} = \mathrm{BC} - \mathrm{BD} = 2, \quad \mathrm{CE} = \frac{1}{3}\mathrm{DC} = \frac{2}{3}, \quad \mathrm{EA} = \mathrm{CA} - \mathrm{CE} = \frac{7}{3}, \quad \mathrm{AF} = \frac{1}{3},$$

$$\mathrm{EA} = \frac{7}{9}$$

が従う．以上より，答は $\boldsymbol{\dfrac{7}{9}}$ である．

【4】 [解答：$\dfrac{100}{495001}$]

任意の正の実数 x, y, z について，

$$(x \star y) \star z = \frac{x \star y}{(x \star y)z + 1} = \frac{\dfrac{x}{xy+1}}{\dfrac{x}{xy+1}z + 1} = \frac{x}{xy + xz + 1} = \frac{x}{x(y+z)+1}$$

$$= x \star (y + z)$$

が成り立つ．これを繰り返し用いることで，

$$((\cdots((((100 \star 99) \star 98) \star 97) \star 96) \star \cdots \star 3) \star 2) \star 1$$

$$= ((\cdots(((100 \star (99 + 98)) \star 97) \star 96) \star \cdots \star 3) \star 2) \star 1$$

$$= ((\cdots((100 \star (99 + 98 + 97)) \star 96) \star \cdots \star 3) \star 2) \star 1$$

$$= \cdots$$

$$= 100 \star (99 + 98 + 97 + \cdots + 3 + 2 + 1)$$

$$= 100 \star \frac{99 \cdot 100}{2}$$

となる．よって求める値は $100 \star 4950 = \dfrac{\mathbf{100}}{\mathbf{495001}}$ である．

【5】　[解答 :360]

仮定より，2 以上 7 以下の任意の整数 i について $ia_i = a_1 + (i-1)(2a_2 - a_1)$ が成り立つ．この式の両辺から ia_1 を引いて i で割ることで，

$$a_i - a_1 = \frac{ia_i - ia_1}{i} = \frac{(i-1)(2a_2 - a_1) - (i-1)a_1}{i} = \frac{2(i-1)(a_2 - a_1)}{i}$$

を得る．i と $i-1$ は互いに素なので，この式から $2(a_2 - a_1)$ は i で割りきれることがわかり，これは 2 以上 7 以下の任意の整数 i で成立するので，$2(a_2 - a_1)$ は 2, 3, 4, 5, 6, 7 の最小公倍数である 420 で割りきれることがわかる．よって，$a_2 - a_1 \neq 0$ より $|2(a_2 - a_1)| \geqq 420$ が成り立ち，これより

$$|a_7 - a_1| = \left|\frac{2 \cdot 6 \cdot (a_2 - a_1)}{7}\right| \geqq \frac{6}{7} \cdot 420 = 360$$

となる．

一方，$(a_1, a_2, a_3, a_4, a_5, a_6, a_7) = (420, 210, 140, 105, 84, 70, 60)$ とすると条件をみたし，このとき $|a_7 - a_1| = 360$ となるので，答は **360** である．

【6】　[解答 :222]

XY で線分 XY の長さを表すものとする．図のように，長方形の頂点を A, B, C, D, 正六角形の頂点を P, Q, R, S, T, U とし，正六角形 PQRSTU の外接円の

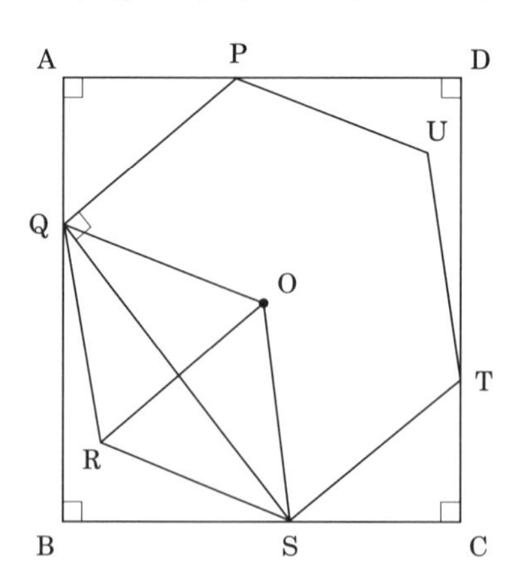

中心を O とする．

$\angle\mathrm{QAP} = \angle\mathrm{PQS} = 90^\circ$ であるので，$\angle\mathrm{APQ} = 90^\circ - \angle\mathrm{AQP} = \angle\mathrm{BQS}$ より，$\angle\mathrm{PAQ} = \angle\mathrm{QBS} = 90^\circ$ とあわせて三角形 PAQ と三角形 QBS は相似であるとわかる．$\angle\mathrm{PQS} = 90^\circ$, $\angle\mathrm{QPS} = 60^\circ$ よりこの相似比は $\mathrm{PQ} : \mathrm{QS} = 1 : \sqrt{3}$ なので，三角形 QBS の面積は $20 \cdot (\sqrt{3})^2 = 60$ であり，三角形 QRS の面積は $60 - 23 = 37$ となる．$\mathrm{OQ} \,/\!/\, \mathrm{SR}$ より三角形 QRS と三角形 ORS の面積は等しく，これは正六角形 PQRSTU の面積の $\dfrac{1}{6}$ であるから，正六角形 PQRSTU の面積は $37 \cdot 6 = \mathbf{222}$ とわかる．

【7】　[解答 :82, 167, 1034]

$$\frac{(ab-1)(ac-1)}{bc} = \left(a - \frac{1}{b}\right)\left(a - \frac{1}{c}\right)$$

であり，$0 \leqq a - 1 \leqq a - \dfrac{1}{b} < a$, $0 \leqq a - 1 \leqq a - \dfrac{1}{c} < a$ なので

$$(a-1)^2 \leqq \frac{(ab-1)(ac-1)}{bc} < a^2$$

すなわち $(a-1)^2 \leqq 2023 < a^2$ を得る．$44^2 = 1936 < 2023 < 2025 = 45^2$ より $a - 1 \leqq \sqrt{2023} < 45$, $44 < \sqrt{2023} < a$ となるから，$44 < a < 46$ である．よって $a = 45$ が従う．

$\dfrac{(ab-1)(ac-1)}{bc} = 2023$ に $a = 45$ を代入して整理すれば，$(45b-1)(45c-1) = 2023bc$, すなわち $2bc - 45b - 45c + 1 = 0$ を得る．これより $4bc - 90b - 90c + 2 = 0$, つまり $(2b-45)(2c-45) = 2023$ となる．$2023 = 7 \cdot 17^2$ および $-43 \leqq 2b - 45 < 2c - 45$ に注意すれば，$(2b-45, 2c-45)$ としてありうる組は $(1, 2023)$, $(7, 289)$, $(17, 119)$ である．このとき (b, c) はそれぞれ $(23, 1034)$, $(26, 167)$, $(31, 82)$ であり，これらはすべて条件をみたしている．

以上より，条件をみたす正の整数の組 (a, b, c) は $(45, 23, 1034)$, $(45, 26, 167)$, $(45, 31, 82)$ であるから，答は $\mathbf{82, 167, 1034}$ である．

【8】　[解答 :1920 通り]

線分であって，その両端の 2 円に書き込まれた数の差が 1 であるようなもの

を**良い線分**, そうでないものを**悪い線分**とよぶこととする．また，下図のように 6 つの五角形に P_1 から P_6 まで名前をつける．

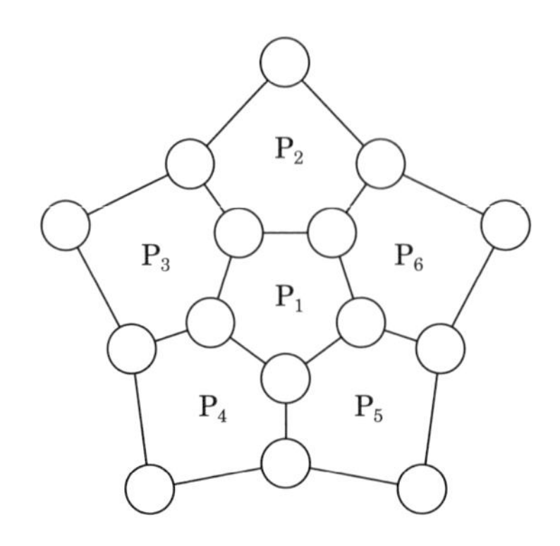

補題　五角形をなす 5 本の線分のうち，少なくとも 1 本は悪い線分である．

補題の証明　5 本の線分がすべて良い線分であると仮定して矛盾を示す．五角形をなす 5 つの円に書き込まれた数を時計回りに a, b, c, d, e とする．このとき，背理法の仮定より $a-b, b-c, c-d, d-e, e-a$ はすべて奇数であるから，これらの総和も奇数であるが，これは 0 に等しいので矛盾である．（補題の証明終り）

各五角形 P_i に対し，それをなす 5 本の線分のうち悪い線分の本数を b_i とすると，補題より $b_i \geqq 1$ である．また，外側の 10 本の線分のうち悪い線分が a 本，残りの 10 本の線分のうち悪い線分が b 本であるとすると，$a+2b=\sum_{i=1}^{6} b_i$ が成り立つ．よって $a+2b \geqq 6$ であるから，$a+b \geqq \dfrac{a+2b}{2} \geqq 3$ がわかる．ゆえに全体で悪い線分は少なくとも 3 本存在する．逆に，悪い線分が 3 本であるときは，次のように書き込めば太線 3 本のみが悪い線分であるから条件をみたす．よって美しさの最大値 M は $20-3=17$ である．

悪い線分が 3 本のときを考える．上の不等式の等号成立条件を考えることで，$a=0, b=3$ が成り立ち，特に悪い線分は外側の 10 本にはないことがわかる．また，$\sum_{i=1}^{6} b_i = a+2b=6$ より，それぞれの五角形 P_i について $b_i=1$ となり，そ

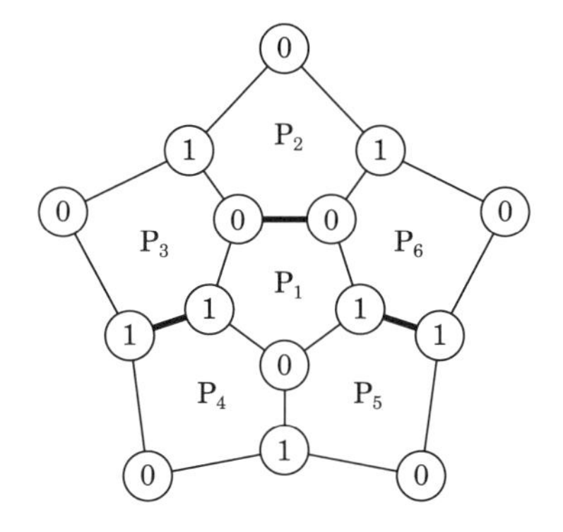

れをなす 5 本の線分のうち悪い線分はちょうど 1 本であることがわかる．よって，対称性より P_1 に含まれる悪い線分 1 本を左下図の太線部に固定したときに条件をみたす書き込み方の総数の 5 倍が答となる．以下，これを固定したときの書き込み方の総数を求める．このとき，悪い線分の配置は右下図の太線部に定まる．

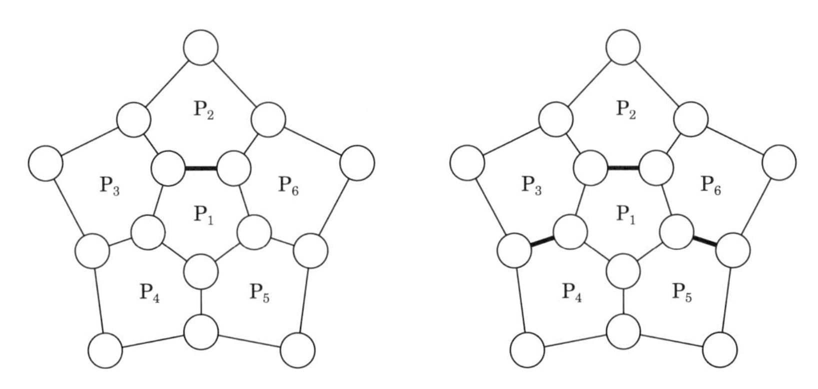

書き込める奇数は 1 のみであることに注意すれば，線分が良い線分であることと，その両端に書き込まれた整数の偶奇が異なることが同値であることがわかる．よって，書き込む数の偶奇は次の 2 パターンのいずれかであり，逆にこれらのパターンになる書き込み方はすべて条件をみたす．書き込める偶数は 2 つあるので，左のパターンの書き込み方は 2^7 通り，右のパターンの書き込み方は 2^8 通りあり，合わせて $2^7+2^8=384$ 通りある．

以上より，求める場合の数は $5\cdot 384=\mathbf{1920}$ 通りである．

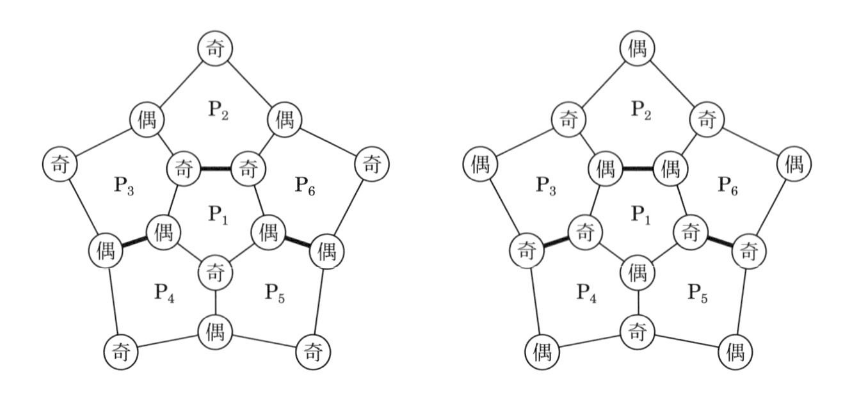

【9】　[解答 :$2021 \cdot 2^{2021}$ 個]

$p_0 = p_{2024} = 0$ とする．また，t を $p_t = 2023$ となるような正の整数とする．与式より，

$$\begin{aligned}
2 &= 4048 - (2023 + 2023) \\
&= \left(p_1 + \sum_{i=1}^{2022} |p_{i+1} - p_i| + p_{2023}\right) - \left(\sum_{i=0}^{t-1} (p_{i+1} - p_i) + \sum_{i=t}^{2023} (p_i - p_{i+1})\right) \\
&= \left(\sum_{i=0}^{t-1} |p_{i+1} - p_i| + \sum_{i=t}^{2023} |p_i - p_{i+1}|\right) - \left(\sum_{i=0}^{t-1} (p_{i+1} - p_i) + \sum_{i=t}^{2023} (p_i - p_{i+1})\right) \\
&= \sum_{i=0}^{t-1} (|p_{i+1} - p_i| - (p_{i+1} - p_i)) + \sum_{i=t}^{2023} (|p_i - p_{i+1}| - (p_i - p_{i+1}))
\end{aligned}$$

であり，

$$f(i) = \begin{cases} p_{i+1} - p_i & (0 \leqq i \leqq t-1), \\ p_i - p_{i+1} & (t \leqq i \leqq 2023) \end{cases}$$

とおくと，$\displaystyle\sum_{i=0}^{2023} (|f(i)| - f(i)) = 2$ である．整数 a について，

$$|a| - a = \begin{cases} 0 & (a \geqq 0), \\ 2|a| & (a < 0) \end{cases}$$

であることに注意すると，$\displaystyle\sum_{i=0}^{2023} (|f(i)| - f(i)) = 2$ となることは，0 以上 2023 以

下の整数 k が存在して，$f(k) = -1$ かつ任意の 0 以上 2023 以下の k とは異なる整数 i について $f(i) > 0$ となることと同値であるとわかる．ここで，$f(0)$, $f(t-1)$, $f(t)$, $f(2023)$ はすべて正であるから，k は $0, t-1, t, 2023$ のいずれでもない．

$k \geqq t+1$ のとき，$0 = p_0 < p_1 < \cdots < p_t > p_{t+1} > \cdots > p_k < p_{k+1} > p_{k+2} > \cdots > p_{2024} = 0$ かつ $p_{k+1} = p_k + 1$ である．$p_{k+1} < 2023$ より，$p_k = p_{k+1} - 1 \leqq 2021$ が成り立つ．1 以上 2021 以下の整数 m と $A \cap B = \emptyset$, $A \cup B = \{1, 2, \cdots, m-1, m+2, m+3, \cdots, 2022\}$ となるような集合の組 (A, B) を定めて固定したとき，

- $\{p_1, p_2, \cdots, p_{t-1}\} = A$,
- $p_t = 2023$, $p_k = m$, $p_{k+1} = m+1$,
- $\{p_{t+1}, p_{t+2}, \cdots, p_{k-1}, p_{k+2}, p_{k+3}, \cdots, p_{2023}\} = B$

をすべてみたすような並べ替え $p_1, p_2, \cdots, p_{2023}$ がいくつあるかを考える．

$p_1, p_2, \cdots, p_{t-1}$ は A の要素を小さい順に並べたものである．$p_{t+1}, p_{t+2}, \cdots, p_{k-1}$ はすべて m より大きいものが大きい順に並んでおり，$p_{k+2}, p_{k+3}, \cdots, p_{2023}$ はすべて $m+1$ より小さいものが大きい順に並んでいる．よって $p_{t+1}, p_{t+2}, \cdots, p_{k-1}, p_{k+2}, p_{k+3}, \cdots, p_{2023}$ は B の要素を大きい順に並べたものである．逆にこのとき条件をすべてみたすから，このような並べ替え $p_1, p_2, \cdots, p_{2023}$ はちょうど 1 つである．m の定め方が 2021 通りあり，(A, B) の定め方は 2^{2020} 通りあるから，$k \geqq t+1$ のとき条件をみたす並べ替えは $2021 \cdot 2^{2020}$ 個ある．

同様に，$k \leqq t-2$ のときの並べ替えの個数も $2021 \cdot 2^{2020}$ 個であるため，答は $2021 \cdot 2^{2020} \cdot 2 = \mathbf{2021 \cdot 2^{2021}}$ 個である．

【10】 [解答 :78°]

$\angle$MBA $=$ $\angle$PAM より三角形 MBA と MAP は相似であるから，MP $\cdot$ MB $=$ MA^2 が成り立つ．また，$\angle$CDA $= 90^\circ$ であり，M は線分 AC の中点であるから，MD $=$ MA $=$ MC である．したがって，MP $\cdot$ MB $=$ MD^2 であるから，三角形 MBD と MDP は相似となり，$\angle$DBM $=$ $\angle$MDP が従う．三角形 MDC が二等辺三角形であることとあわせると，

$$\begin{aligned}\angle\mathrm{AMP} &= \angle\mathrm{CBM} + \angle\mathrm{MCB}\\ &= \angle\mathrm{MDP} + \angle\mathrm{CDM}\\ &= \angle\mathrm{CDP}\\ &= 180^\circ - \angle\mathrm{PDB}\\ &= 65^\circ\end{aligned}$$

が成り立つ．$\angle\mathrm{MBA} = \angle\mathrm{PAM}$ より，三角形 ABM の内角の和に注目することで，$\angle\mathrm{PAM} = \dfrac{180^\circ - \angle\mathrm{BAP} - \angle\mathrm{AMB}}{2} = 37^\circ$ を得る．よって答は $\angle\mathrm{BAP} + \angle\mathrm{PAM} = \mathbf{78^\circ}$ である．

【11】　[解答 :$2^{15} - 1$ 通り]

k 個の素数 $p_1, p_2, \cdots, p_k$ に対し，$p_1, p_2, \cdots, p_k$ 以外の素因数をもたない 2 以上 50 以下の整数すべてからなる集合を $X(p_1, p_2, \cdots, p_k)$ で表す．また，あるターンが終わったときまでに消された整数の集合が $X(p_1, p_2, \cdots, p_k)$ と一致したとき，これを $\boldsymbol{p_1, p_2, \cdots, p_k}$ **の良い状況**，あるいは単に**良い状況**とよぶこととする．

補題　あるターンが終わったときに良い状況であったとき，そのターンを行った人は相手の行動にかかわらず勝つことができる．

補題の証明　あるターンが終わったときに $p_1, p_2, \cdots, p_m$ の良い状況であるとする．その直後のターンで相手が整数を消せた場合のみ考えればよい．そのターンで相手が消した整数すべてからなる集合を T_1 とするとき，任意の T_1 の要素は $p_1, p_2, \cdots, p_m$ 以外の素因数をもつ．T_1 の要素の素因数として現れる素数のうち $p_1, p_2, \cdots, p_m$ と異なるものを $q_1, q_2, \cdots, q_n$ とおくと，$X(p_1, p_2, \cdots, p_m)$ と T_1 の和集合は $X(p_1, p_2, \cdots, p_m, q_1, q_2, \cdots, q_n)$ の部分集合である．

$X(p_1, p_2, \cdots, p_m, q_1, q_2, \cdots, q_n)$ から $X(p_1, p_2, \cdots, p_m)$ と T_1 の和集合の要素すべてを取り除いたものを T_2 とする．$q_1, q_2, \cdots, q_n$ は $X(p_1, p_2, \cdots, p_m)$ と T_1 の和集合に含まれず T_2 に含まれることから，特に T_2 は空でない．さらに，任意の T_2 の要素は $q_1, q_2, \cdots, q_n$ のいずれかを素因数としてもつことから，

$q_1, q_2, \cdots, q_n$ の定義より次のターンで T_2 の要素すべてを消すことができる.

以上より，あるターンが終わったときに良い状況であったとすると，そのターンを行った人は，それ以降の自分のターンで必ず 1 つ以上の整数を消して良い状況にできることが帰納的にわかる．特に消せる整数がなくなることはないので，勝つことができる．よって補題は示された． (補題の証明終り)

S の要素の素因数として現れる素数を $r_1, r_2, \cdots, r_\ell$ とする．$S = X(r_1, r_2, \cdots, r_\ell)$ のとき, 補題より A さんは B さんの行動にかかわらず勝つことができる．$S \neq X(r_1, r_2, \cdots, r_\ell)$ であるとき，$X(r_1, r_2, \cdots, r_\ell)$ から S の要素すべてを取り除いたものを T とすると，T は空でない．さらに，任意の T の要素は $r_1, r_2, \cdots, r_\ell$ のいずれかを素因数としてもつことから，$r_1, r_2, \cdots, r_\ell$ の定義より B さんは次のターンで T の要素すべてを消すことができる．これにより $r_1, r_2, \cdots, r_\ell$ の良い状況にできるから，補題より B さんは以降の A さんの行動にかかわらず勝つことができる.

したがって, 条件をみたす集合 S は, 素数 $p_1, p_2, \cdots, p_k$ によって $X(p_1, p_2, \cdots, p_k)$ の形に表せるものであり，その個数は 50 以下の素数から 1 つ以上を選ぶ場合の数に一致する．50 以下の素数は 2, 3, 5, 7, 11, 13, 17, 19, 23, 29, 31, 37, 41, 43, 47 の 15 個であるから，答は $\mathbf{2^{15} - 1}$ 個である.

【12】 [解答 :${}_{2022}\mathrm{C}_{1011}$ 個]

x が関数 f の**不動点**であるとは，$f(x) = x$ をみたすことをいう．$\mathcal{A}$ に属する関数 f について，$a < b$ をみたす不動点 a, b が存在すると仮定すると，1 つ目の条件より $a = f(a) \geqq f(b) = b$ となり矛盾する．よって，$\mathcal{A}$ に属する関数それぞれについて，不動点は高々 1 個である．$\mathcal{A}$ は空でないとし，$\mathcal{A}$ に属する関数 f を 1 つとる．2 つ目の条件より $f(f(1)) = f(f(f(1)))$ であるから，$a = f(f(1))$ とすると，a は f の不動点である．任意の $\mathcal{A}$ に属する関数 g に対し，再び 2 つ目の条件より $g(f(a)) = f(g(f(a)))$ が成り立ち，$f(a) = a$ であるから，$g(a) = f(g(a))$ となる．つまり $g(a)$ が f の不動点となるから，f の不動点の一意性より $g(a) = a$ となる．ゆえに，任意の $\mathcal{A}$ に属する関数について，a は不動点であり，他に不動点はもたない．ここで，2 つ目の条件より，任意の $\mathcal{A}$ に属する関数 f, g および 1 以上 2023 以下の整数 x について，$f(g(x))$ は g の不動点である

から，$f(g(x)) = a$ が成り立つ．

集合 X を，1 以上 2023 以下の整数 x であって，任意の $\mathcal{A}$ に属する関数 f について $f(x) = a$ が成り立つようなものすべてからなるものとする．このとき，任意の $\mathcal{A}$ に属する関数 g と任意の 1 以上 2023 以下の整数 x を固定すると，上の議論より任意の $\mathcal{A}$ に属する関数 f について $f(g(x)) = a$ が成り立つから，$g(x)$ は X の要素である．特に，X の要素のうち最小のものを ℓ, 最大のものを m としたとき，$\ell \leqq g(x) \leqq m$ が成立する．また，a は X の要素であることに注意すると，$\ell \leqq a \leqq m$ となる．さらに，任意の $\mathcal{A}$ に属する関数 f について，1 つ目の条件より，$a = f(l) \geqq f(l+1) \geqq \cdots \geqq f(m) = a$ が成り立つので，X は ℓ 以上 m 以下の整数全体からなる集合である．以上より，任意の $\mathcal{A}$ に属する関数 f は

1. $m \geqq f(1) \geqq f(2) \geqq \cdots \geqq f(2023) \geqq \ell$

2. 任意の ℓ 以上 m 以下の整数 x に対し，$f(x) = a$

をともにみたしている．

f を $\mathcal{A}$ に属する関数とし，1 以上 2023 以下の整数 x に対して $s_x = f(x) - x$ とおく．このとき，(1) より $s_1, s_2, \cdots, s_{2023}$ は $m - 1 \geqq s_1 > s_2 > \cdots > s_{2023} \geqq \ell - 2023$ をみたす整数からなる数列である．また，(2) より，任意の ℓ 以上 m 以下の整数 x に対して $s_x = a - x$ である．したがって，任意の $\mathcal{A}$ に属する関数に対し，$\ell - 2023$ 以上 $m - 1$ 以下の整数のうちから 2023 個選ぶ方法であって，$a - m$ 以上 $a - \ell$ 以下の整数がすべて選ばれるようなものを対応させることができる．ここで，このように選ぶことは $\ell - 2023$ 以上 $m - 1$ 以下の整数であって $a - m$ 以上 $a - \ell$ 以下でないもの 2022 個から，$2023 - ((a - \ell) - (a - m) + 1) = 2022 - m + \ell$ 個を選ぶことに対応するから，その場合の数は ${}_{2022}\mathrm{C}_{2022-m+\ell}$ 通りである．また，相異なる $\mathcal{A}$ に属する関数について，それらに対応する選び方は相異なるから，$\mathcal{A}$ の要素の個数は ${}_{2022}\mathrm{C}_{2022-m+\ell}$ 以下である．ここで，0 以上 2021 以下の正の整数 x に対し，

$$\frac{{}_{2022}\mathrm{C}_{x+1}}{{}_{2022}\mathrm{C}_{x}} = \frac{2022 - x}{x + 1}$$

が成り立つから，

$$ {}_{2022}\mathrm{C}_0 < {}_{2022}\mathrm{C}_1 < \cdots < {}_{2022}\mathrm{C}_{1010} < {}_{2022}\mathrm{C}_{1011} > {}_{2022}\mathrm{C}_{1012} > $$

$$ \cdots > {}_{2022}\mathrm{C}_{2021} > {}_{2022}\mathrm{C}_{2022} $$

がわかる．したがって，$\mathcal{A}$ の要素の個数は高々 ${}_{2022}\mathrm{C}_{1011}$ 個であるとわかる．

一方，1 以上 2023 以下の整数に対して定義され 1 以上 2023 以下の整数値をとる関数 f であって

$$ 1012 = f(1) = f(2) = \cdots = f(1012) \geqq f(1013) \geqq f(1014) \geqq \cdots \geqq f(2023) $$

をみたすもの全体からなる集合 $\mathcal{B}$ を考えると，これは 1 つ目の条件をみたしている．また，$\mathcal{B}$ に属する任意の関数 f, g と 1 以上 2023 以下の整数 x に対し，$g(x) \leqq 1012$ であるから，$f(g(x)) = 1012$ が成り立つ．よって 2 つ目の条件もみたしている．上の議論において $\ell = 1, a = m = 1012$ として考えることで，$\mathcal{B}$ に属する関数 f と

$$ s_1 = 1011, \quad s_2 = 1010, \quad \cdots, \quad s_{1012} = 0, $$

$$ -1 \geqq s_{1013} > s_{1012} > \cdots > s_{2023} \geqq -2022 $$

をみたす整数からなる数列 $s_1, s_2, \cdots, s_{2023}$ が一対一に対応する．よって $\mathcal{B}$ の要素の個数は ${}_{2022}\mathrm{C}_{1011}$ 個である．

以上より，$\mathcal{A}$ の要素の個数としてありうる最大の値は $\mathbf{{}_{2022}C_{1011}}$ である．

1.5　第34回 日本数学オリンピック 予選 (2024)

● 2024年1月8日 [試験時間3時間，12問]

1.　以下の値は有理数である．これを既約分数の形で表せ．

$$\sqrt{\frac{123!-122!}{122!-121!}}$$

2.　どの桁に現れる数字も素数であるような正の整数を**素敵な数**とよぶ．3桁の正の整数 n であって，$n+2024$ と $n-34$ がともに素敵な数であるものはちょうど2つある．このような n をすべて求めよ．

3.　一辺の長さが10の正三角形 ABC がある．A を通る円が辺 BC (端点を除く) と点 X で接し，辺 AB, AC とそれぞれ A でない点 D, E で交わっている．BX > CX, AD + AE = 13 がともに成り立つとき，線分 BX の長さを求めよ．ただし，PQ で線分 PQ の長さを表すものとする．

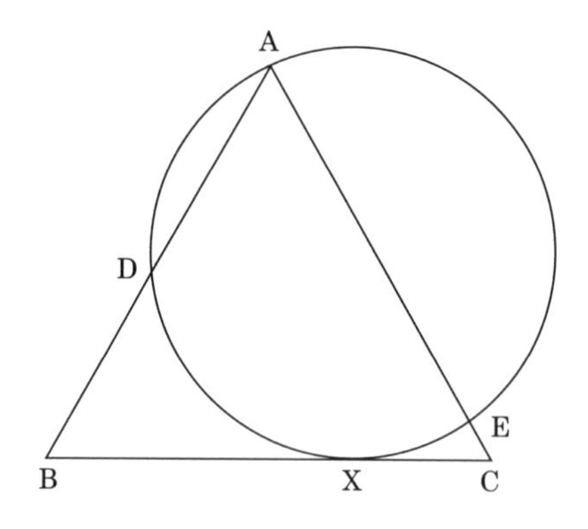

4.　n を0以上 5^5 以下の整数とする．黒石 n 個と白石 5^5-n 個を横一列

に並べ，次の操作を 5 回繰り返す．

> 石の列を左から順に 5 個ずつ組にする．各組に対して，その組に属する 5 個の石を，それらの 5 個の石のうち多い方の色の石 1 個に置きかえる．

最初の石の並べ方によらず，最後に残る 1 個の石が必ず黒石であるような n としてありうる最小の値を求めよ．

5.　10 以上の整数 n であって，

$$\left[\frac{n}{1}\right]\left[\frac{n}{2}\right]\cdots\left[\frac{n}{10}\right] = {}_n\mathrm{C}_{10}$$

をみたすようなもののうち，最小のものを求めよ．ただし，実数 r に対して r 以下の最大の整数を $[r]$ で表す．たとえば，$[3.14] = 3, [5] = 5$ である．

6.　$\mathrm{AB} = \mathrm{AC} = 5$ なる二等辺三角形 ABC の辺 AB 上に $\mathrm{AD} = 3$ をみたす点 D が，辺 BC 上 (端点を除く) に点 E がある．点 E を通り直線 AB に点 B で接する円を ω とすると，ω は三角形 ADE の外接円に接した．ω と直線 AE の交点のうち E でない方を F とすると，$\mathrm{CF} = 10$ が成り立った．このとき，辺 BC の長さを求めよ．ただし，XY で線分 XY の長さを表すものとする．

7.　次の条件をみたす 3 以上の素数 p と 1 以上 2024 以下の整数 a の組 (p, a) の個数を求めよ．

> $a < p^4$ であり，$ap^4 + 2p^3 + 2p^2 + 1$ が平方数となる．

8.　非負整数に対して定義され整数値をとる関数 f が，任意の非負整数 m, n に対して

$$f(m+n)^2 = f(m|f(n)|) + f(n^2)$$

をみたしているとき，整数の組 $(f(0), f(1), \cdots, f(2024))$ としてありうるものはいくつあるか．

9.　円に内接する四角形 ABCD があり，$\mathrm{AB} = 7$, $\mathrm{BC} = 18$ をみたしている．$\angle\mathrm{CDA}$ の二等分線と辺 BC が点 E で交わっており，また線分 DE 上の点 F が $\angle\mathrm{AED} = \angle\mathrm{FCD}$ をみたしている．$\mathrm{BE} = 5$, $\mathrm{EF} = 3$ のとき，線分 DF の長さを求めよ．

ただし，XY で線分 XY の長さを表すものとする．

10.　100×100 のマス目の各マスに J, M, O のいずれか 1 文字を書き込むことを考える．2×2 のマス目であって次のいずれかをみたしているものを**良いブロック**とよぶこととする．

- その 4 マスに書き込まれた文字がちょうど 1 種類である．
- その 4 マスに書き込まれた文字がちょうど 2 種類であり，その 2 種類の文字はそれぞれ 2 つずつ書き込まれている．
- その 4 マスに書き込まれた文字がちょうど 3 種類であり，左下と右上のマスに同じ文字が書き込まれている．

このとき，次の条件をともにみたすような書き込み方はいくつあるか．

- どの 2×2 のマス目も良いブロックである．
- 辺を共有して隣りあう 2 マスの組であって書き込まれた文字が異なるものはちょうど 10000 組存在する．ただし，マスの順番を入れ替えただけの組は同じものとみなす．

ただし，回転や裏返しによって一致する書き込み方も異なるものとして数える．

11.　正の整数に対して定義され正の整数値をとる関数 f は $f(34) = 2024$ をみたし，かつ任意の正の整数 a, b, c に対して，3 辺の長さがそれぞれ

$$a + f(b), \quad b + f(c), \quad c + f(a)$$

であるような三角形が存在する．このとき，$f(100) + f(101) + \cdots + f(199)$ としてありうる最小の値を求めよ．ただし，同一直線上にある 3 点は三角形をなさないものとする．

12. 次の条件をみたす 0 以上 2099 以下の整数の組 $(a_1, a_2, \cdots, a_{2100})$ の個数を求めよ．

整数の組 $(b_1, b_2, \cdots, b_{2100})$ であって，任意の 1 以上 2100 以下の整数 i に対して

$$a_i \equiv \sum_{\substack{\gcd(j-i,2100)=1 \\ 1 \leqq j \leqq 2100}} b_j \pmod{2100}$$

となるものが存在する．ただし，右辺は $j-i$ と 2100 をともに割りきる 2 以上の整数が存在しないような 1 以上 2100 以下の整数 j についての b_j の総和である．

解答

【1】　[解答：$\frac{122}{11}$]

$$\sqrt{\frac{123!-122!}{122!-121!}}=\sqrt{\frac{123\cdot 122!-122!}{122\cdot 121!-121!}}=\sqrt{\frac{(123-1)\cdot 122!}{(122-1)\cdot 121!}}$$
$$=\sqrt{\frac{122\cdot 122\cdot 121!}{121\cdot 121!}}=\sqrt{\frac{122^2}{121}}=\frac{122}{11}$$

である．122 と 11 は互いに素なので，答は $\mathbf{\frac{122}{11}}$ である．

【2】　[解答 :309, 311]

n の百の位を a，十の位を b，一の位を c とすると，$n=100a+10b+c$ である．$n+2024$ と $n-34$ の一の位がともに素数になるので，c は 1 か 9 のいずれかである．c の値で場合分けして考える．

$c=1$ のとき，

$$n+2024=100(a+20)+10(b+2)+5,\quad n-34=100a+10(b-4)+7$$

の十の位がともに素数であるので，$b=1$ とわかる．同様に，

$$n+2024=100(a+20)+35,\quad n-34=100(a-1)+77$$

の百の位がともに素数であるので，$a=3$ とわかる．よって，$n=311$ であり，このとき $n+2024=2335$, $n-34=277$ となるので条件をみたす．

$c=9$ のとき，

$$n+2024=100(a+20)+10(b+3)+3,\quad n-34=100a+10(b-3)+5$$

の十の位がともに素数であるので，$b=0$ とわかる．同様に，

$$n+2024=100(a+20)+33,\quad n-34=100(a-1)+75$$

の百の位がともに素数であるので，$a=3$ とわかる．よって，$n=309$ であり，このとき $n+2024=2333$, $n-34=275$ となるので条件をみたす．

以上より，条件をみたす n は $\mathbf{309, 311}$ の 2 つである．

【3】　[解答：$5+\sqrt{10}$]

線分 BX の長さを x とおく．このとき $\mathrm{CX}=10-x$ であり，条件 $\mathrm{BX}>\mathrm{CX}$ から $5<x<10$ が成り立つ．ここで，方べきの定理より

$$x^2+(10-x)^2=\mathrm{BX}^2+\mathrm{CX}^2=\mathrm{BD}\cdot\mathrm{BA}+\mathrm{CE}\cdot\mathrm{CA}=10(\mathrm{BD}+\mathrm{CE})$$

である．一方で，条件 $\mathrm{AD}+\mathrm{AE}=13$ から

$$\mathrm{BD}+\mathrm{CE}=(10-\mathrm{AD})+(10-\mathrm{AE})=20-(\mathrm{AD}+\mathrm{AE})=7$$

が従うから，

$$x^2+(10-x)^2=70$$

を得る．$5<x<10$ に注意してこれを解くと，求める長さは $x=\mathbf{5+\sqrt{10}}$ である．

【4】　[解答：2883]

k を正の整数とする．黒石と白石の合計 5^k 個を横一列に並べ，操作を k 回繰り返して最後に残る石が白石であるとき，この並べ方を**悪い並べ方**とよぶこととする．

0 以上 5^k 以下の整数 m であって，黒石 5^k-m 個と白石 m 個をうまく横一列に並べると悪い並べ方になるような最小のものを $f(k)$ とおく．すると，黒石 $5^k-f(k)$ 個と白石 $f(k)$ 個からなる悪い並べ方が存在するが，この並べ方の中の黒石をいくつか白石に変えても悪い並べ方であるので，$m\geqq f(k)$ であるとき，黒石 5^k-m 個と白石 m 個からなる悪い並べ方が存在する．

さて，$n\geqq 5^5-f(5)+1$ ならば，白石は $f(5)-1$ 個以下であり，悪い並べ方は存在しないので，最後に残る石は必ず黒石である．逆に，$n\leqq 5^5-f(5)$ のとき，白石は $f(5)$ 個以上であり，最後に残る石が白石となるような並べ方が存在する．したがって求める値は $5^5-f(5)+1$ となる．また，$f(1)=3$ である．そこで，正の整数 k に対して，$f(k+1)$ を $f(k)$ で表すことを考える．

黒石 $5^k - f(k)$ 個と白石 $f(k)$ 個を並べてできる悪い並べ方を1つとり W_k とおく．黒石を左から順に $2 \cdot 5^k$ 個並べたのちに，W_k を3個並べてできる 5^{k+1} 個の石の列に操作を行うことを考える．この列に属する白石は $3f(k)$ 個である．このとき，操作を k 回行って残る石の列は黒，黒，白，白，白であるから，最後に残る石は白石である．したがって $f(k+1) \leqq 3f(k)$ が成り立つ．

逆に，5^{k+1} 個の石の列であって白石が $3f(k)-1$ 個以下であるようなものに対して操作を行うことを考える．この石の列を左から順に 5^k 個ずつ組にすると，$3f(k)-1 < 3f(k)$ より白石が $f(k)$ 個以上含まれる組は高々2個なので，$f(k)$ の最小性から k 回操作を行って残る5個の石に属する白石は高々2個である．よって，最後に残る石は黒石であるから，$f(k+1) > 3f(k)-1$ が成り立つ．

以上より，$f(k+1) = 3f(k)$ である．$f(5) = 3^4 \cdot f(1) = 3^5$ であるから，求める値は $5^5 - f(5) + 1 = \mathbf{2883}$ である．

【5】　[解答 :2519]

任意の実数 x に対し $[x] > x-1$ が成り立つことに注意する．特に，1以上10以下の整数 k に対して $\left[\dfrac{n}{k}\right] > \dfrac{n}{k} - 1$，すなわち $k\left[\dfrac{n}{k}\right] > n-k$ であり，両辺がともに整数であることから $k\left[\dfrac{n}{k}\right] \geqq n-k+1$，すなわち $\left[\dfrac{n}{k}\right] \geqq \dfrac{n-k+1}{k}$ が成り立つ．$0 < k \leqq n$ より $\dfrac{n-k+1}{k} > 0$ が成り立つから，$\left[\dfrac{n}{k}\right] \geqq \dfrac{n-k+1}{k}$ を $k = 1, 2, \cdots, 10$ について辺々かけ合わせることで

$$\left[\frac{n}{1}\right]\left[\frac{n}{2}\right]\cdots\left[\frac{n}{10}\right] \geqq \frac{n}{1} \cdot \frac{n-1}{2} \cdots \frac{n-9}{10} = {}_n\mathrm{C}_{10}$$

を得る．ゆえに，10以上の整数 n に対して，問題の等式が成立することは，任意の1以上10以下の整数 k について $\left[\dfrac{n}{k}\right] = \dfrac{n-k+1}{k}$ が成り立つことと同値である．

k が1以上10以下の整数のとき，$\left[\dfrac{n}{k}\right] = \dfrac{n-k+1}{k}$ ならば，これは整数であるから $n-k+1$ は k の倍数である．逆に，$n-k+1$ が k の倍数のとき，$\left[\dfrac{n}{k}\right] =$

$\left[\dfrac{n-k+1}{k}+\dfrac{k-1}{k}\right]=\dfrac{n-k+1}{k}$ が成り立つ．ゆえに，$\left[\dfrac{n}{k}\right]=\dfrac{n-k+1}{k}$ が成り立つことは，$n-k+1$ が k の倍数であること，すなわち $n+1$ が k の倍数であることと同値である．

以上より，10 以上の整数 n に対して，問題の等式が成立することは，任意の 1 以上 10 以下の整数 k に対して $n+1$ が k の倍数であること，すなわち $n+1$ が $1,2,\cdots,10$ の公倍数であることと同値である．$1,2,\cdots,10$ の最小公倍数は 2520 であるから，求める最小値は $2520-1=\mathbf{2519}$ である．

【6】　[解答：$\dfrac{14\sqrt{65}}{13}$]

接弦定理および $\mathrm{AB}=\mathrm{AC}$ より $\angle\mathrm{EFB}=\angle\mathrm{EBA}=\angle\mathrm{ACB}$ が成り立つ．よって 4 点 A, B, F, C は同一円周上にある．

また，E における ω の接線上の点であって，直線 AF に関して B と同じ側にある点 X をとると，再び接弦定理より $\angle\mathrm{DEB}=\angle\mathrm{DEX}+\angle\mathrm{XEB}=\angle\mathrm{DAE}+\angle\mathrm{EFB}=\angle\mathrm{DAE}+\angle\mathrm{EBA}=\angle\mathrm{CEA}$ を得る．これと $\angle\mathrm{DBE}=\angle\mathrm{ACE}$ より三角形 DEB と三角形 AEC は相似であるから，$\mathrm{EB}:\mathrm{EC}=\mathrm{DB}:\mathrm{AC}=2:5$ がわかる．$\mathrm{EB}=2x$, $\mathrm{EC}=5x$ とおく．

A, B, F, C が同一円周上にあることから三角形 EBA と三角形 EFC は相似である．よって $\mathrm{EB}:\mathrm{EF}=\mathrm{EA}:\mathrm{EC}=\mathrm{AB}:\mathrm{CF}=1:2$ であるから，$\mathrm{EF}=4x$, $\mathrm{EA}=\dfrac{5}{2}x$ が成り立つ．よって，方べきの定理より $\mathrm{AB}^2=\mathrm{AE}\cdot\mathrm{AF}$ が成り立つこととあわせて，$25=\dfrac{5}{2}x\cdot\dfrac{13}{2}x$ がわかる．$x>0$ に注意してこれを解いて $x=\dfrac{2\sqrt{65}}{13}$ を得る．

以上より，求める長さは $\mathrm{BC}=\mathrm{BE}+\mathrm{EC}=7x=\boldsymbol{\dfrac{14\sqrt{65}}{13}}$ である．

【7】　[解答：16 個]

条件より $ap^4+2p^3+2p^2+1=n^2$ なる非負整数 n が存在する．このとき，

$$(a-p^2-2p-1)p^4=n^2-(p^3+p^2+1)^2=(n+p^3+p^2+1)(n-p^3-p^2-1)\quad(*)$$

が成立する．ここで，$n+p^3+p^2+1, n-p^3-p^2-1$ がともに p の倍数であるとすると，$n+1\equiv 0\equiv n-1 \pmod p$ となり，$2\equiv 0 \pmod p$ となるので p が 3

以上の素数であることに矛盾する．したがって，$n+p^3+p^2+1, n-p^3-p^2-1$ の少なくとも一方は p で割りきれない．また，$(*)$ の左辺は p^4 で割りきれるため，$n+p^3+p^2+1, n-p^3-p^2-1$ のいずれか一方が p^4 の倍数である．以下どちらが p^4 の倍数であるかで場合分けを行う．

$n+p^3+p^2+1$ が p^4 の倍数のとき，1 以上の整数 k を用いて $n=kp^4-p^3-p^2-1$ と表せる．この式を $(*)$ に代入すると，$(a-p^2-2p-1)p^4=kp^4(kp^4-2p^3-2p^2-2)$ を得る．よって $a=p^2+2p+1+k(kp^4-2p^3-2p^2-2)$ である．$k \geqq 2$ のときは，

$$a>4(p^4-p^3-p^2-1)=4p^4\left(1-\frac{1}{p}-\frac{1}{p^2}-\frac{1}{p^4}\right) \geqq 4p^4\left(1-\frac{1}{3}-\frac{1}{9}-\frac{1}{81}\right)>p^4$$

となり，$a<p^4$ に矛盾する．$k=1$ のときは，$a=p^4-2p^3-p^2+2p-1=(p^2-p-1)^2-2$ となる．このとき，$p \geqq 3$ より $2 \leqq p^2-p-1<p^2$ なので，$1 \leqq a < p^4$ となる．よって，条件をみたす組 (p,a) の個数は $(p^2-p-1)^2-2 \leqq 2024$ をみたす 3 以上の素数 p の個数に一致し，これは $p=3,5,7$ の 3 個である．

$n-p^3-p^2-1$ が p^4 の倍数のとき，0 以上の整数 k を用いて $n=kp^4+p^3+p^2+1$ と表せる．この式を $(*)$ に代入すると，$(a-p^2-2p-1)p^4=kp^4(kp^4+2p^3+2p^2+2)$ を得る．よって $a=p^2+2p+1+k(kp^4+2p^3+2p^2+2)$ である．$k \geqq 1$ のときは，$a>p^4$ となり，$a<p^4$ に矛盾する．$k=0$ のときは，$a=p^2+2p+1=(p+1)^2$ となる．このとき，$p \geqq 3$ より $1<(p+1)^2<(p^2)^2=p^4$ なので，$1 \leqq a < p^4$ となる．よって，条件をみたす組 (p,a) の個数は $(p+1)^2 \leqq 2024$ をみたす 3 以上の素数 p の個数に一致し，これは $p=3,5,7,11,13,17,19,23,29,31,37,41,43$ の 13 個である．

以上より，求める組 (p,a) の個数は $3+13=\mathbf{16}$ 個である．

【8】　[解答：$2^{990}+1$ 個]

非負整数 m,n に対して，等式

$$f(m+n)^2=f(m|f(n)|)+f(n^2)$$

を $P(m,n)$ で表す．$P(0,0)$ より $f(0)^2=2f(0)$ が成り立つので，$f(0)=0,2$ を得る．

$f(0)=0$ のとき，$P(m,0)$ より任意の非負整数 m について $f(m)=0$ が成り立つ．逆にこの f は条件をみたしている．この場合の組 $(f(0),f(1),\cdots,f(2024))$ の個数は 1 個である．

$f(0)=2$ のとき，$P(0,1)$ より $f(1)^2=f(1)+2$ が成り立つので，$f(1)=-1,2$ を得る．$f(1)=-1$ のとき，$P(1,1)$ より $f(2)^2=-2$ となり，$f(2)$ が整数であることに反するので，$f(1)=2$ である．よって，$P(m,1)$, $P(m,0)$ より $f(m+1)^2=f(2m)+2=f(m)^2$ が成り立つので，帰納的に任意の非負整数 m について $|f(m)|=2$ であり，さらに $f(2m)=f(m)^2-2=2$ となる．また，$P(0,n)$ より任意の非負整数 n について $f(n^2)=f(n)^2-f(0)=2$ が成り立つ．

逆に，$f(n)$ を n が偶数または平方数ならば 2, その他の場合には 2 か -2 のいずれかとなるように定めれば，任意の非負整数 m,n に対して $f(m+n)^2=4$, $f(m|f(n)|)=f(2m)=2$, $f(n^2)=2$ が成り立つので，この f は条件をみたしている．0 以上 2024 以下の整数のうち，偶数でも平方数でもないものは 990 個あるため，この場合の組 $(f(0),f(1),\cdots,f(2024))$ は 2^{990} 個存在する．

以上より，答は $\mathbf{2^{990}+1}$ 個である．

【9】　[解答：$\dfrac{17}{3}$]

$\angle\mathrm{ADE}=\angle\mathrm{FDC}$ かつ $\angle\mathrm{DEA}=\angle\mathrm{DCF}$ より，三角形 DAE と三角形 DFC は相似であるから，$\mathrm{DA}:\mathrm{DE}=\mathrm{DF}:\mathrm{DC}$ が成り立つ．これと $\angle\mathrm{ADF}=\angle\mathrm{EDC}$ より三角形 DAF と三角形 DEC は同じ向きに相似であるから，直線 AF と直線 EC のなす角は直線 AD と直線 ED のなす角に等しい．よって，直線 AF と直線 BC の交点を G とすると，$\angle\mathrm{AGE}=\angle\mathrm{ADE}$ が成り立つ．ゆえに，$\angle\mathrm{BAG}=180^\circ-\angle\mathrm{ABC}-\angle\mathrm{AGB}=\angle\mathrm{ADC}-\angle\mathrm{AGB}=\angle\mathrm{AGB}$ より $\mathrm{BA}=\mathrm{BG}$ であるから，$\mathrm{EG}=\mathrm{BG}-\mathrm{BE}=2$ を得る．さらに，$\angle\mathrm{FGE}=\angle\mathrm{FDC}$ であるから四角形 DFGC は円に内接するので，方べきの定理より $\mathrm{EF}\cdot\mathrm{ED}=\mathrm{EG}\cdot\mathrm{EC}$ が成り立つ．よって，$\mathrm{ED}=\dfrac{26}{3}$ であるから，$\mathrm{FD}=\mathrm{ED}-\mathrm{EF}=\mathbf{\dfrac{17}{3}}$ を得る．

【10】　[解答：${}_{198}\mathrm{C}_{100}\cdot 3\cdot 2^{100}$ 通り]

上から i 行目，左から j 列目のマスを (i,j) と表し，そのマスに書き込まれた文字を $f(i,j)$ とする．また，$f(i,j)$ と $f(k,l)$ が同じ文字であるとき $f(i,j)=$

$f(k,l)$, 異なる文字であるとき $f(i,j) \neq f(k,l)$ と表すこととする．まず，以下の2つの補題を示す．

補題1　a, b を1以上99以下の整数とするとき，$f(a,b) = f(a,b+1)$ と $f(a+1,b) = f(a+1,b+1)$ は同値である．また，$f(a,b) = f(a+1,b)$ と $f(a,b+1) = f(a+1,b+1)$ は同値である．

補題1の証明　$f(a,b) = f(a,b+1)$ ならば $f(a+1,b) = f(a+1,b+1)$ であることを示す．2×2 のマス目をなす (a,b), $(a,b+1)$, $(a+1,b)$, $(a+1,b+1)$ に書き込まれた文字の種類数で場合分けを行う．1種類の場合はよい．2種類の場合は，その2種類の文字がちょうど2個ずつ書き込まれていることから $f(a+1,b) = f(a+1,b+1)$ がわかるのでよい．3種類の場合は問題の条件より $f(a+1,b) = f(a,b+1)$ だが，このとき高々2種類となり矛盾するため，この場合は存在しない．

他も同様であるから補題の主張は示された．　(補題の証明終り)

補題2　a, b を1以上99以下の整数とする．$f(a,b) \neq f(a,b+1)$, $f(a,b+1) \neq f(a+1,b+1)$, $f(a+1,b+1) \neq f(a+1,b)$, $f(a+1,b) \neq f(a,b)$ がすべて成立するならば，$f(a+1,b) = f(a,b+1)$ である．

補題2の証明　2×2 のマス目をなす (a,b), $(a,b+1)$, $(a+1,b)$, $(a+1,b+1)$ に書き込まれた文字の種類数で場合分けを行う．2種類の場合は，隣りあうマスに同じ文字が書き込まれないことから主張が従う．3種類の場合は問題の条件よりよい．　(補題の証明終り)

辺を共有して隣りあう2マスに書き込まれた文字が異なっているとき，これらの2マスが共有している辺を**境界線**とよぶ．このとき補題1より，任意の1以上99以下の整数 a に対して，a 行目のマスと $a+1$ 行目のマスが共有する辺はすべて境界線であるかすべて境界線でないかのいずれかであり，列についても同様である．

境界線によって 100×100 のマス目をブロックに分割することを考える．これにより，縦 s 個，横 t 個のブロック st 個に分かれたとする．このとき，境界線を共有して隣りあう2マスの組はちょうど $100((s-1)+(t-1))$ 組であるから，問題の 2 つ目の条件をみたすことは $s+t=102$ が成り立つことと同値である．よって，2 つ目の条件をみたすようなブロックの分割の方法は，1 行目と 2 行目の境界，2 行目と 3 行目の境界，$\ldots$, 99 行目と 100 行目の境界，1 列目と 2 列目の境界，2 列目と 3 列目の境界，$\ldots$, 99 列目と 100 列目の境界の計 198 個から $(s-1)+(t-1)=100$ 個を選ぶ場合の数，すなわち ${}_{198}\mathrm{C}_{100}$ 通りである．

いま，上で考えたブロックの分割を 1 つ固定したとき，残りの条件をみたす文字の書き込み方が何通りあるかを考える．上から i 番目，左から j 番目のブロックを $[i,j]$ と表す．また，$[i,j]$ をなすマスに書き込まれた文字はすべて同じであり，その文字を $g(i,j)$ と表す．補題 2 より任意の 1 以上 $s-1$ 以下の整数 a と 1 以上 $t-1$ 以下の整数 b に対し，$g(a,b+1)$ と $g(a+1,b)$ は同じ文字である．よって，$[1,1],[2,1],\cdots,[s,1],[s,2],\cdots,[s,t]$ の計 $s+t-1=101$ ブロックに書き込む文字を，辺を共有して隣りあうブロックに書き込む文字が異なるように定めれば，残りのブロックに書き込む文字は一意に決まる．

この書き込み方について，あるブロックに含まれるような 2×2 のマス目に書き込まれた文字は 1 種類である．また，ちょうど 2 つのブロックとマスを共有するような 2×2 のマス目に書き込まれた文字は 2 種類であり，いずれの文字もそれぞれ 2 つずつ書き込まれている．ちょうど 4 つのブロックとマスを共有するような 2×2 のマス目については，右下と右上のマスに書き込まれた文字が異なるので，書き込まれた文字の種類数が 1 になることはない．さらに，左下と右上のマスに書き込まれた文字が一致しているので，2×2 のマス目に書き込まれた文字の種類数が 2, 3 のいずれの場合も条件をみたしている．よって，この書き込み方は条件をみたしている．

ゆえに，条件をみたす文字の書き込み方は，J, M, O からなる文字列 $a_1,a_2,\cdots,a_{101}$ であって，隣りあう項が異なるようなものの数に等しく，$3\cdot2^{100}$ 通りである．以上より，答は $\mathbf{{}_{198}C_{100}\cdot3\cdot2^{100}}$ 通りである．

【11】 [解答：102050]

3 辺の長さが $a+f(b), b+f(c), c+f(a)$ となるような三角形が存在することは，

$$\begin{cases} a+f(b)<b+f(c)+c+f(a) \\ b+f(c)<c+f(a)+a+f(b) \\ c+f(a)<a+f(b)+b+f(c) \end{cases}$$

がすべて成り立つことと同値である．

このことと，a, b, c の対称性より，任意の正の整数 a, b, c に対して，3 辺の長さが $a+f(b), b+f(c), c+f(a)$ となるような三角形が存在することは，任意の正の整数 a, b, c に対して $a+f(b)<b+f(c)+c+f(a)$，すなわち

$$(f(b)-b)-(f(a)-a)<f(c)+c \qquad (*)$$

が成り立つことと同値である．

$(*)$ において $a=c=1$ および $b=c=1$ のときをそれぞれ考えることで，任意の正の整数 x に対して $-2<f(x)-x<2f(1)$ が成り立つことがわかるので，$f(x)-x$ は最小値と最大値をもつ．この最小値，最大値をそれぞれ m, M として $r=M-m$ とおくと，$(*)$ より $f(x)+x>r$ すなわち $f(x) \geqq r-x+1$ が従う．また，$k=f(34)-34=1990$ とおくと，$M \geqq k$ より $m=M-r \geqq k-r$ であるので，任意の正の整数 x に対して，$f(x)-x \geqq k-r$ すなわち $f(x) \geqq k+x-r$ が成り立つ．

したがって，

$$f(100) \geqq r-99, \quad f(101) \geqq r-100, \quad \cdots, \quad f(149) \geqq r-148$$

$$f(150) \geqq k+150-r, \quad f(151) \geqq k+151-r, \quad \cdots, \quad f(199) \geqq k+199-r$$

が成り立つので，すべて足しあわせることで，$f(100)+f(101)+\cdots+f(199) \geqq 50k+2550$ を得る．

一方，

$$g(x)=\begin{cases} \dfrac{k}{2}+150-x & (100 \leqq x \leqq 149) \\ \dfrac{k}{2}+x-149 & (150 \leqq x \leqq 199) \\ x+k & (\text{その他}) \end{cases}$$

とする．このとき，場合分けをすることで，任意の正の整数 x に対して $g(x)+x \geqq \dfrac{k}{2}+150$, $\dfrac{k}{2}-149 \leqq g(x)-x \leqq k$ が成り立つことがわかる．よって，任意の正の整数 a, b, c に対し，

$$(g(b)-b)-(g(a)-a) \leqq k-\left(\frac{k}{2}-149\right) < \frac{k}{2}+150 \leqq g(c)+c$$

が成り立ち，さらに $g(34)=k+34$ をみたすので，この g は問題の関数の条件をみたす．この g について，$g(100)+g(101)+\cdots+g(199)=50k+2550$ が成り立つので，求める最小値は $50k+2550=\mathbf{102050}$ である．

【12】　[解答：$\dfrac{2100^{210}}{2^{164}\cdot 3^{30}}$ 個]

任意の整数 a, b について，b が a で割りきれることを $a \mid b$ で表し，そうでないことを $a \nmid b$ で表す．また，$\gcd(a,b)$ で $|a|$ と $|b|$ の最大公約数を表す．ただし，0 と非負整数 x の最大公約数は x とする．さらに，いくつかの条件 $P_1, P_2, \cdots, P_k$ について，$\displaystyle\sum_{P_1, P_2, \cdots, P_k}$ で $P_1, P_2, \cdots, P_k$ をすべてみたす条件のもとでの和を表す．以下では，特に明示しない限り合同式の法を 2100 とする．

$M=210$ とおく．M は平方因子をもたない整数であることに注意する．任意の素数 p に対して $p \mid 2100$ と $p \mid 210$ は同値であるので，任意の整数 s に対して $\gcd(s,2100)=1$ と $\gcd(s,210)=1$ は同値となる．

整数の組 $(a_1, a_2, \cdots, a_{2100})$, $(b_1, b_2, \cdots, b_{2100})$ が $a_i \equiv \displaystyle\sum_{\substack{\gcd(j-i,2100)=1 \\ 1\leqq j\leqq 2100}} b_j$ をみたしているとする．このとき，1 以上 M 以下の整数 i について，0 以上 2099 以下の整数 c_i を $c_i \equiv \displaystyle\sum_{j=0}^{9} b_{i+Mj}$ をみたすようにとると，上で示したことより，1 以上 2100 以下の整数 l に対して $a_l \equiv \displaystyle\sum_{\substack{\gcd(j-l,M)=1 \\ 1\leqq j\leqq M}} c_j$ となる．このことから，1 以上 M 以下の整数 i と 0 以上 9 以下の整数 k に対して $a_{i+kM} \equiv a_i$ もわかる．逆に，任意の 0 以上 2099 以下の整数からなる組 $(c_1, c_2, \cdots, c_M)$ に対し，$b_i = \begin{cases} c_i & (1 \leqq i \leqq M), \\ 0 & (M+1 \leqq i \leqq 2100) \end{cases}$ で定めると $c_i \equiv \displaystyle\sum_{j=0}^{9} b_{i+Mj}$ $(1 \leqq i \leqq M)$ が成り立つ

ので，次の条件をみたすような 0 以上 2099 以下の整数の組 $(a_1, a_2, \cdots, a_M)$ の個数を求めればよい．

> 0 以上 2099 以下の整数 M 個からなる組 $(c_1, c_2, \cdots, c_M)$ であって，任意の 1 以上 M 以下の整数 i について $a_i \equiv \sum_{\substack{\gcd(j-i,M)=1 \\ 1 \leqq j \leqq M}} c_j$ が成り立つ．

0 以上 2099 以下の整数 M 個からなる組を**良い組**とよび，良い組 $(A_1, A_2, \cdots, A_M)$ を (A_i) で表す．また，任意の良い組 (A_i) と正の整数 k について，$A_{k+M} = A_k$ とする．任意の正の整数 i に対して $\gcd(i, M)$ を $g(i)$ とおく．以下では i は 1 以上 M 以下の整数をさすものとする．

良い組 (S_i) と (s_i) が次の条件をみたすとき，(S_i) を (s_i) の**親**とよび，(s_i) を (S_i) の**子**とよぶ：

$$S_i \equiv \sum_{j=0}^{g(i)-1} s_{i+\frac{M}{g(i)}j}.$$

また，良い組 (s'_i) と (s_i) が次の条件をみたすとき，(s'_i) を (s_i) の**反転**とよぶ：

$$s'_i \equiv \sum_{\substack{M \mid j(j-i) \\ 1 \leqq j \leqq M}} \mu(j) s_j.$$

ここで，$\omega(n)$ を n の素因数の個数とし，$\mu(n) = (-1)^{\omega(g(n))}$ と定める．

補題 1　$\mu(n)$ について，次の 2 つがともに成立する．

1. 互いに素な正の整数 m, n について，$\mu(mn) = \mu(m)\mu(n)$ となる．

2. M の正の約数 n について，次が成り立つ：

$$\sum_{x \mid n} \mu(x) = \begin{cases} 1 & (n = 1 \text{ のとき}), \\ 0 & (n \geqq 2 \text{ のとき}). \end{cases}$$

補題 1 の証明

1. m, n が互いに素であることより，$g(mn) = g(m)g(n)$ となる．$g(m)$ と $g(n)$ はやはり互いに素であるため，$\omega(g(m)g(n)) = \omega(g(m)) + \omega(g(n))$ である．よって，

$$\begin{aligned}\mu(mn) &= (-1)^{\omega(g(mn))} = (-1)^{\omega(g(m))+\omega(g(n))} = (-1)^{\omega(g(m))}(-1)^{\omega(g(n))} \\ &= \mu(m)\mu(n)\end{aligned}$$

となるから示された．

2. $n = 1$ のとき，$\sum_{x|n} \mu(x) = \mu(1) = 1$ なのでよい．$n \geqq 2$ とする．$e_2, e_3, e_5, e_7 \in \{0,1\}$ を用いて $n = 2^{e_2}3^{e_3}5^{e_5}7^{e_7}$ とかくと，1 の性質より

$$\begin{aligned}\sum_{x|n} \mu(x) =& \left(\sum_{0 \leqq \varepsilon_2 \leqq e_2} \mu(2^{\varepsilon_2})\right)\left(\sum_{0 \leqq \varepsilon_3 \leqq e_3} \mu(3^{\varepsilon_3})\right)\left(\sum_{0 \leqq \varepsilon_5 \leqq e_5} \mu(5^{\varepsilon_5})\right) \\ &\times \left(\sum_{0 \leqq \varepsilon_7 \leqq e_7} \mu(7^{\varepsilon_7})\right)\end{aligned}$$

となる．いま，$n \geqq 2$ であるから $e_q = 1$ となる $q \in \{2,3,5,7\}$ がとれ，この q に関して $\mu(q^0) + \mu(q^1) = 0$ が成り立つ．したがってこのとき $\sum_{x|n} \mu(x) = 0$ となる．

以上より，補題 1 は示された．　　　　(補題の証明終り)

さて，このとき以下の 2 つの補題が成立する．

補題 2　次の 2 つがともに成り立つ．

1. 良い組 (s_i) に対して，親と子がそれぞれただ 1 つ存在する．

2. 良い組 (s_i) に対して，反転がただ 1 つ存在する．

補題 2 の証明　良い組は有限個なので，$(S_i), (T_i)$ をそれぞれ $(s_i), (t_i)$ の親とするとき，$(S_i) = (T_i)$ ならば $(s_i) = (t_i)$ であることを示せばよく，同様に $(s'_i), (t'_i)$ をそれぞれ $(s_i), (t_i)$ の反転とするとき，$(s'_i) = (t'_i)$ ならば $(s_i) = (t_i)$ であることを示せばよい．

1. $s_i \neq t_i$ となる i が存在するとし，そのような i の中で $g(i)$ が最小のものを 1 つとる．このとき $g(i)$ と $\dfrac{M}{g(i)}$, i と $\dfrac{M}{g(i)}$ がそれぞれ互いに素であることと，$g(i) \mid i$ が成り立つことから，任意の整数 j に対し，

$$\begin{aligned} g\Big(i+\frac{M}{g(i)}j\Big) &= \gcd\Big(g(i)\cdot\frac{M}{g(i)}, i+\frac{M}{g(i)}j\Big) \\ &= \gcd\Big(g(i), i+\frac{M}{g(i)}j\Big)\gcd\Big(\frac{M}{g(i)}, i+\frac{M}{g(i)}j\Big) \\ &= \gcd\Big(g(i), \frac{M}{g(i)}j\Big)\gcd\Big(\frac{M}{g(i)}, i\Big) \\ &= \gcd\left(g(i), j\right) \end{aligned}$$

となる．よって，$1 \leqq j \leqq g(i)-1$ のとき $g\left(i+\dfrac{M}{g(i)}j\right) < g(i)$ なので，$g(i)$ の最小性から $s_{i+\frac{M}{g(i)}j} = t_{i+\frac{M}{g(i)}j}$ となる．したがって，

$$s_i \equiv S_i - \sum_{j=1}^{g(i)-1} s_{i+\frac{M}{g(i)}j} = T_i - \sum_{j=1}^{g(i)-1} t_{i+\frac{M}{g(i)}j} \equiv t_i$$

となり，$s_i \neq t_i$ に矛盾する．よって示された．

2. $s_i \neq t_i$ となる i が存在するとし，そのような i の中で $g(i)$ が最大のものを 1 つとる．このとき，$g(i) \mid M$ より，$1 \leqq j \leqq M$ かつ $M \mid j(j-i)$ ならば $j^2 \equiv j(j-i) \equiv 0 \pmod{g(i)}$ である．$g(i)$ は平方因子を持たないので，$g(i) \mid j$ となり，よって $g(i) \mid g(j)$ がわかる．$g(i)$ の最大性から，$g(j) > g(i)$ のとき $s_j = t_j$ であるので，$s'_i = t'_i$ から，

$$\begin{aligned} \sum_{\substack{M|j(j-i),g(j)=g(i)\\1\leqq j\leqq M}} \mu(j)s_j &\equiv \sum_{\substack{M|j(j-i)\\1\leqq j\leqq M}} \mu(j)s_j - \sum_{\substack{M|j(j-i),g(j)>g(i)\\1\leqq j\leqq M}} \mu(j)s_j \\ &\equiv s'_i - \sum_{\substack{M|j(j-i),g(j)>g(i)\\1\leqq j\leqq M}} \mu(j)s_j \\ &= t'_i - \sum_{\substack{M|j(j-i),g(j)>g(i)\\1\leqq j\leqq M}} \mu(j)t_j \end{aligned}$$

$$\equiv \sum_{\substack{M|j(j-i), g(j)=g(i) \\ 1 \leqq j \leqq M}} \mu(j) t_j$$

がわかる．ここで，$M \mid j(j-i)$ ならば $\dfrac{M}{g(j)} \,\Big|\, (j-i)$ であり，$g(j) = g(i)$ ならば $g(j) \mid j-i$ が成り立つ．これらをみたす 1 以上 M 以下の整数 j は，$g(j)$ と $\dfrac{M}{g(j)}$ が互いに素であることから $j = i$ のみである．したがって条件は $s_i = t_i$ となり，$s_i \neq t_i$ に矛盾する．よって示された．

以上より補題 2 は示された．　(補題の証明終り)

補題 3　$(a_i), (c_i)$ を良い組とし，$(A_i), (C_i)$ をそれぞれ $(a_i), (c_i)$ の親とし，(C_i') を (C_i) の反転とする．このとき，次の 2 つの条件は同値である．

1. 任意の i に対して $a_i \equiv \displaystyle\sum_{\substack{\gcd(j-i, M)=1 \\ 1 \leqq j \leqq M}} c_j$ が成立する．
2. 任意の i に対して $A_i \equiv \phi(g(i)) C_i'$ が成立する．ここで $\phi(n)$ は n と互いに素な 1 以上 n 以下の整数の個数である．

補題 3 の証明　$1 \Longrightarrow 2$ を示す．まず，定義より，

$$C_i' \equiv \sum_{\substack{M|j(j-i) \\ 1 \leqq j \leqq M}} \mu(j) C_j \equiv \sum_{\substack{M|j(j-i) \\ 1 \leqq j \leqq M}} \sum_{k=0}^{g(j)-1} \mu(j) c_{j + \frac{M}{g(j)} k}$$

となる．ここで $g(j) = g(g(j))$ と μ の定義より $\mu(j) = \mu(g(j))$ となるから，

$$C_i' \equiv \sum_{\substack{M|j(j-i) \\ 1 \leqq j \leqq M}} \sum_{k=0}^{g(j)-1} \mu(g(j)) c_{j + \frac{M}{g(j)} k}$$

となる．$g(j)$ の値に注目して整理すると，

$$C_i' \equiv \sum_{v|M} \sum_{\substack{g(j)=v \\ M|j(j-i) \\ 1 \leqq j \leqq M}} \sum_{k=0}^{v-1} \mu(v) c_{j + \frac{M}{v} k} \equiv \sum_{u=0}^{M-1} \sum_{v|M} \sum_{k=0}^{v-1} \sum_{\substack{g(j)=v \\ M|j(j-i) \\ j+v'k \equiv i+u \\ 1 \leqq j \leqq M}} \mu(v) c_{i+u}$$

となる．ただし，$v' = \dfrac{M}{v}$ とした．よって，右辺は $\displaystyle\sum_{u=0}^{M-1}\sum_{v|M}\alpha_{i,u,v}\mu(v)c_{i+u}$ とかける．ここで，$\alpha_{i,u,v}$ は $1 \leqq j \leqq M$ かつ $0 \leqq k < v$ をみたす整数の組 (j,k) であって，$g(j) = v$, $M \mid j(j-i)$ および $j + v'k \equiv i + u$ をみたすものの個数である．このような (j,k) について，$v' \mid (j-i)$ であるから，$u \equiv j + v'k - i \equiv 0 \pmod{v'}$ である．つまり，$u \not\equiv 0 \pmod{v'}$ ならば $\alpha_{i,u,v} = 0$ となる．また，$\gcd(i,v') \neq 1$ のとき，$v' \mid (j-i)$ より $\gcd(j,v') \neq 1$ であるから，$g(j) \neq v$ となる．したがって，このときも $\alpha_{i,u,v} = 0$ となる．次に，$u \equiv 0 \pmod{v'}$ かつ $\gcd(i,v') = 1$ のとき，$g(j) = v$ より $v \mid j$ であり，また $j - i \equiv 0 \pmod{v'}$ であるから，中国剰余定理より条件をみたす j は高々 1 つである．さらに，$j + v'k \equiv i + u$ より，条件をみたす k も高々 1 つである．したがって，$\alpha_{i,u,v} \leqq 1$ である．

次に，$u \equiv 0 \pmod{v'}$ かつ $\gcd(i,v') = 1$ のとき，$\alpha_{i,u,v} = 1$ となることを示す．整数 j, k は $1 \leqq j \leqq M$, $0 \leqq k < v$ をみたすとする．このとき，$v \mid j$, $v' \mid (j-i)$ となる j は中国剰余定理よりちょうど 1 つ存在する．さらに，$j - (i+u) \equiv 0 \pmod{v'}$ であるから，$j + v'k \equiv i + u$ となる k もちょうど 1 つ存在する．この (j,k) について，$\gcd(j,v') = \gcd(i,v') = 1$ より $g(j) = v$ であり，また，$v \mid j$ かつ $v' \mid (j-i)$ であるから $M = vv' \mid j(j-i)$ である．したがって，$\alpha_{i,u,v} = 1$ である．

以上より，

$$\alpha_{i,u,v} = \begin{cases} 1, & (u \equiv 0 \pmod{v'}, \quad \gcd(i,v') = 1), \\ 0, & (\text{それ以外}) \end{cases}$$

となるから，$u \equiv 0 \pmod{v'}$ と $\dfrac{M}{g(u)} \,\Big|\, v$ が同値であり，$\gcd(i,v') = 1$ と $g(i) \mid v$ が同値であるので，

$$\sum_{v|M}\alpha_{i,u,v}\mu(v) = \sum_{v|M,\, \frac{M}{g(u)}|v,\, g(i)|v}\mu(v)$$

である．この和において，正の整数 w により $v=g(i)w$ とおくと，w は $w \;\Big|\; \dfrac{M}{g(i)}$ かつ $\dfrac{M}{g(u)} \;\Big|\; g(i)w$ をみたしながら動く．これは $w \;\Big|\; \dfrac{M}{g(i)}$ かつ $\dfrac{M}{g(iu)} \;\Big|\; w$ と同値であるので，$w=\dfrac{M}{g(iu)}x$ とおくと，x は $\dfrac{g(iu)}{g(i)}$ の正の約数全体を動く．ここで，

$$\mu(v)=\mu(g(i)w)=\mu\biggl(\frac{Mg(i)}{g(iu)}x\biggr)$$

となる．いま，x は $\dfrac{g(iu)}{g(i)}$ の正の約数であるので，$\dfrac{Mg(i)}{g(iu)}$ と x が互いに素であり，

$$\mu\biggl(\frac{Mg(i)}{g(iu)}x\biggr)=\mu\biggl(\frac{Mg(i)}{g(iu)}\biggr)\mu(x)$$

となる．$\dfrac{g(iu)}{g(i)}$ は M の約数であるので，補題 1 の 2 より，$\displaystyle\sum_{x \mid \frac{g(iu)}{g(i)}} \mu(x)$ は $\dfrac{g(iu)}{g(i)}=1$, つまり，$g(u) \mid g(i)$ のとき 1 となり，そうでないとき 0 となる．また，$g(u) \mid g(i)$ のとき，$\mu\biggl(\dfrac{Mg(i)}{g(iu)}\biggr)=\mu(M)=1$ であるから，

$$C_i'=\sum_{u=0}^{M-1}\mu\biggl(\frac{Mg(i)}{g(iu)}\biggr)\sum_{x \mid \frac{g(iu)}{g(i)}}\mu(x)c_{i+u}=\sum_{\substack{g(u) \mid g(i)\\ 0 \leqq u < M}} c_{i+u}$$

がわかる．一方，

$$A_i=\sum_{j=0}^{g(i)-1} a_{i+\frac{M}{g(i)}j}=\sum_{j=0}^{g(i)-1}\sum_{\substack{g(k)=1\\ 1 \leqq k \leqq M}} c_{i+\frac{M}{g(i)}j+k}$$

となるので，c_{i+u} の係数は，$0 \leqq j \leqq g(i)-1,\ 1 \leqq k \leqq M$ をみたす整数の組 (j,k) であって，$\dfrac{M}{g(i)}j+k \equiv u$ かつ $g(k)=1$ をみたすものの個数，すなわち，$k \equiv u \left(\mathrm{mod}\ \dfrac{M}{g(i)}\right)$ かつ $g(k)=1$ をみたす k の個数である．したがって，$\gcd\left(u, \dfrac{M}{g(i)}\right)>1$ のとき，つまり $g(u) \nmid g(i)$ のとき，係数は 0 であり，そうで

ないとき，つまり $g(u)\mid g(i)$ のとき，中国剰余定理より，k は $\phi(g(i))$ 通りの値をとれるので，係数は $\phi(g(i))$ となる．以上より，$A_i=\phi(g(i))\sum_{\substack{g(u)\mid g(i)\\ 0\leqq u<M}} c_{i+u}=\phi(g(i))C'_i$ となり，示された．

$2\Longrightarrow 1$ を示す．良い組 $(\tilde{a}_i)$ を $\tilde{a}_i\equiv\sum_{\substack{\gcd(j-i,M)=1\\ 1\leqq j\leqq M}} c_j$ によって定め，$(\tilde{A}_i)$ を $(\tilde{a}_i)$ の親とすると，上で示したことにより $(A_i)=(\tilde{A}_i)$ が成立する．よって，子の一意性より示された．　(補題の証明終り)

補題2,3より，求めるべきものは，ある良い組 (C'_i) によって，任意の i について $A_i\equiv\phi(g(i))C'_i$ と書ける良い組 (A_i) の個数であり，これは $\prod_{i=1}^{M}\frac{2100}{\gcd(2100,\phi(g(i)))}$ に等しい．ただし，実数 $x_1,x_2,\cdots,x_M$ の積を $\prod_{i=1}^{M}x_i$ で表す．$\phi(g(i))$ は $\phi(M)=48$ の約数であるから，$\gcd(2100,\phi(g(i)))$ は $\gcd(2100,48)=12$ の約数である．$2\mid\gcd(2100,\phi(g(i)))$ と i が 3, 5, 7 のいずれかの倍数であることは同値なので，この条件をみたす i は $2\cdot(3\cdot5\cdot7-2\cdot4\cdot6)=114$ 個である．$4\mid\gcd(2100,\phi(g(i)))$ と i が 21, 5 のいずれかの倍数であることは同値なので，この条件をみたす i は $2\cdot(21\cdot5-20\cdot4)=50$ 個である．$3\mid\gcd(2100,\phi(g(i)))$ と $7\mid i$ は同値なので，この条件をみたす i は 30 個である．よって，求める個数は $\frac{2100^M}{2^{114+50}\cdot3^{30}}=\boldsymbol{\frac{2100^{210}}{2^{164}\cdot3^{30}}}$ 個となる．

参考　解答中に出てきた関数 μ はメビウス関数とよばれる．正の整数からなる集合 S について，$n\in S$ かつ $d\mid n$ ならば $d\in S$ が成り立つとき，メビウス関数 $\mu\colon S\to\mathbb{Z}$ は

$$\mu(n)=\begin{cases}(-1)^{\omega(n)} & (n\text{ が平方因子を持たないとき})\\ 0 & (n\text{ が平方因子を持つとき})\end{cases}$$

と定義され，次の性質が成り立つ．

メビウスの反転公式　関数 $f:S\to\mathbb{C}$ に対して，関数 $g:S\to\mathbb{C}$ を

$$g(n) = \sum_{d|n} f(d)$$

で定めるとき，

$$f(n) = \sum_{d|n} \mu\left(\frac{n}{d}\right) g(n)$$

が成立する．

より一般的な状況においてメビウス関数 μ は定義され，同様の反転公式が知られている．

第2部

日本数学オリンピック 本選

2.1　第30回 日本数学オリンピック 本選 (2020)

● 2020 年 2 月 11 日 [試験時間 4 時間，5 問]

1.　$\dfrac{n^2+1}{2m}$ と $\sqrt{2^{n-1}+m+4}$ がともに整数となるような正の整数の組 (m, n) をすべて求めよ．

2.　$BC < AB$, $BC < AC$ なる三角形 ABC の辺 AB, AC 上にそれぞれ点 D, E があり，$BD = CE = BC$ をみたしている．直線 BE と直線 CD の交点を P とする．三角形 ABE の外接円と三角形 ACD の外接円の交点のうち A でない方を Q としたとき，直線 PQ と直線 BC は垂直に交わることを示せ．ただし，XY で線分 XY の長さを表すものとする．

3.　正の整数に対して定義され正の整数値をとる関数 f であって，任意の正の整数 m, n に対して

$$m^2 + f(n)^2 + (m - f(n))^2 \geqq f(m)^2 + n^2$$

をみたすものをすべて求めよ．

4.　n を 2 以上の整数とする．円周上に相異(あい)なる $3n$ 個の点があり，これらを**特別な点**とよぶことにする．A 君と B 君が以下の操作を n 回行う．

> まず，A 君が線分で直接結ばれていない 2 つの特別な点を選んで線分で結ぶ．次に，B 君が駒の置かれていない特別な点を 1 つ選んで駒を置く．

A 君は B 君の駒の置き方にかかわらず，n 回の操作が終わったときに駒の置かれている特別な点と駒の置かれていない特別な点を結ぶ線分の数を $\dfrac{n-1}{6}$ 以上にできることを示せ．

5. ある正の実数 c に対して以下が成立するような，正の整数からなる数列 $a_1, a_2, \cdots$ をすべて求めよ．

任意の正の整数 m, n に対して $\gcd(a_m + n, a_n + m) > c(m+n)$ となる．

ただし，正の整数 x, y に対し，x と y の最大公約数を $\gcd(x, y)$ で表す．

解答

【1】　n^2+1 は $2m$ で割りきれるので偶数である．よって n は奇数であるので，正の整数 l で $n=2l-1$ をみたすものをとることができる．また $\sqrt{2^{n-1}+m+4}$ を k とおくと

$$k^2=2^{n-1}+m+4=2^{2l-2}+m+4>2^{2l-2}$$

が成り立つ．よって $k>2^{l-1}$ とわかり，k が整数であることから $k\geqq 2^{l-1}+1$ がいえる．このとき k のとり方から

$$m=k^2-2^{n-1}-4\geqq (2^{l-1}+1)^2-2^{2l-2}-4=2^l-3$$

であり，また $\dfrac{n^2+1}{2m}$ が正の整数であることから $m\leqq\dfrac{n^2+1}{2}=2l(l-1)+1$ を得る．よってこれらをまとめて

$$2l(l-1)+4\geqq m+3\geqq 2^l \tag{$*$}$$

であることがわかる．ここで次の補題が成り立つ．

補題　任意の 7 以上の整数 a に対して $2a(a-1)+4<2^a$ である．

補題の証明　$2\cdot 7\cdot(7-1)+4=88,\ 2^7=128$ より $a=7$ のときはよい．s を 7 以上の整数として $a=s$ のとき上の式が成り立つと仮定すると，

$$2(2s(s-1)+4)-(2s(s+1)+4)=2s^2-6s+4=2(s-1)(s-2)>0$$

より $2s(s+1)+4<2(2s(s-1)+4)<2^{s+1}$ とわかるので $a=s+1$ のときも上の式が成り立つ．よって帰納法より任意の 7 以上の整数 a について上の式が成り立つことがわかる．　　　　(補題の証明終り)

この補題より $(*)$ をみたす l は 6 以下である．$\dfrac{n^2+1}{2m}=\dfrac{2l(l-1)+1}{m}$ が整数であるので，m は $2l(l-1)+1$ を割りきることに注意する．

- $l=1$ のとき $(*)$ より $m=1$ とわかるが，$2^{2l-2}+m+4=6$ は平方数で

ないのでこれは条件をみたさない.

- $l=2$ のとき m は $2l(l-1)+1=5$ を割りきるので $m=1,5$ とわかる. $m=1$ のとき $2^{2l-2}+m+4=9$ であり, $m=5$ のとき $2^{2l-2}+m+4=13$ となるので $m=1$ は条件をみたす.
- $l=3$ のとき $(*)$ より $5 \leqq m \leqq 13$ とわかる. m は $2l(l-1)+1=13$ を割りきるので $m=13$ だが, このとき $2^{2l-2}+m+4=33$ は平方数でないので条件をみたさない.
- $l=4$ のとき $(*)$ より $13 \leqq m \leqq 25$ とわかる. m は $2l(l-1)+1=25$ を割りきるので $m=25$ だが, このとき $2^{2l-2}+m+4=93$ は平方数でないので条件をみたさない.
- $l=5$ のとき $(*)$ より $29 \leqq m \leqq 41$ とわかる. m は $2l(l-1)+1=41$ を割りきるので $m=41$ だが, このとき $2^{2l-2}+m+4=301$ は平方数でないので条件をみたさない.
- $l=6$ のとき $(*)$ より $m=61$ とわかる. このとき $2^{2l-2}+m+4=1089=33^2$ は平方数であり, m は $2l(l-1)+1=61$ を割りきるので $m=61$ は条件をみたす.

以上より条件をみたす正の整数の組は $(m,n)=(1,3),(61,11)$ の 2 個である.

【2】 4 点 A, D, Q, C が同一円周上にあることから $\angle\mathrm{BDQ}=\angle\mathrm{ECQ}$ であり, 同様に $\angle\mathrm{DBQ}=\angle\mathrm{CEQ}$ である. これらと $\mathrm{BD}=\mathrm{EC}$ から, 三角形 BDQ と三角形 ECQ は合同であることがわかる. よって $\mathrm{QD}=\mathrm{QC}$ となり, これと $\mathrm{BD}=\mathrm{BC}$ から直線 BQ は線分 CD の垂直二等分線となることがわかる. 特に直線 BQ は直線 CP と垂直であり, 同様に直線 CQ は直線 BP と垂直である. ゆえに Q は三角形 BCP の垂心であり, 直線 PQ と直線 BC が垂直に交わることが示された.

【3】 まず, すべての正の整数 k に対して $f(k) \geqq k$ が成り立つことを k に関する帰納法で示す. $k=1$ の場合は明らかに成り立つ. ℓ を正の整数とし, $k=\ell$ で成り立つと仮定すると, 与式で $m=\ell, n=\ell+1$ とすることで

$$\ell^2+f(\ell+1)^2+(\ell-f(\ell+1))^2 \geqq f(\ell)^2+(\ell+1)^2 \geqq \ell^2+(\ell+1)^2$$

を得る．よって $f(\ell+1)^2+(\ell-f(\ell+1))^2 \geqq (\ell+1)^2$ である．この両辺から ℓ^2 を引くと

$$2f(\ell+1)(f(\ell+1)-\ell) \geqq (\ell+1)^2-\ell^2>0$$

となり，$f(\ell+1)>\ell$ を得る．$f(\ell+1)$ は整数なので，$f(\ell+1) \geqq \ell+1$ が従う．以上より，$f(k) \geqq k$ がすべての正の整数 k に対して成り立つ．

次に，n を正の整数とし，与式で $m=f(n)$ とすると，$2f(n)^2 \geqq f(f(n))^2+n^2$ が任意の正の整数 n に対して成り立つことがわかる．正の整数 s をとり，数列 $a_0, a_1, a_2, \cdots$ を

$$a_0=s, \qquad a_{k+1}=f(a_k) \quad (k=0,1,\cdots)$$

により定めると，上式より $2a_{k+1}^2 \geqq a_{k+2}^2+a_k^2$ がすべての非負整数 k で成り立つ．このとき，非負整数 k に対して，$a_{k+1}-a_k=f(a_k)-a_k \geqq 0$ かつ $a_{k+1}-a_k$ は整数なので，$a_{k+1}-a_k$ が最小となるような k がとれる．$a_{k+1}>a_k$ が成り立っているとすると，$a_{k+2}=f(a_{k+1}) \geqq a_{k+1}$ とあわせて

$$a_{k+2}-a_{k+1}=\frac{a_{k+2}^2-a_{k+1}^2}{a_{k+2}+a_{k+1}}<\frac{a_{k+1}^2-a_k^2}{a_{k+1}+a_k}=a_{k+1}-a_k$$

となり k のとり方に矛盾する．したがって $a_{k+1}=a_k$ でなければならない．これは $f(\ell)=\ell$ となる正の整数 ℓ が存在することを意味する．このとき，$n=\ell$, $m=\ell+1$ を与式に代入すると，

$$(\ell+1)^2+\ell^2+1^2 \geqq f(\ell+1)^2+\ell^2$$

となり，$f(\ell+1)^2 \leqq (\ell+1)^2+1<(\ell+2)^2$ を得る．よって $f(\ell+1)=\ell+1$ であり，帰納的にすべての ℓ 以上の整数 k に対して $f(k)=k$ であることがわかる．また，ある2以上の整数 ℓ に対して $f(\ell)=\ell$ が成り立っているとき，与式で $n=\ell, m=\ell-1$ とすると，

$$(\ell-1)^2+\ell^2+1^2 \geqq f(\ell-1)^2+\ell^2$$

となり，$f(\ell-1)^2 \leqq (\ell-1)^2+1<\ell^2$ を得る．したがって $f(\ell-1)=\ell-1$ であり，この場合も帰納的にすべての ℓ 以下の正の整数 k に対して $f(k)=k$ と

なる．

逆に $f(n)=n$ がすべての正の整数 n について成り立っているとき与式は成り立つので，これが解である．

【4】 $n=6m+2+k$ をみたすような非負整数 m と 0 以上 5 以下の整数 k をとる．A 君は以下のように線分を引くことで，駒の置かれている特別な点と駒の置かれていない特別な点を結ぶ線分の数を $\left\lceil \frac{n-1}{6} \right\rceil = \left\lceil \frac{6m+1+k}{6} \right\rceil = m+1$ 以上にできる．(ただし，実数 r に対して r 以上の最小の整数を $\lceil r \rceil$ で表す．)

はじめの k 回はどのように線分を引いてもよい．k 回目の操作が終了した後，いずれの線分の端点にもなっておらず駒も置かれていない特別な点が $3n-3k=3(6m+2)$ 個以上あるから，そのうちの $3(6m+2)$ 個を選ぶ．これらを**良い点**とよぶことにする．

次の $4m+1$ 回の操作では，いずれの線分の端点にもなっていない良い点を 2 つ選んで線分で結ぶ．これらの線分を**良い線分**とよぶことにする．また，$4m+1+k$ 回目の操作が終わったときに駒の置かれている特別な点の集合を X，駒の置かれていない特別な点の集合を Y とする．良い線分のうち，両端が X に属するものの数を a，そうでないものの数を b とする．このとき，$a+b=4m+1$ である．また，駒の置かれている良い点は $4m+1$ 個以下であるから，$a \leqq \frac{4m+1}{2}$ であり，a は整数であるから $a \leqq 2m$ である．したがって，$b \geqq 2m+1$ であるから，少なくとも一方の端点が Y に属するような $2m+1$ 本の良い線分 $e_1, e_2, \cdots, e_{2m+1}$ を選ぶことができる．以下では i を 1 以上 $2m+1$ 以下の整数とする．e_i の端点のうち Y に属するものを 1 つ選び v_i とし，もう一方の端点を u_i とする．また，X に属する特別な点を 1 つ選んで x とする．さらに，Y に属する特別な点のうち，いずれの線分の端点にもなっていないものが $3n-3(k+4m+1)=3(2m+1)$ 個以上あるから，そのうちの $2m+1$ 個を選んで，$y_1, y_2, \cdots, y_{2m+1}$ とする．このとき，$u_1, u_2, \cdots, u_{2m+1}, v_1, v_2, \cdots, v_{2m+1}, y_1, y_2, \cdots, y_{2m+1}$ は相異なる特別な点である．$k+4m+1+i$ 回目の操作では次のように線分を引く．

> u_i が X に属するとき，v_i と y_i を線分で結ぶ．u_i が Y に属するとき，v_i と x を線分で結ぶ．

さて，A君がこのように線分を引いたとき，B君の駒の置き方にかかわらず駒の置かれている特別な点と駒の置かれていない特別な点を結ぶ線分の数が $m+1$ 以上であることを示す．$k+4m+1+i$ 回目に引いた線分を f_i とする．また，u_i が X に属するとき $w_i=y_i$ とし，u_i が Y に属するとき $w_i=u_i$ とする．e_i と f_i がともに，駒の置かれている特別な点と駒の置かれていない特別な点を結ぶ線分でないようにするには v_i と w_i の両方に駒が置かれなければならない．一方で，n 回目の操作が終わったとき，駒の置かれている Y に属する特別な点は $2m+1$ 個以下であり，$v_1,v_2,\cdots,v_{2m+1},w_1,w_2,\cdots,w_{2m+1}$ は相異なる Y に属する特別な点であるから，v_i と w_i のいずれかには駒が置かれていないような i が $m+1$ 個以上存在する．したがって，駒の置かれている特別な点と駒の置かれていない特別な点を結ぶ線分は $m+1$ 本以上存在する．

【5】　ある非負整数 d に対して $a_n=n+d$ となる数列 $a_1,a_2,\cdots$ は条件をみたす．実際 $\gcd(a_m+n,a_n+m)=n+m+d>\dfrac{n+m}{2}$ なので，$c=\dfrac{1}{2}$ とすれば条件をみたす．以下，数列 $a_1,a_2,\cdots$ がある非負整数 d を用いて $a_n=n+d$ と書けることを示す．

まず，任意の正の整数 n に対して $|a_{n+1}-a_n|\leqq c^{-2}$ となることを示す．n を正の整数として $d=a_{n+1}-a_n$ とする．まず $d>0$ の場合を考える．$k>\dfrac{a_n}{d}$ なる正の整数 k をとり，n と $kd-a_n$ に対して与式を用いると $\gcd(kd,a_{kd-a_n}+n)>c(kd-a_n+n)$ となる．さらに $n+1$ と $kd-a_n$ に対して与式を用いると，$d=a_{n+1}-a_n$ より $\gcd((k+1)d,a_{kd-a_n}+n+1)>c(kd-a_n+n+1)$ となる．ここで次の補題を示す．

補題　a,b,s,t を正の整数とする．s と t が互いに素のとき $\gcd(a,s)\gcd(b,t)\leqq \mathrm{lcm}(a,b)$ である．ただし，正の整数 x,y に対し，x と y の最小公倍数を $\mathrm{lcm}(x,y)$ で表す．

補題の証明　素数 p および正の整数 N に対し，N が p^k で割りきれるような最大の非負整数 k を $\mathrm{ord}_p N$ で表すとき，任意の素数 p に対して $\mathrm{ord}_p(\gcd(a,s)\gcd(b,t))\leqq \mathrm{ord}_p \mathrm{lcm}(a,b)$ を示せばよい．s,t が互いに素であることから対称性より s が p で割りきれないとしてよく，$\mathrm{ord}_p s=0$ となる．このとき正の整数 M, N

に対して M が N を割りきるならば $\mathrm{ord}_p M \leqq \mathrm{ord}_p N$ であることを用いると，

$$\begin{aligned}\mathrm{ord}_p(\gcd(a,s)\gcd(b,t)) &= \mathrm{ord}_p \gcd(a,s) + \mathrm{ord}_p \gcd(b,t) \\ &\leqq \mathrm{ord}_p s + \mathrm{ord}_p b \leqq \mathrm{ord}_p \mathrm{lcm}(a,b)\end{aligned}$$

とわかる． (補題の証明終り)

補題より $\gcd(kd, a_{kd-a_n}+n)\gcd((k+1)d, a_{kd-a_n}+n+1) \leqq \mathrm{lcm}(kd,(k+1)d) \leqq k(k+1)d$ とわかる．したがって，$k(k+1)d > c^2(kd-a_n+n)(kd-a_n+n+1)$ が十分大きい任意の整数 k に対して成り立つ．左辺，右辺ともに k の 2 次式であり，それぞれの 2 次の係数が d, c^2d^2 であるから，$d \geqq c^2d^2$ つまり $d \leqq c^{-2}$ となる．$d<0$ の場合も同様にして $-d \leqq c^{-2}$ が成り立つので $|d| \leqq c^{-2}$ が示された．

ここで n と $n+1$ に対して与式を用いると $\gcd(a_n+n+1, a_{n+1}+n) > c(2n+1)$ である．いま $a_n+n+1 \neq a_{n+1}+n$ とすると，$\gcd(a_n+n+1, a_{n+1}+n) \leqq |a_{n+1}-a_n-1| \leqq c^{-2}+1$ であるから $c^{-2}+1 > c(2n+1)$ である．よって $c^{-2}+1 \leqq c(2n+1)$ なる正の整数 n に対しては $a_n+n+1 = a_{n+1}+n$ となる．つまり十分大きい正の整数 n に対して $a_{n+1} = a_n+1$ となるから，$n \geqq N$ ならば $a_n = n+d$ となる正の整数 N と整数 d が存在する．いま $a_m \neq m+d$ となる正の整数 m が存在したとする．n を N 以上の整数として与えられた式を用いると，$c(m+n) < \gcd(a_m+n, m+n+d) \leqq |a_m-m-d|$ となり n を十分大きくとることで矛盾する．したがって，任意の正の整数 m に対して $a_m = m+d$ となる．$a_1 \geqq 1$ より d は非負であるので，求める数列は非負整数 d を用いて $a_n = n+d$ と書けることが示された．

2.2　第31回 日本数学オリンピック 本選 (2021)

● 2021 年 2 月 11 日 [試験時間 4 時間，5 問]

1.　正の整数に対して定義され正の整数値をとる関数 f であって，正の整数 m, n に対する次の 2 つの命題が同値となるようなものをすべて求めよ．

- n は m を割りきる．
- $f(n)$ は $f(m)-n$ を割りきる．

2.　n を 2 以上の整数とする．縦 n マス横 2021 マスのマス目を使って太郎君と次郎君が次のようなゲームをする．まず，太郎君がそれぞれのマスを白または黒で塗る．その後，次郎君は 1 番上の行のマス 1 つに駒を置き，1 番下の行のマス 1 つをゴールとして指定する．そして，太郎君が以下の操作を $n-1$ 回繰り返す．

> 駒のあるマスが白く塗られているとき，駒を 1 つ下のマスに動かす．そうでないとき，駒を左右に隣(とな)りあうマスに動かした後 1 つ下のマスに動かす．

次郎君の行動にかかわらず，太郎君が必ず駒をゴールへ移動させることができるような n としてありうる最小の値を求めよ．

3.　鋭角三角形 ABC の辺 AB, AC 上にそれぞれ点 D, E があり，$\mathrm{BD}=\mathrm{CE}$ をみたしている．また，線分 DE 上に点 P が，三角形 ABC の外接円の A を含まない方の弧 BC 上に点 Q があり，$\mathrm{BP}:\mathrm{PC}=\mathrm{EQ}:\mathrm{QD}$ をみたし

ている．ただし，点 A, B, C, D, E, P, Q は相異(あい)なるものとする．このとき $\angle\mathrm{BPC} = \angle\mathrm{BAC} + \angle\mathrm{EQD}$ が成り立つことを示せ．

なお，XY で線分 XY の長さを表すものとする．

4. 2021 個の整数 $a_1, a_2, \cdots, a_{2021}$ が，任意の 1 以上 2016 以下の整数 n に対して

$$a_{n+5} + a_n > a_{n+2} + a_{n+3}$$

をみたしている．$a_1, a_2, \cdots, a_{2021}$ の最大値と最小値の差としてありうる最小の値を求めよ．

5. n を正の整数とする．次の条件をみたす 1 以上 $2n^2$ 以下の整数 k をすべて求めよ．

> $2n \times 2n$ のマス目がある．k 個の相異なるマスを選び，選んだマスを黒色に，その他のマスを白色に塗る．このとき，白色のマスと黒色のマスをともに含むような 2×2 のマス目の個数としてありうる最小の値は $2n - 1$ である．

解答

【1】　k を正の整数とすると，k は k を割りきるので，条件より $f(k)$ は $f(k)-k$ を割りきる．よって $f(k)$ は k を割りきる．

すべての正の整数 k に対して $f(k)=k$ が成り立つことを k に関する帰納法で示す．$k=1$ の場合は明らかに成り立つ．l を正の整数とし，$k \leqq l$ なる k で成り立つと仮定し，$k=l+1$ のときを示す．$f(l+1) \leqq l$ として矛盾を導く．$f(l+1)$ は $f(l+1)-(l+1)$ を割りきり，また，帰納法の仮定より $f(f(l+1))=f(l+1)$ となるので，$f(l+1)$ は $f(f(l+1))-(l+1)$ を割りきる．一方，$l+1$ は $f(l+1)$ を割りきらないので，$n=l+1, m=f(l+1)$ のときの 2 つの命題の同値性に矛盾する．よって $f(l+1) \geqq l+1$ であり，$f(l+1)$ は $l+1$ の約数なので $f(l+1)=l+1$ が従う．以上より，すべての正の整数 k に対して $f(k)=k$ であることがわかる．

逆に $f(n)=n$ がすべての正の整数 n について成り立っているとき条件をみたすので，これが解である．

【2】　答は $n=2022$ である．

まず，$n \geqq 2022$ であることを示す．(i,j) で上から i 行目，左から j 列目にあるマスを表すことにする．(i,j) にある駒が 1 回の操作で (i',j') に動かされるとき，$i'=i+1, |j'-j| \leqq 1$ となる．ゆえに，(a,b) にある駒を何回かの操作で (c,d) に移動させるには $a \leqq c$ かつ $|d-b| \leqq c-a$ となる必要がある．よって，次郎君が $(1,1)$ に駒を置き，$(n,2021)$ をゴールとして指定したときを考えると，$|2021-1| \leqq n-1$ より，$n \geqq 2021$ が成り立つ．

$n=2021$ のとき，次郎君が $(1,1)$ に駒を置き，$(2021,2021)$ をゴールとして指定したならば，$1 \leqq k \leqq 2020$ なる k について (k,k) から $(k+1,k+1)$ へと駒を動かす必要があるから，太郎君は (k,k) をすべて黒で塗っていなければならない．このとき，$1 \leqq k \leqq 2020$ なる k について $(1,1)$ から $(k+1,k)$ へ駒を移動

させられないことを帰納法によって示す．$k=1$ のときは $(1,1)$ が黒であるからよい．$k \geqq 2$ のとき，$(k+1,k)$ へは，$(k,k-1)$, (k,k), $(k,k+1)$ からしか動かせないことに注意する．ここで，$|(k+1)-1|>k-1$ より $(1,1)$ から $(k,k+1)$ へは移動させられない．また，帰納法の仮定より $(k,k-1)$ へも移動させられない．そして，いま (k,k) は黒で塗られているから，そこからも $(k+1,k)$ へは動かせない．よって帰納法より，$(1,1)$ から $(2021,2020)$ へ駒を移動させられず，$n \geqq 2022$ がわかる．

逆に $n=2022$ のとき可能なことを示す．まず，太郎君は $i \geqq 4$ をみたす (i,j) をすべて黒く塗る．このとき，3 以上 2019 以下の奇数 a と 1 以上 2021 以下の奇数 b について，$(4,a)$ から $(2022,b)$ へ駒を移動させることが可能であり，同様に，2 以上 2020 以下の偶数 a,b について，$(4,a)$ から $(2022,b)$ へ駒を移動させることが可能である．

次に，$1 \leqq i \leqq 3$ をみたす (i,j) については，$0 \leqq k \leqq 336$ なる k に対して，$(1,3k+1)$, $(1,2021-3k)$, $(1,3k+3)$, $(1,2019-3k)$, $(2,3k+2)$, $(2,2020-3k)$, $(3,3k+1)$, $(3,2021-3k)$ と表せるマスを黒く塗り，それ以外を白く塗る．ただし，$k=336$ について $(1,3k+3)$ と $(1,2019-3k)$ は同じマスである．このとき太郎君が必ず駒をゴールに移動させられることを示す．マス目の塗り方は左右対称だから，$1 \leqq a \leqq 1011$ なる a について $(1,a)$ から 2022 行目の任意のマスに駒を移動させられることを示せばよい．$0 \leqq k \leqq 336$ なる k について，$(1,3k+1)$, $(1,3k+2)$, $(1,3k+3)$ のいずれからも $(2,3k+2)$ へと駒を動かせ，それぞれ $(3,3k+1)$, $(3,3k+3)$ を経由して $(4,3k+2)$, $(4,3k+3)$ のどちらへも移動させられる．よって，先の事実とあわせれば，$(1,a)$ から 2022 行目の任意のマスに駒を移動させられることがわかる．以上より，$n=2022$ のとき可能なことが示された．

【3】　直線 QD, QE と三角形 ABC の外接円の交点のうち，Q でない方をそれぞれ F, G とする．さらに，直線 BG と CF の交点を R とする．このとき，同一円周上にある 6 点 A, B, G, Q, F, C についてパスカルの定理を用いることで，D, E, R が同一直線上にあることがわかる．先の 6 点は A, F, B, Q, C, G の順に同一円周上にあるので，特に R は線分 DE 上にある．ここで P = R を示す．

まず $\mathrm{BP}:\mathrm{PC}=\mathrm{BR}:\mathrm{RC}$ であることを示す．三角形 BRC に正弦定理を用いることで

$$\mathrm{BR}:\mathrm{RC}=\sin\angle\mathrm{RCB}:\sin\angle\mathrm{CBR}=\sin\angle\mathrm{DQB}:\sin\angle\mathrm{CQE}$$

を得る．一方で，三角形 DQB と三角形 CQE に正弦定理を用いることで

$$\mathrm{BP}:\mathrm{PC}=\mathrm{QE}:\mathrm{QD}=\mathrm{CE}\cdot\frac{\sin\angle\mathrm{ECQ}}{\sin\angle\mathrm{CQE}}:\mathrm{BD}\cdot\frac{\sin\angle\mathrm{QBD}}{\sin\angle\mathrm{DQB}}$$

を得る．$\angle\mathrm{ECQ}+\angle\mathrm{QBD}=180^\circ$ および $\mathrm{BD}=\mathrm{CE}$ より

$$\mathrm{BP}:\mathrm{PC}=\sin\angle\mathrm{DQB}:\sin\angle\mathrm{CQE}=\mathrm{BR}:\mathrm{RC}$$

となるので示された．

ここで，P と R が異なる点であると仮定して矛盾を導く．D, P, R, E がこの順に並んでいるとき

$$\angle\mathrm{CBR}<\angle\mathrm{CBP}<\angle\mathrm{CBA}<90^\circ,$$

$$\angle\mathrm{PCB}<\angle\mathrm{RCB}<\angle\mathrm{ACB}<90^\circ$$

となるので $\sin\angle\mathrm{CBR}<\sin\angle\mathrm{CBP}$, $\sin\angle\mathrm{PCB}<\sin\angle\mathrm{RCB}$ である．よって，正弦定理より

$$\frac{\mathrm{PC}}{\mathrm{BP}}=\frac{\sin\angle\mathrm{CBP}}{\sin\angle\mathrm{PCB}}>\frac{\sin\angle\mathrm{CBR}}{\sin\angle\mathrm{RCB}}=\frac{\mathrm{RC}}{\mathrm{BR}}$$

となり $\mathrm{BP}:\mathrm{PC}=\mathrm{BR}:\mathrm{RC}$ に矛盾する．同様にして，D, R, P, E がこの順に並んでいる場合も矛盾する．よって，背理法により $\mathrm{P}=\mathrm{R}$ が示された．

以上より

$$\angle\mathrm{BPC}=\angle\mathrm{BRC}=180^\circ-\angle\mathrm{RCB}-\angle\mathrm{CBR}=180^\circ-\angle\mathrm{DQB}-\angle\mathrm{CQE}$$

となり，これと

$$\angle\mathrm{DQB}+\angle\mathrm{CQE}=\angle\mathrm{CQB}-\angle\mathrm{EQD}=180^\circ-\angle\mathrm{BAC}-\angle\mathrm{EQD}$$

から $\angle\mathrm{BPC}=\angle\mathrm{BAC}+\angle\mathrm{EQD}$ である．よって示された．

【4】 85008 がありうる最小の値である．

まず，最大値と最小値の差が 85008 以上であることを示す．$a_1, a_2, \cdots, a_{2021}$ を条件をみたす 2021 個の整数とする．n を 1 以上 2016 以下の整数とすると，条件から $a_{n+5} - a_{n+3} > a_{n+2} - a_n$ となり，両辺が整数なので

$$a_{n+5} - a_{n+3} \geqq a_{n+2} - a_n + 1$$

が成り立つ．m を 1 以上 1006 以下の整数として，506 個の整数 $n = m, m+2, \ldots, m+1010$ に対してこの式を辺々足し合わせることで，$a_{m+1015} - a_{m+3} \geqq a_{m+1012} - a_m + 506$ がわかり，変形して

$$a_{m+1015} - a_{m+1012} \geqq a_{m+3} - a_m + 506$$

を得る．さらに，336 個の整数 $m = 1, 4, \cdots, 1006$ に対してこの式を辺々足し合わせることで $a_{2021} - a_{1013} \geqq a_{1009} - a_1 + 170016$ がわかり，変形して $(a_{2021} - a_{1013}) + (a_1 - a_{1009}) \geqq 170016$ を得る．よって，$a_{2021} - a_{1013}$ と $a_1 - a_{1009}$ のうち少なくとも一方は $\dfrac{170016}{2} = 85008$ 以上であり，特に最大値と最小値の差は 85008 以上である．

次に，条件をみたし最大値と最小値の差が 85008 となるような 2021 個の整数 $a_1, a_2, \cdots, a_{2021}$ が存在することを示す．1 以上 2021 以下の整数 n を 336 以下の非負整数 q と 5 以下の非負整数 r を用いて $n = 6q + r$ と表し，整数 a_n を

$$\begin{cases} 3(q-168)(q-169)+1 & (r=0), \\ (q-168)(3q+r-507) & (1 \leqq r \leqq 5) \end{cases}$$

と定める．n が 2020 以下のとき $a_{n+1} - a_n$ は

$$(q-168)(3q+1-507) - (3(q-168)(q-169)+1) = q - 169 \quad (r=0),$$

$$(q-168)(3q+(r+1)-507) - (q-168)(3q+r-507) = q - 168$$

$$(1 \leqq r \leqq 4),$$

$$3((q+1)-168)((q+1)-169) + 1 - (q-168)(3q+5-507) = q - 167$$

$$(r=5)$$

であるから

$$a_1 \geqq a_2 \geqq \cdots \geqq a_{1010} \geqq a_{1011} \leqq a_{1012} \leqq \cdots \leqq a_{2020} \leqq a_{2021}$$

を得る．よって $a_1, a_2, \cdots, a_{2021}$ の最小値は $a_{1011} = 0$ で最大値は $a_1 = a_{2021} = 85008$ であり，その差は 85008 である．また，この 2021 個の整数 $a_1, a_2, \cdots, a_{2021}$ は条件をみたす．実際，n が 2019 以下のとき $a_{n+2} - a_n = (a_{n+2} - a_{n+1}) + (a_{n+1} - a_n)$ は

$$\begin{cases} 2q - 337 & (r = 0), \\ 2q - 336 & (1 \leqq r \leqq 3), \\ 2q - 335 & (4 \leqq r \leqq 5) \end{cases}$$

であり，さらに n が 2016 以下であれば $(a_{n+5}+a_n)-(a_{n+2}+a_{n+3}) = (a_{(n+3)+2} - a_{n+3}) - (a_{n+2} - a_n)$ は

$$\begin{cases} (2q-336)-(2q-337) = 1 & (r = 0), \\ (2q-335)-(2q-336) = 1 & (r = 1, 2), \\ (2(q+1)-337)-(2q-336) = 1 & (r = 3), \\ (2(q+1)-336)-(2q-335) = 1 & (r = 4, 5) \end{cases}$$

というように正の値となり，条件をみたしている．

以上より答は 85008 である．

【5】　上から i 行目，左から j 列目にあるマスを (i, j) と表し，(i, j), $(i+1, j)$, $(i, j+1)$, $(i+1, j+1)$ からなる 2×2 のマス目を $[i, j]$ と表すことにする．また，あるマスの集合が白色のマスと黒色のマスをともに含むとき，そのマスの集合が**混色**であるとよぶことにする．

まず $1 \leqq k \leqq n^2$ の場合を考える．$k = an + b$ となるような 0 以上 $n-1$ 以下の整数 a と 1 以上 n 以下の整数 b をとる．$1 \leqq i \leqq a$ かつ $1 \leqq j \leqq n$，もしくは $i = a+1$ かつ $1 \leqq j \leqq b$ であるようなマス (i, j) を黒色で塗り，その他のマスを白色で塗る．このとき，$[i, j]$ が混色となるのは $1 \leqq i \leqq a$ かつ $j = n$，も

しくは $i=a$ かつ $b \leqq j < n$，もしくは $i=a+1$ かつ $1 \leqq j \leqq b$ となるときなので，混色である 2×2 のマス目は $a=0$ のとき b 個，$a \geqq 1$ のとき $n+a$ 個存在する．よって，$k \leqq n^2-n$ のときは条件をみたさず，$n^2-n+1 \leqq k \leqq n^2$ のときは混色である 2×2 のマス目の個数を $2n-1$ にすることができる．

次に $n^2-n+1 \leqq k \leqq 2n^2$ の場合を考える．このとき，混色である 2×2 のマス目が必ず $2n-1$ 個以上存在することを示す．まず，どの行も混色である場合を考える．このとき，任意の $1 \leqq i < 2n$ について，(i,j) と $(i,j+1)$ の色が異なるような $1 \leqq j < 2n$ が存在し，この j について $[i,j]$ は混色となる．よって，混色である 2×2 のマス目は $2n-1$ 個以上存在することが示された．同様にして，どの列も混色である場合も示せる．よって，ある行とある列があって，その行またはその列に含まれるマスの色がすべて同じ場合に示せば十分である．ここで，次の補題を示す．

補題　R, C を 1 以上の整数とする．$R \times C$ のマス目の各マスが白と黒のいずれか一方の色で塗られている．1 番上の行にあるマスと 1 番左の列にあるマスの色がすべて同じで，さらにその色と異なる色のマスが m 個あるとき，混色である 2×2 のマス目の個数は $2\sqrt{m}-1$ 以上である．

補題の証明　$m=0$ の場合は明らかなので，$m \geqq 1$ としてよい．混色である行の個数を a，混色である列の個数を b とするとき，混色である 2×2 のマス目が $a+b-1$ 個以上あることを示す．1 番左上のマスと異なる色のマスが属する行および列は必ず混色であるから，$ab \geqq m$ が成り立つ．相加・相乗平均の不等式から $a+b \geqq 2\sqrt{ab} \geqq 2\sqrt{m}$ なので，これが示せれば十分である．

ここで，混色である 2×2 のマス目を頂点とし，次のように辺を張ったグラフ G を考える．（以下で用いるグラフ理論の用語については本解答末尾を参照のこと．）

> 各整数 $1 < i < R$ について，上から i 行目が混色であるならば，(i,j) と $(i,j+1)$ の色が異なるような $1 \leqq j < C$ を 1 つとり，$[i-1,j]$ と $[i,j]$ の間に辺を張る．同様に，各整数 $1 < j < C$ について，左から j 列目が混色であるならば，(i,j) と $(i+1,j)$ の色が異なるような $1 \leqq i < R$ を 1 つとり，$[i,j-1]$ と $[i,j]$ の間に辺を張る．

このとき，G はサイクルを含まないことを示す．G の辺を1つ任意にとる．一般性を失わずに，$1 < i < R$ と $1 \leqq j < C$ を用いて，この辺が $[i-1, j]$ と $[i, j]$ を結んでいるとしてよい．このとき，G の辺の張り方より，この辺以外に，上から1行目から i 行目までに含まれる 2×2 のマス目と上から i 行目から R 行目までに含まれる 2×2 のマス目を結ぶような辺は存在しないから，G はサイクルを含まない．

いま $m \geqq 1$ より G は1つ以上の頂点をもつ．G がサイクルをもたないことより G の各連結成分は木であり，その頂点数はその辺数よりもちょうど1多い．したがって，G の頂点数を V，辺数を E，連結成分数を C とすると，$V = E + C$ となる．辺の張り方より $E \geqq (a-1) + (b-1)$ であり，$C \geqq 1$ とあわせて $V \geqq a + b - 1$ を得る．よって示された．　(補題の証明終り)

1以上 $2n$ 以下の整数 i, j を，上から i 行目にあるマスと左から j 列目にあるマスの色がすべて同じであるようにとる．その色とは異なる色のマスであって，

- 上から1行目から i 行目まで，かつ左から1列目から j 列目までにあるマスの個数を a
- 上から1行目から i 行目まで，かつ左から j 列目から $2n$ 列目までにあるマスの個数を b
- 上から i 行目から $2n$ 行目まで，かつ左から1列目から j 列目までにあるマスの個数を c
- 上から i 行目から $2n$ 行目まで，かつ左から j 列目から $2n$ 列目までにあるマスの個数を d

とする．$f(m)$ を0と $2\sqrt{m} - 1$ のうち大きい方とすると，混色である 2×2 のマス目の個数は補題より $f(a) + f(b) + f(c) + f(d)$ 以上である．$m \geqq 1$ に対して $g(m) = \dfrac{f(m)}{m}$ とおき，さらに $g(0) = g(1) = 1$ とおく．このとき，f は広義単調増加であり，$f(m) = mg(m)$ が任意の $m \geqq 0$ で成り立っている．また，任意の $1 \leqq l \leqq m$ に対して

$$\begin{aligned}
g(m)-g(l) &= \frac{2\sqrt{m}-1}{m}-\frac{2\sqrt{l}-1}{l}\\
&=\left(\frac{2}{\sqrt{m}}-\frac{2}{\sqrt{l}}\right)-\left(\frac{1}{m}-\frac{1}{l}\right)\\
&=\left(\frac{2}{\sqrt{m}}-\frac{2}{\sqrt{l}}\right)\left(1-\left(\frac{1}{2\sqrt{m}}+\frac{1}{2\sqrt{l}}\right)\right)\\
&\leqq 0
\end{aligned}$$

なので，$g(0)=g(1)$ とあわせて g は広義単調減少である．$a+b+c+d$ は k もしくは $4n^2-k$ であるから，$n^2-n+1 \leqq k \leqq 2n^2$ より $a+b+c+d \geqq k \geqq n^2-n+1$ なので，

$$\begin{aligned}
&f(a)+f(b)+f(c)+f(d)\\
&=ag(a)+bg(b)+cg(c)+dg(d)\\
&\geqq ag(a+b+c+d)+bg(a+b+c+d)+cg(a+b+c+d)+dg(a+b+c+d)\\
&=(a+b+c+d)g(a+b+c+d)\\
&=f(a+b+c+d)\\
&\geqq f(n^2-n+1)\\
&>2n-2
\end{aligned}$$

となる．よって混色である 2×2 のマス目が少なくとも $2n-1$ 個存在することが示された．特に，$n^2-n+1 \leqq k \leqq n^2$ なる整数 k が条件をみたすことが示された．

最後に $n^2+1 \leqq k \leqq 2n^2$ の場合を考える．混色である 2×2 のマス目の個数が $2n-1$ になるとき，k は $2n$ の倍数であることを示す．$n=1$ の場合は明らかであるので，$n \geqq 2$ とする．

まず，ある行とある列があって，その行またはその列に含まれるマスの色がすべて同じであるとすると，先の議論から混色である 2×2 のマス目の個数が $f(k)$ 以上となるので，$f(k)>2n-1$ より不適である．よって，すべての行が混

色であるとして一般性を失わない．このとき，任意の $1 \leqq i < 2n$ について $[i, j]$ が混色となる $1 \leqq j < 2n$ はちょうど 1 つである．よって，任意の $1 \leqq i \leqq 2n$ について (i, j) と $(i, j+1)$ の色が異なるような $1 \leqq j < 2n$ はちょうど 1 つであり，その j の値は i によらず等しいことがわかる．その値を再び j とおく．ここで，$1 \leqq i < 2n$ について，$(i, 1)$ と $(i+1, 1)$ の色が異なるとすると，$(i, 2n)$ と $(i+1, 2n)$ の色も異なるため，$[i, 1]$ と $[i, 2n-1]$ がともに混色となり，$n \geqq 2$ より矛盾する．よって，任意の $1 \leqq i < 2n$ について $(i, 1)$ と $(i+1, 1)$ の色は同じなので，$(1, 1)$ と同じ色のマスが $2jn$ 個，$(1, 2n)$ と同じ色のマスが $2n(2n-j)$ となり，特に k は $2n$ の倍数である．

ここで k が $2n$ の倍数のとき，$a = \dfrac{k}{2n}$ とすると，左から 1 列目から a 列目にあるマスを黒色で塗り，その他のマスを白色で塗れば，混色である 2×2 のマス目の個数は $2n-1$ となる．よって $n^2+1 \leqq k \leqq 2n^2$ の場合は，k が $2n$ の倍数のとき，およびそのときに限って条件をみたすことが示された．

以上より，求める k は $n^2-n+1 \leqq k \leqq n^2$ なる整数 k および $n^2+1 \leqq k \leqq 2n^2$ なる $2n$ の倍数 k である．

参考　以下，解答で用いたグラフ理論の用語を解説する．

- **パス**とは，相異なる頂点の組 $(v_1, v_2, \cdots, v_n)$ であって，$1 \leqq i \leqq n-1$ に対して，v_i と v_{i+1} が辺で結ばれているものをいう．このとき，v_1 を**始点**といい，v_n を**終点**という．

- **サイクル**とは，3 個以上の頂点からなるパスであって，その始点と終点が辺で結ばれているものをいう．

- **連結成分**とは，頂点の集合であって，ある頂点 v を用いて，v を始点とするパスの終点となりうる頂点全体として表されるものである．

- **木**とは，サイクルをもたず，連結成分が 1 つであるグラフのことをいう．木の頂点の数は辺の数よりちょうど 1 大きいことが知られている．

2.3　第32回 日本数学オリンピック 本選 (2022)

● 2022 年 2 月 11 日 [試験時間 4 時間，5 問]

1.　横一列に並んだ 2022 個のマスを使って，A さんと B さんがゲームを行う．はじめ，左から奇数番目のマスには A さんの名前が，偶数番目のマスには B さんの名前が書かれており，A さんから始めて交互に以下の操作を行う．

> 自分の名前が書かれている 2 マスであって，隣接しておらず，間に挟まれたマスにはすべて相手の名前が書かれているものを選ぶ．選んだ 2 マスの間に挟まれたマスに書かれている相手の名前をすべて自分の名前に書き換える．

どちらかが操作を行えなくなったらゲームを終了する．次の条件をみたす最大の正の整数 m を求めよ．

> B さんの操作の仕方にかかわらず，A さんはゲームが終了したとき，A さんの名前が書かれているマスが m 個以上あるようにできる．

2.　正の整数に対して定義され正の整数値をとる関数 f であって，任意の正の整数 m, n に対して

$$f^{f(n)}(m) + mn = f(m)f(n)$$

が成り立つようなものをすべて求めよ．ただし，$f^k(n)$ で $\underbrace{f(f(\cdots f}_{k\text{ 個}}(n)\cdots))$

を表すものとする．

3.　AB $=$ AC なる二等辺三角形 ABC があり，その内部 (周上を含まない) の点 O を中心とし C を通る円 ω が辺 BC, AC (端点を除く) とそれぞれ D, E で交わっている．三角形 AEO の外接円 Γ と ω の交点のうち E でない方を F とする．このとき，三角形 BDF の外心は Γ 上にあることを示せ．ただし，XY で線分 XY の長さを表すものとする．

4.　$3^x - 8^y = 2xy + 1$ をみたす正の整数の組 (x, y) をすべて求めよ．

5.　以下の命題が成立するような正の整数 m としてありうる最小の値を求めよ．

> 円周上に 999 個のマスが並んでおり，任意のマス A および任意の m 以下の正の整数 k に対して次の少なくとも一方が成り立つように，それぞれのマスに 1 つずつ実数が書かれている．
>
> - A から時計回りに k 個進んだ先のマスに書かれた数と A に書かれた数の差が k である．
> - A から反時計回りに k 個進んだ先のマスに書かれた数と A に書かれた数の差が k である．
>
> このときあるマス S が存在し，S に書かれている実数を x とすると，次の少なくとも一方が成り立つ．
>
> - 任意の 999 未満の正の整数 k に対し，S から時計回りに k 個進んだ先のマスに書かれた数が $x + k$ である．
> - 任意の 999 未満の正の整数 k に対し，S から反時計回りに k 個進んだ先のマスに書かれた数が $x + k$ である．

解答

【1】 はじめ，書かれている名前が異なるような隣りあう 2 マスは 2021 組あり，1 回の操作でちょうど 2 組減る．また，そのような 2 マスが 3 組以上あれば必ず操作を行えるから，ゲームが終了したとき，そのような 2 マスはちょうど 1 組となる．したがって，操作の回数は 2 人合わせてちょうど 1010 回である．

A さんが操作を行うとき，書かれている名前が異なるような隣りあう 2 マスが 3 組以上ある．それらのうち，一番左にある組を (X, Y) とし，その次に左にある組を (Z, W) とする．X が Y より左にあり，Z が W より左にあるとすると，X と W には A さんの名前が書かれており，X と W の間に挟まれたマスにはすべて B さんの名前が書かれている．よって，マス X と W に対して操作を行うことで，A さんは 1 回の操作で左端から連続して自分の名前が書かれているマスの個数を 2 以上大きくすることができる．一方で，A さんの名前が書かれたマスが左端から連続しているとき，それらのマスは B さんの操作によって書き換えられることはないので，その個数は B さんの操作によって減ることはない．よって，A さんは 505 回の操作を行うから，$m = 1 + 2 \cdot 505 = 1011$ は条件をみたす．一方で，B さんについても同様に，右端から連続して自分の名前が書かれているマスの個数を最終的に 1011 以上にできるから，$m \leqq 2022 - 1011 = 1011$ である．以上より，1011 が答である．

【2】 ℓ を正の整数とする．与式にそれぞれ $(m, n) = (f(\ell), \ell), (\ell, f(\ell))$ を代入したものを比較することで，

$$f^{f(\ell)+1}(\ell) + \ell f(\ell) = f(\ell)f(f(\ell)) = f^{f(f(\ell))}(\ell) + \ell f(\ell),$$

すなわち $f^{f(\ell)+1}(\ell) = f^{f(f(\ell))}(\ell)$ を得る．

また，与式に $m = n$ を代入して $f(n)^2 = n^2 + f^{f(n)}(n) > n^2$ を得るので，$f(n) > n$ が従う．ゆえに，任意の正の整数 k に対して $f^{k+1}(n) = f(f^k(n)) > f^k(n)$ であるから，

$$f(n) < f^2(n) < f^3(n) < \cdots$$

となる．特に，正の整数 s, t が $f^s(n) = f^t(n)$ をみたすならば $s = t$ である．これと $f^{f(\ell)+1}(\ell) = f^{f(f(\ell))}(\ell)$ をあわせることで，$f(f(\ell)) = f(\ell) + 1$ を得る．

ここで，任意の正の整数 k, n に対して $f^k(n) = f(n) + k - 1$ であることを，k に関する帰納法で示す．$k = 1, 2$ の場合はよい．2 以上の正の整数 k_0 について，$k = k_0$ で成立すると仮定すると，$f^{k_0+1}(n) = f^{k_0}(f(n)) = f(f(n)) + k_0 - 1 = f(n) + k_0 = f(n) + (k_0 + 1) - 1$ であるから，$k = k_0 + 1$ においても成立する．以上より，任意の正の整数 k, n に対して $f^k(n) = f(n) + k - 1$ であることが示された．

特に $f^{f(n)}(n) = f(n) + f(n) - 1 = 2f(n) - 1$ であり，これと $f(n)^2 = n^2 + f^{f(n)}(n)$ をあわせて整理すると，$(f(n) - 1)^2 = n^2$ を得る．$f(n) - 1 \geqq 0$ より $f(n) - 1 = n$, つまり $f(n) = n + 1$ である．

逆に $f(n) = n + 1$ のとき，与式の左辺は $f^{f(n)}(m) + mn = m + f(n) + mn = mn + m + n + 1$ であり，右辺は $f(m)f(n) = (m+1)(n+1) = mn + m + n + 1$ であるから，これが解である．

【3】　相異(あい)なる 3 点 X, Y, Z に対して，直線 XY を X を中心に反時計周りに角度 θ だけ回転させたときに直線 XZ に一致するとき，この θ を ∡YXZ で表す．ただし，180° の差は無視して考える．

OE = OF より，円周角の定理から ∡FAO = ∡OAE = ∡OAC である．よって，

$$\begin{aligned}\measuredangle \mathrm{AOF} &= 180^\circ - \measuredangle \mathrm{FAO} - \measuredangle \mathrm{OFA} \\ &= 180^\circ - \measuredangle \mathrm{OAC} - \measuredangle \mathrm{OEC} \\ &= 180^\circ - \measuredangle \mathrm{OAC} - \measuredangle \mathrm{ACO} \\ &= \measuredangle \mathrm{COA}\end{aligned}$$

なので，三角形 AOF と AOC は合同である．したがって，AB = AC = AF であり，A は三角形 BFC の外心となるため，円周角の定理より ∡FAC = 2∡FBC となる．

ここで，直線 ED と Γ が再び交わる点を P とすると，円周角の定理より

$\measuredangle \mathrm{FPO} = \measuredangle \mathrm{OPE} = \measuredangle \mathrm{OPD}$ である．よって，

$$\begin{aligned}\measuredangle \mathrm{POF} &= 180^\circ - \measuredangle \mathrm{FPO} - \measuredangle \mathrm{OFP} \\ &= 180^\circ - \measuredangle \mathrm{OPD} - (180^\circ - \measuredangle \mathrm{PEO}) \\ &= 180^\circ - \measuredangle \mathrm{OPD} - (180^\circ - \measuredangle \mathrm{ODE}) \\ &= 180^\circ - \measuredangle \mathrm{OPD} - \measuredangle \mathrm{PDO} \\ &= \measuredangle \mathrm{DOP}\end{aligned}$$

なので，三角形 POF と POD が合同であり，$\mathrm{PD} = \mathrm{PF}$ が従う．

いま円周角の定理より $\measuredangle \mathrm{FPD} = \measuredangle \mathrm{FPE} = \measuredangle \mathrm{FAE} = \measuredangle \mathrm{FAC} = 2\measuredangle \mathrm{FBC} = 2\measuredangle \mathrm{FBD}$ となる．$\mathrm{PD} = \mathrm{PF}$ とあわせて円周角の定理の逆より，三角形 BDF の外心は P であり，Γ 上にある．

補題　角度の向きを考えない場合，$\mathrm{PD} = \mathrm{PF}$ と $\angle \mathrm{FPD} = 2\angle \mathrm{FBD}$ から P が三角形 BDF の外心であることを導くためには，B と P が直線 DF に関して同じ側にあることを示す必要がある．

別解　$a = \angle \mathrm{CBA} = \angle \mathrm{ACB}$ とおく．円周角の定理より $\angle \mathrm{EOD} = 2\angle \mathrm{ECD} = 2\angle \mathrm{ACB} = 2a$ である．ここで，$\angle \mathrm{ODC} = \angle \mathrm{OCD} < \angle \mathrm{ACB} = \angle \mathrm{ABC}$ であるので，直線 AB と OD は平行でない．この 2 直線の交点を G とすると，$\angle \mathrm{GAE} + \angle \mathrm{EOG} = (180^\circ - \angle \mathrm{CBA} - \angle \mathrm{ACB}) + \angle \mathrm{EOD} = (180^\circ - 2a) + 2a = 180^\circ$ であるので，円周角の定理の逆より G は Γ 上にある．

ここで，$\angle \mathrm{ODE} = 90^\circ - \dfrac{1}{2}\angle \mathrm{EOD} = 90^\circ - a$ である．よって，三角形 GBD の外心を P とすると，$\angle \mathrm{GDP} = 90^\circ - \dfrac{1}{2}\angle \mathrm{DPG} = 90^\circ - \angle \mathrm{DBA} = 90^\circ - a = \angle \mathrm{ODE}$ となるので，E, D, P は同一直線上にある．また，$\angle \mathrm{PGO} = \angle \mathrm{PGD} = \angle \mathrm{GDP} = \angle \mathrm{ODE} = \angle \mathrm{DEO} = \angle \mathrm{PEO}$ であるので，円周角の定理の逆より P は Γ 上にある．

直線 OP に関して D と対称な点を F' とする．$\mathrm{OD} = \mathrm{OF}'$ なので，F' は ω 上にある．さらに，$\mathrm{PB} = \mathrm{PD} = \mathrm{PF}'$ より，P は三角形 BDF' の外心である．ここで，$\angle \mathrm{OFP}' = \angle \mathrm{PDO}$, $\angle \mathrm{PEO} = \angle \mathrm{ODE}$ なので，$\angle \mathrm{OFP}' + \angle \mathrm{PEO} = \angle \mathrm{PDO} +$

$\angle \mathrm{ODE} = 180^\circ$ が成り立つ．よって，円周角の定理の逆より F' は Γ 上にある．これより，F' は Γ と ω の E でない交点なので F と一致する．したがって，三角形 BDF の外心は P であり，Γ 上にある．

【4】　素数 p および正の整数 n に対し，n が p^i で割りきれるような最大の非負整数 i を $\mathrm{ord}_p\, n$ で表す．

y の偶奇で場合分けをする．まず y が偶数であるとする．$3^x = 8^y + 2xy + 1 \equiv 1 \pmod 4$ であるので，x は偶数である．正の整数 z, w を用いて $x = 2z$, $y = 2w$ と書くと，$8zw + 1 = 3^{2z} - 8^{2w} = (3^z - 8^w)(3^z + 8^w) \geqq 3^z + 8^w$ を得る．$3^z - 8^w > 0$ より $z > w$ であるので，$8z^2 + 1 > 8zw + 1 > 3^z$ となる．$z \geqq 6$ ならば，二項定理より

$$3^z = (2+1)^z \geqq 2^{z-2} \cdot {}_z\mathrm{C}_2 + 2^{z-1}z + 2^z > 16 \cdot {}_z\mathrm{C}_2 + 32z + 1 > 8z^2 + 1$$

なので不適である．$z = 5$ でも $3^z > 8z^2 + 1$ となるので，$z = 1, 2, 3, 4$ が必要である．$9^4 \geqq 9^z > 64^w$ より，$w = 1, 2$ が必要であり，$3^z + 8^w \leqq 8zw + 1 \leqq 65$ より $w = 1$ が必要である．$z = 1, 2, 3, 4$ のうち $9^z = 8z + 65$ をみたすのは $z = 2$ のみであるので，$(z, w) = (2, 1)$，つまり $(x, y) = (4, 2)$ が解である．

次に y が奇数であるとする．$8^y + 1 = 3^x - 2xy$ より $\mathrm{ord}_3(8^y + 1) = \mathrm{ord}_3(3^x - 2xy)$ である．ここで，以下の補題を用いる．

補題　任意の正の奇数 y に対し $\mathrm{ord}_3(8^y + 1) = \mathrm{ord}_3\, y + 2$ が成り立つ．

補題の証明　y についての帰納法で証明する．$y = 1$ のとき，$\mathrm{ord}_3(8^y + 1) = \mathrm{ord}_3\, y + 2 = 2$ より成立する．3 以上の奇数 ℓ について $y < \ell$ で補題が成立すると仮定する．

まず ℓ が 3 の倍数でないとき，非負整数 k および 3 未満の正の整数 r を用いて $\ell = 3k + r$ と書ける．このとき，$8^\ell = 8^r \times 512^k \equiv (-1)^k 8^r \pmod{27}$ であり，r は 1 か 2 なので $8^r \not\equiv \pm 1 \pmod{27}$ から $8^\ell + 1 \not\equiv 0 \pmod{27}$ となる．一方で ℓ が奇数であることより $8^\ell + 1 \equiv 0 \pmod 9$ なので，$\mathrm{ord}_3(8^\ell + 1) = 2$ である．よって，ℓ が 3 の倍数でないとき成立する．

ℓ が 3 の倍数のとき，正の奇数 k を用いて $\ell = 3k$ と書ける．このとき，$8^\ell + 1 = (8^k + 1)(64^k - 8^k + 1)$ なので，$\mathrm{ord}_3(8^\ell + 1) = \mathrm{ord}_3(8^k + 1) + \mathrm{ord}_3(64^k - 8^k + 1)$ となる．$k < \ell$ であるので，帰納法の仮定より，$\mathrm{ord}_3(8^k + 1) = \mathrm{ord}_3\, k +$

2 である．$64^k - 8^k + 1 \equiv 3 \pmod 9$ より，$\mathrm{ord}_3(64^k - 8^k + 1) = 1$ であるから，$\mathrm{ord}_3(8^\ell + 1) = \mathrm{ord}_3 k + 3 = \mathrm{ord}_3 \ell + 2$ となる．よって，ℓ が 3 の倍数のときも成立する．(補題の証明終り)

$0 < 3^x - 2xy < 3^x$ より $\mathrm{ord}_3(3^x - 2xy) < x$ であることと補題とをあわせて $\mathrm{ord}_3 2xy = \mathrm{ord}_3(3^x - 2xy) = \mathrm{ord}_3 y + 2$ となり，$\mathrm{ord}_3 x = 2$ を得る．

したがって，x は 9 の倍数である．このとき，3 の倍数 v を用いて $x = 3v$ と書け，$6vy + 1 = 3^{3v} - 2^{3y} = (3^v - 2^y)(9^v + 3^v \cdot 2^y + 4^y) > 9^v$ を得る．$3^v - 2^y > 0$ より $2v > y$ であるので，$12v^2 + 1 > 6vy + 1 > 9^v$ となる．ここで $v \geqq 3$ なので，二項定理より

$$9^v = (8+1)^v \geqq 64 \cdot {}_v\mathrm{C}_2 + 8v + 1 > 12v^2 + 1$$

であるので不適である．よって，y が奇数の場合，解は存在しない．以上より，求める解は $(x, y) = (4, 2)$ である．

【5】　適当に 1 つマスを選び，$1 \leqq k \leqq 999$ について，そのマスから時計回りに k 個進んだマスをマス k とよぶこととし，マス k に書かれている数を a_k とする．まず，$m \leqq 250$ のときに反例があることを示す．特に $m = 250$ のときに示せばよい．

$$a_i = \begin{cases} i & (1 \leqq i \leqq 500) \\ 1000 - i & (501 \leqq i \leqq 999) \end{cases}$$

と定める．j を 250 以下の任意の正の整数とする．$1 \leqq i \leqq 250$ のときは，$1 \leqq i < i + j \leqq 500$ であるから $|a_{i+j} - a_i| = |(i+j) - i| = j$ が成り立つ．$251 \leqq i \leqq 500$ のときは $1 \leqq i - j < i \leqq 500$ であるから $|a_{i-j} - a_i| = |(i-j) - i| = j$ が成り立つ．$1 \leqq k \leqq 499$ に対して $a_{500+k} = a_{500-k}$ が成り立っていることに注意すると，$501 \leqq i \leqq 999$ のときは $1 \leqq i \leqq 499$ のときに帰着され，同様に成り立つことが分かる．よってこれは命題の仮定をみたしているが，結論が成り立たないので反例である．

次に，$m = 251$ のとき命題が成り立つことを示す．任意の隣りあう 2 つのマスに書かれた数の差が奇数であるとすると，$(a_1 - a_2) + (a_2 - a_3) + \cdots + (a_{998} - a_{999}) + (a_{999} - a_1)$ が奇数となるが，この値は 0 であるため矛盾する．よって書かれている数の差が奇数でないような隣りあう 2 マスが存在する．$a_{999} - a_1$

が奇数でないとしても一般性を失わない．このとき $|a_{999}-a_1| \neq 1$ であるから，$|a_2-a_1|$ および $|a_{998}-a_{999}|$ は 1 に等しくなければならない．これより，$|a_{999}-a_1|$ が奇数でないことと合わせて $|a_2-a_{999}|$ および $|a_{998}-a_1|$ はどちらも 2 でないから，$|a_3-a_1|$ および $|a_{997}-a_{999}|$ は 2 に等しくなければならない．同様に，$|a_{997}-a_1|$ および $|a_3-a_{999}|$ はどちらも 3 でないから，$|a_4-a_1|$ および $|a_{996}-a_{999}|$ は 3 に等しくなければならない．

$d=a_2-a_1$ とする．このとき，$d=\pm 1$ である．以下，帰納法を用いて，1 以上 500 以下の整数 i に対して，$a_i=a_1+d(i-1)$ となることを示す．まず，$|a_{999}-a_2| \neq 2$ より，$|a_4-a_2|=2$ であるから，$|a_2-a_1|=1, |a_4-a_1|=3$ とあわせて，$a_4-a_1=3d$ を得る．さらに，$|a_2-a_3|$ と $|a_4-a_3|$ のいずれかが 1 と等しいことと，$|a_3-a_1|=2$ から，$a_3-a_1=2d$ もわかる．以上より，i が 4 以下のときには $a_i=a_1+d(i-1)$ となる．k を 5 以上 500 以下の整数として，i が $k-1$ 以下のときに $a_i=a_1+d(i-1)$ が成り立つとする．k が奇数のとき，$k=2n-1$ となる正の整数 n をとると，$3 \leqq n \leqq 250$ となる．特に，$n+1 \leqq m$ である．マス k から反時計回りに $n+1$ マス進んだ先のマスはマス $n-2$, さらに反時計回りに $n+1$ マス進んだ先のマスはマス 996 である．したがって，$|a_k-a_{n-2}|$ と $|a_{996}-a_{n-2}|$ のいずれかは $n+1$ と等しいが，$|a_{996}-a_{n-2}|=|(a_{996}-a_{999})+(a_{999}-a_1)-(a_{n-1}-a_1)| \neq n+1$ であるから，$|a_k-a_{n-2}|=n+1$ である．同様にして，$|a_k-a_{n-1}|=n$ であるから，帰納法の仮定とあわせて $a_k=a_1+d(k-1)$ が得られる．k が偶数のときも同様に，$k=2n$ となる正の整数 n をとると，$3 \leqq n \leqq 250$ であり，$|a_k-a_{n-1}|=n+1, |a_k-a_n|=n$ がわかるから，帰納法の仮定とあわせて $a_k=a_1+d(k-1)$ が得られる．以上より，任意の 1 以上 500 以下の整数 i に対して，$a_i=a_1+d(i-1)$ である．

同様にして $d'=a_{998}-a_{999}$ とすると，任意の 1 以上 500 以下の整数 i に対して，$a_{1000-i}=a_{999}+d'(i-1)$ であることもわかる．ここで $d=d'$ とすると，$|a_{999}-a_{251}|=|250d+(a_1-a_{999})| \neq 251$, $|a_{502}-a_{251}|=|249d-2d'|=247 \neq 251$ より矛盾する．ゆえに $d=-d'$ であるから $a_1, a_2, \cdots, a_{999}$ は公差 d の等差数列となるが，d は ± 1 のいずれかであったから，命題が成り立つことが示された．

したがって，求める値は 251 である．

2.4　第33回 日本数学オリンピック 本選 (2023)

● 2023 年 2 月 11 日 [試験時間 4 時間，5 問]

1.　5×5 のマス目に，図のような 4 マスからなるタイル何枚かをマス目にそって置く．ここで，タイルは**重ねて置いてもよい**が，マス目からはみ出してはならない．どのマスについても，そのマスを覆うタイルが 0 枚以上 2 枚以下であるとき，少なくとも 1 枚のタイルで覆われているマスの個数としてありうる最大の値を求めよ．

ただし，タイルを回転したり裏返したりしてもよい．

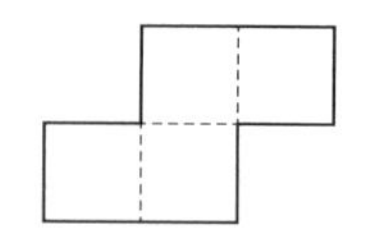

2.　鋭角三角形 ABC があり，辺 BC, CA, AB の中点をそれぞれ D, E, F とし，D から辺 AB, AC におろした垂線の足をそれぞれ X, Y とする．F を通り直線 XY に平行な直線と直線 DY が E と異なる点 P で交わっている．このとき，直線 AD と直線 EP は垂直に交わることを示せ．

3.　c を非負整数とする．正の整数からなる数列 $a_1, a_2, \cdots$ であって，任意の正の整数 n に対して次の条件をみたすものをすべて求めよ．

$a_i \leqq a_{n+1} + c$ をみたす正の整数 i がちょうど a_n 個存在する．

4. 正の整数 n であって，$\dfrac{\phi(n)^{d(n)}+1}{n}$ が整数であり，$\dfrac{n^{\phi(n)}-1}{d(n)^5}$ が整数でないようなものをすべて求めよ．ただし，n と互いに素な 1 以上 n 以下の整数の個数を $\phi(n)$ で表し，n の正の約数の個数を $d(n)$ で表す．

5. $S=\{1,2,\cdots,3000\}$ とおく．このとき，次の条件をみたす整数 X としてありうる最大の値を求めよ．

> 任意の S 上で定義され S に値をとる全単射な関数 f に対して，S 上で定義され S に値をとる全単射な関数 g をうまくとることで，
> $$\sum_{k=1}^{3000}\Big(\max\{f(f(k)),f(g(k)),g(f(k)),g(g(k))\}$$
> $$-\min\{f(f(k)),f(g(k)),g(f(k)),g(g(k))\}\Big)$$
> を X 以上にできる．

ただし，S 上で定義され S に値をとる関数 f が全単射であるとは，任意の S の要素 y について，$f(x)=y$ をみたす S の要素 x がちょうど 1 つ存在することを表す．また，正の整数 x_1, x_2, x_3, x_4 に対し，それらの最大値，最小値をそれぞれ $\max\{x_1,x_2,x_3,x_4\}$, $\min\{x_1,x_2,x_3,x_4\}$ で表す．

解答

【1】　まず，以下で与えられた 2 つの配置を重ねることで，どのマスについてもそのマスを覆うタイルが 0 枚以上 2 枚以下であり，かつ中央のマスを除く 24 個のマスが少なくとも 1 枚のタイルで覆われるようにできる．

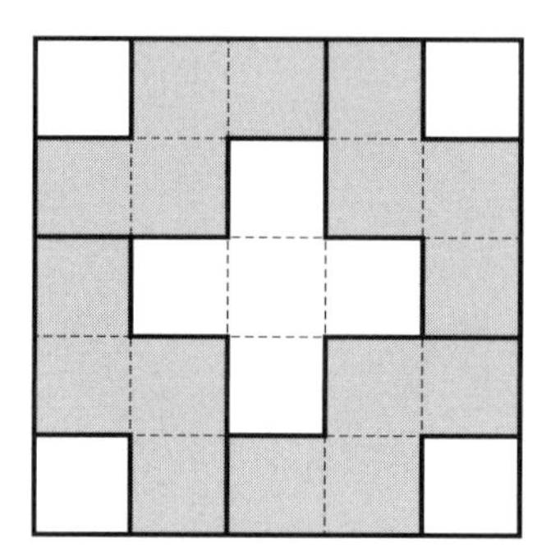
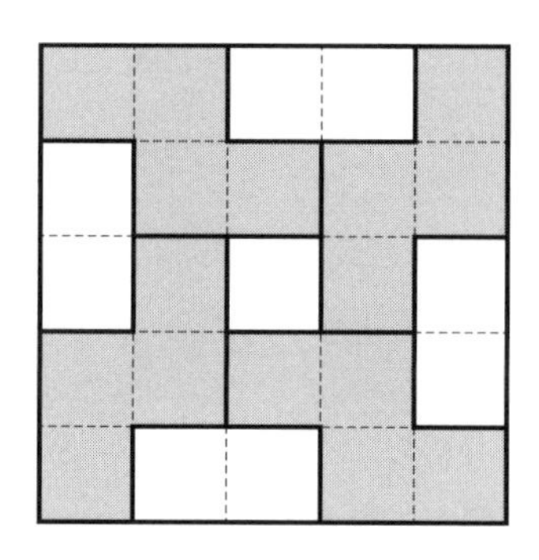

以下，少なくとも 1 枚のタイルで覆われるマスの個数は 24 以下であることを示す．次ページの図のようにいくつかのマスに文字 A, B を書き込むと，1 枚のタイルをどのように置いても，A, B それぞれが書き込まれたマスがちょうど 1 個ずつ覆われる．いま，A が書き込まれたマスは 4 個存在し，各マスについてそのマスを覆うタイルが 2 枚以下であることに注意すれば，全体で置けるタイルは高々 8 枚である．したがって，B が書き込まれたマス 9 個すべてを少なくとも 1 枚のタイルで覆うことはできないので，少なくとも 1 枚のタイルで覆われるマスの個数は $25-1=24$ 以下である．

B		B		B
	A		A	
B		B		B
	A		A	
B		B		B

以上より，求める値は 24 である．

【2】　$\angle \mathrm{AXD} = \angle \mathrm{AYD} = 90^\circ$ より A, D, X, Y は同一円周上にある．よって $\angle \mathrm{FAD} = \angle \mathrm{XAD} = \angle \mathrm{XYD} = \angle \mathrm{FPD}$ となるので，円周角の定理の逆より A, D, F, P は同一円周上にある．三角形 ABC において中点連結定理より直線 FD と AC は平行であるから，$\angle \mathrm{FDP} = 90^\circ$, よって $\angle \mathrm{FAP} = 90^\circ$ であり，直線 AB と AP は直交する．さらに，三角形 ABC において中点連結定理より直線 DE と AB は平行であるので，直線 DE と AP は直交する．直線 AE と DP が直交することとあわせれば，三角形 ADP の垂心が E であることがわかり，特に直線 AD と EP は直交することがわかる．

【3】　ある正の整数 n について $a_{n+1} \geqq a_{n+2}$ が成り立つとき，$a_i \leqq a_{n+2} + c$ なる正の整数 i は必ず $a_i \leqq a_{n+1} + c$ をみたすことから，$a_n \geqq a_{n+1}$ が従う．これより，ある正の整数 n について $a_n < a_{n+1}$ が成り立つとき，$a_{n+1} < a_{n+2}$ が従い，帰納的に $a_n < a_{n+1} < a_{n+2} < a_{n+3} < \cdots$ がわかる．

同様にして，ある正の整数 n について $a_n > a_{n+1}$ が成り立つとき，$a_n > a_{n+1} > a_{n+2} > \cdots$ となり，非負整数 d に対して $a_{n+d} \leqq a_n - d$ が従うが，このとき $a_{n+a_n} \leqq 0$ となるから矛盾である．

ここで，任意の正の整数 n について $a_n = a_{n+1}$ が成り立つと仮定すると，2 以上の整数 i はつねに $a_i = a_2 \leqq a_2 + c$ をみたすから，$a_i \leqq a_2 + c$ なる正の整数 i がちょうど a_1 個存在することに矛盾する．よって $a_k < a_{k+1}$ をみたす正の整数 k が存在し，上の議論より $a_1 \leqq a_2 \leqq \cdots \leqq a_k < a_{k+1} < a_{k+2} < \cdots$ が成り立つ．

k 以上の整数 n に対して，$n+c+1$ より大きい整数 i はつねに $a_i > a_{n+c+1} \geqq a_{n+1}+c$ をみたすから，$a_n \leqq n+c+1$ が成り立つ．これより，k 以上の整数 n に対して $b_n = a_n - n$ とおくと $b_n \leqq c+1$ であり，また $a_k < a_{k+1} < a_{k+2} < \cdots$ より $b_k \leqq b_{k+1} \leqq b_{k+2} \leqq \cdots$ が成り立つ．したがって，ある整数 d と k 以上の整数 M が存在し，$n \geqq M$ ならば $b_n = d$, すなわち $a_n = n+d$ が成り立つ．このとき，$a_1 \leqq a_2 \leqq \cdots \leqq a_{M+c+1} < a_{M+c+2} < \cdots$ より，正の整数 i に対して $a_i \leqq a_{M+1}+c = a_{M+c+1}$ は $i \leqq M+c+1$ と同値である．すなわち $a_M = M+c+1$ であり，これは $M+d$ にも等しいから，M 以上の整数 n に対して $a_n = n+c+1$ が成り立つ．

いま，2 以上の整数 N に対して，N 以上の整数 n がつねに $a_n = n+c+1$ をみたすとする．このとき，$a_1 \leqq a_2 \leqq \cdots \leqq a_{N+c} < a_{N+c+1} < \cdots$ より，正の整数 i に対して $a_i \leqq a_N + c = a_{N+c}$ は $i \leqq N+c$ と同値である．すなわち $a_{N-1} = N+c$ である．

よって，帰納的に任意の正の整数 n について $a_n = n+c+1$ が成り立つ．逆にこのとき，正の整数 i に対して $a_i \leqq a_{n+1}+c$ は $i \leqq a_n$ と同値であるから，これが解である．

【4】　m 個の実数 $x_1, x_2, \cdots, x_m$ の積を $\prod_{i=1}^{m} x_i$ で表す．また，正の整数 N に対し，N が 2^ℓ で割りきれるような最大の非負整数 ℓ を $\mathrm{ord}_2 N$ で表す．

$n=1$ は，$\dfrac{1^{\phi(1)}-1}{d(1)^5} = 0$ が整数なので不適である．以下，n が 2 以上の場合を考える．n が相異(あい)なる素数 $p_1, p_2, \cdots, p_k$ と正の整数 $e_1, e_2, \cdots, e_k$ を用いて $\prod_{i=1}^{k} p_i^{e_i}$ と素因数分解されたとき，$\phi(n) = \prod_{i=1}^{k} p_i^{e_i-1}(p_i-1)$ と表されることに注意する．

n が偶数のとき，$\dfrac{\phi(n)^{d(n)}+1}{n}$ が整数となるためには $\phi(n)$ が奇数となる必要がある．このような偶数は 2 のみであり，$n=2$ は $\dfrac{\phi(2)^{d(2)}+1}{2} = \dfrac{1^2+1}{2} = 1$, $\dfrac{2^{\phi(2)}-1}{d(2)^5} = \dfrac{2^1-1}{2^5} = \dfrac{1}{32}$ より条件をみたす．

以下，n が 3 以上の奇数の場合を考える．$\dfrac{\phi(n)^{d(n)}+1}{n}$ が整数となるためには n と $\phi(n)$ が互いに素である必要があるので，n は平方因子をもたないことがわかる．つまり，n は相異なる奇素数 $p_1, \cdots, p_k$ を用いて $\prod_{i=1}^{k} p_i$ と素因数分解でき，$d(n)=2^k$ である．

ここで，以下の補題を示す．

補題 3 以上の奇数 x と正の整数 y に対し，$\mathrm{ord}_2(x^y-1) \geqq \mathrm{ord}_2(x-1) + \mathrm{ord}_2 y$ が成立する．

補題の証明 y が非負整数 v と正の奇数 s を用いて $y = 2^v \cdot s$ と表されたとする．$x^y - 1 = (x^s - 1)\prod_{i=0}^{v-1}(x^{2^i \cdot s}+1)$ と書ける．ここで $x^s - 1 = (x-1)(x^{s-1} + \cdots + x + 1)$ なので，$\mathrm{ord}_2(x^s-1) \geqq \mathrm{ord}_2(x-1)$ である．また x が奇数であることから，各 i について $\mathrm{ord}_2(x^{2^i \cdot s}+1) \geqq 1$ なので，$\mathrm{ord}_2\left(\prod_{i=0}^{v-1}(x^{2^i \cdot s}+1)\right) \geqq v$ である．以上より $\mathrm{ord}_2(x^y-1) \geqq \mathrm{ord}_2(x-1)+\mathrm{ord}_2 y$ が示された．（補題の証明終り）

$\dfrac{n^{\phi(n)}-1}{d(n)^5} = \dfrac{n^{\phi(n)}-1}{2^{5k}}$ であり，これが整数でないことは $\mathrm{ord}_2(n^{\phi(n)}-1) < 5k$ が成り立つことと同値である．ここで補題より $\mathrm{ord}_2(n^{\phi(n)}-1) \geqq \mathrm{ord}_2(n-1) + \mathrm{ord}_2(\phi(n))$ となる．$\dfrac{\phi(n)^{d(n)}+1}{n}$ が整数であることから，各 p_i に対し $\phi(n)^{2^k} \equiv -1 \pmod{p_i}$ が成立する．このとき，$\phi(n)^{2^{k+1}} \equiv 1 \pmod{p_i}$ となる．ここで $\phi(n)^t \equiv 1 \pmod{p_i}$ となる最小の正の整数 t を t_i とおく．正の整数 ℓ が $\phi(n)^\ell \equiv 1 \pmod{p_i}$ をみたすとき，ℓ を t_i で割った余りを r とすると，$\phi(n)^\ell \equiv \phi(n)^r \equiv 1 \pmod{p_i}$ となり，t_i の最小性から $r=0$ が従うので，ℓ が t_i の倍数になる．いま，$\phi(n)^{2^{k+1}} \equiv 1 \pmod{p_i}$ なので，t_i は 2^{k+1} を割りきる．しかし $\phi(n)^{2^k} \equiv -1 \not\equiv 1 \pmod{p_i}$ なので，t_i は 2^k を割りきらない．よって $t_i = 2^{k+1}$ が成立する．またフェルマーの小定理より $\phi(n)^{p_i-1} \equiv 1 \pmod{p_i}$ なので，$p_i - 1$ は 2^{k+1} の倍数である．以上より $\mathrm{ord}_2(\phi(n)) = \sum_{i=1}^{k}\mathrm{ord}_2(p_i-1) \geqq k(k+1)$ が成立

する．また，$n-1=\prod_{i=1}^{k}p_i-1\equiv\prod_{i=1}^{k}1-1\equiv 0\pmod{2^{k+1}}$ より，$\mathrm{ord}_2(n-1)\geqq k+1$ である．以上より，$5k>\mathrm{ord}_2(n^{\phi(n)}-1)\geqq\mathrm{ord}_2(n-1)+\mathrm{ord}_2(\phi(n))\geqq(k+1)+k(k+1)=(k+1)^2$ である．したがって $k=1,2$ となる．

$k=1$ のとき，$\phi(n)=n-1, d(n)=2$ となり，$\dfrac{\phi(n)^{d(n)}+1}{n}=\dfrac{(n-1)^2+1}{n}=n-2+\dfrac{2}{n}$ が整数にならず不適である．$k=2$ のとき，$3+2\cdot 3\leqq\mathrm{ord}_2(n-1)+\mathrm{ord}_2(\phi(n))<5\cdot 2$ が成立するためには，$\mathrm{ord}_2(n-1)=3$, $\mathrm{ord}_2(\phi(n))=6$ がともに成立する必要がある．$\phi(n)=(p_1-1)(p_2-1)$ であり，p_1-1 と p_2-1 はともに 2^{2+1} の倍数であるから，$\mathrm{ord}_2(p_1-1)=\mathrm{ord}_2(p_2-1)=3$ となる．よって $p_1\equiv p_2\equiv 9\pmod{16}$ が従う．すると $n-1=p_1p_2-1\equiv 0\pmod{16}$ となり，$\mathrm{ord}_2(n-1)=3$ に矛盾する．よって条件をみたす 3 以上の奇数 n は存在しないことがわかる．

以上より答は $n=2$ である．

【5】　S 上に定義され S 上に値をとる全単射な関数を S 上の全単射と呼ぶことにする．また，S 上の全単射の合成は S 上の全単射になることに注意する．

さらに，$\sum_{k=1}^{3000}\max\{f(f(k)),\ f(g(k)),\ g(f(k)),\ g(g(k))\}$, $\sum_{k=1}^{3000}\min\{f(f(k)),f(g(k)),g(f(k)),g(g(k))\}$ をそれぞれ $X_{\max}(f,g)$, $X_{\min}(f,g)$ とし，$X(f,g)=X_{\max}(f,g)-X_{\min}(f,g)$ とする．

まず，求める X は 6000000 以下であることを示す．任意の $x\in S$ について $f(x)=x$ となる S 上の全単射 f を考える．このとき，$f\circ g=g\circ f$ であり，3 つの関数 $f\circ f$, $g\circ f$, $g\circ g$ は全単射であるから，任意の $a\in S$ について $\max\{f(f(x)),f(g(x)),g(f(x)),g(g(x))\}=a$ となる x は高々 3 つである．したがって，

$$X_{\max}(f,g)\leqq 3\times 3000+3\times 2999+\cdots+3\times 2001=\sum_{k=2001}^{3000}3k$$

$$X_{\min}(f,g)\geqq 3\times 1+3\times 2+\cdots+3\times 1000=\sum_{k=1}^{1000}3k$$

であるから，

$$X(f,g) \leqq \sum_{k=2001}^{3000} 3k - \sum_{k=1}^{1000} 3k = 6000000$$

となる．したがって，求める X は 6000000 以下である．

以下，$X = 6000000$ が条件をみたすことを示す．

$$S_1 = \{1, 2, \cdots, 1000\}, \qquad S_2 = \{1001, 1002, \cdots, 2000\}$$

$$S_3 = \{2001, 2002, \cdots, 3000\}$$

とする．また，$a, b \in \{1, 2, 3\}$ に対して，$S_{ab} = \{x \in S_a \mid f(x) \in S_b\}$ とし，S_{ab} に含まれる要素の個数を n_{ab} とする．このとき，任意の $x \in S$ について $x \in S_{ab}$ となる $a, b \in \{1, 2, 3\}$ の組がちょうど 1 つあるから，その S_{ab} を x の属する**ブロック**と呼ぶことにする．

補題　任意の S 上の全単射 f について，以下の条件をすべてみたすように，3 つの数で構成されるグループを 1000 個作ることができる．

- すべての S の要素はちょうど 1 つのグループに属する．
- 同じグループの 3 つの数を小さい方から a_1, a_2, a_3 としたとき，$a_1 \in S_1$, $a_2 \in S_2$, $a_3 \in S_3$ であり，$f(a_1)$, $f(a_2)$, $f(a_3)$ には，S_1, S_2, S_3 に属するものがそれぞれ 1 つずつある．

補題の証明　2 つ目の条件をみたすグループについて，そのグループの 3 つの数が属するブロックの組み合わせは，$\{S_{11}, S_{22}, S_{33}\}$, $\{S_{11}, S_{23}, S_{32}\}$, $\{S_{12}, S_{23}, S_{31}\}$, $\{S_{12}, S_{21}, S_{33}\}$, $\{S_{13}, S_{21}, S_{32}\}$, $\{S_{13}, S_{22}, S_{31}\}$ のいずれかである．それぞれの組み合わせに対応するグループの個数を A_1, B_1, A_2, B_2, A_3, B_3 とすることを考えると，

$$\begin{aligned} &A_1 + B_1 = n_{11}, \qquad A_2 + B_2 = n_{12}, \qquad A_3 + B_3 = n_{13}, \\ &A_3 + B_2 = n_{21}, \qquad A_1 + B_3 = n_{22}, \qquad A_2 + B_1 = n_{23}, \qquad (*) \\ &A_2 + B_3 = n_{31}, \qquad A_3 + B_1 = n_{32}, \qquad A_1 + B_2 = n_{33} \end{aligned}$$

をすべてみたすような非負整数の組 $(A_1, B_1, A_2, B_2, A_3, B_3)$ が存在すれば良いとわかる．以下，これを示す．

対称性より，9 つの整数 n_{ab} $(1 \leqq a, b \leqq 3)$ のうち n_{11} が最小の場合のみ考えれば良い．$(A_1, B_1, A_2, B_2, A_3, B_3) = (n_{11}, 0, n_{23}, n_{33} - n_{11}, n_{32}, n_{22} - n_{11})$ とすると，n_{11} の最小性よりこれは非負整数の組であり，$(*)$ の 1, 5, 6, 8, 9 番目の式をみたす．さらに，任意の $a \in \{1, 2, 3\}$ について，

$$\sum_{k=1}^{3} n_{ak} = |S_a| = 1000,$$

$$\sum_{k=1}^{3} n_{ka} = |\{x \in S \mid f(x) \in S_a\}| = 1000$$

であるから，

$$\begin{aligned} 2(A_1+B_1 + A_2 + B_2 + A_3 + B_3) &= 2(n_{22} + n_{23} + n_{32} + n_{33} - n_{11}) \\ &= \sum_{k=1}^{3} n_{2k} + \sum_{k=1}^{3} n_{3k} + \sum_{k=1}^{3} n_{k2} + \sum_{k=1}^{3} n_{k3} - \sum_{k=1}^{3} n_{1k} - \sum_{k=1}^{3} n_{k1} \\ &= 1000 \end{aligned}$$

となる．これより，$(*)$ の 2, 5, 8 番目の式の両辺を足し合わせるとともに 1000 になるため，5, 8 番目の式が成立することから 2 番目の式も成立することがわかる．同様に $(*)$ の 3, 4, 7 番目の式もみたすことがわかる．以上より補題が示された．　(補題の証明終り)

補題の条件をみたすグループの作り方について，同じグループの 3 つの数を小さい方から a_1, a_2, a_3 としたとき，$h(a_1) = a_2$, $h(a_2) = a_3$, $h(a_3) = a_1$ をみたすように S 上の全単射 h を定め，$g = h \circ f$ とすると，$X(f, g) \geqq 6000000$ となることを示す．

3 つの数 $a_1 \in S_1$, $a_2 \in S_2$, $a_3 \in S_3$ からなるグループを考える．$i \in \{1, 2, 3\}$ について，k_i を $f(k_i) = a_i$ となるようにとると，$g(k_i) = h(f(k_i)) = h(a_i) = a_{i+1}$ となるから，

$$\begin{aligned} &\max\{f(f(k_i)), f(g(k_i)), g(f(k_i)), g(g(k_i))\} \\ &= \max\{f(a_i), f(a_{i+1}), g(a_i), g(a_{i+1})\} \end{aligned}$$

となる．(ただし，$a_4 = a_1$ とする．) 補題の条件から，$f(a_1)$, $f(a_2)$, $f(a_3)$ は，S_1, S_2, S_3 それぞれに属するものが 1 つずつであるから，これらをそれぞれ F_1,

F_2, F_3 とする．$g = h \circ f$ に注意すると，

$$\sum_{i=1}^{3} \max\{f(f(k_i)), f(g(k_i)), g(f(k_i)), g(g(k_i))\}$$
$$= \max\{F_1, F_2, h(F_1), h(F_2)\} + \max\{F_2, F_3, h(F_2), h(F_3)\}$$
$$+ \max\{F_3, F_1, h(F_3), h(F_1)\}$$

となる．さらに，h の定め方から $h(F_1) \in S_2$, $h(F_2) \in S_3$, $h(F_3) \in S_1$ であるから，

$$\begin{aligned}\sum_{i=1}^{3} \max\{f(f(k_i)), f(g(k_i)), g(f(k_i)), g(g(k_i))\} &= h(F_2) + \max\{F_3, h(F_2)\} + F_3 \\ &\geqq h(F_2) + \frac{1}{2}(F_3 + h(F_2)) + F_3 \\ &= \frac{3}{2}F_3 + \frac{3}{2}h(F_2) \qquad (**)\end{aligned}$$

を得る．

これを 1000 個のグループすべてについて考えると，a_1, a_2, a_3 として S の要素がちょうど 1 回ずつ現れる．f および h が全単射であることに注意すると，F_3 と $h(F_2)$ には S_3 の要素がそれぞれちょうど 1 回ずつ現れることがわかる．したがって，$(**)$ の両辺を 1000 個のグループすべてについて足し合わせると，

$$X_{\max}(f, g) \geqq \frac{3}{2}\sum_{k=2001}^{3000} k + \frac{3}{2}\sum_{k=2001}^{3000} k = \sum_{k=2001}^{3000} 3k$$

である．同様に $X_{\min}(f, g) \leqq \sum_{k=1}^{1000} 3k$ であるから，$X(f, g) \geqq \sum_{k=2001}^{3000} 3k - \sum_{k=1}^{1000} 3k = 6000000$ が成立する．

以上より，$X = 6000000$ が条件をみたし，求める値は 6000000 である．

2.5　第34回 日本数学オリンピック 本選 (2024)

● 2024 年 2 月 11 日 [試験時間 4 時間，5 問]

1. 　n を 2 以上の整数とする．n 個の実数の組 $(a_1, a_2, \ldots, a_n)$ であって，$a_1-2a_2, a_2-2a_3, \ldots, a_{n-1}-2a_n, a_n-2a_1$ が $a_1, a_2, \ldots, a_n$ の並べ替えであるようなものをすべて求めよ．

ただし，$a_1, a_2, \ldots, a_n$ 自身も $a_1, a_2, \ldots, a_n$ の並べ替えである．

2. 　正の整数に対して定義され正の整数値をとる関数 f であって，任意の正の整数 m, n に対して

$$\mathrm{lcm}(m, f(m+f(n))) = \mathrm{lcm}(f(m), f(m)+n)$$

をみたすものをすべて求めよ．

ただし，正の整数 x, y に対し，x と y の最小公倍数を $\mathrm{lcm}(x, y)$ で表す．

3. 　xy 平面において，x 座標と y 座標が 1 以上 2000 以下の整数である点を**良い点**とよぶ．また，以下の条件をすべてみたす 4 点 $\mathrm{A}(x_1, y_1)$, $\mathrm{B}(x_2, y_2)$, $\mathrm{C}(x_3, y_3)$, $\mathrm{D}(x_4, y_4)$ について，折れ線 ABCD を **Z 型折れ線**とよぶ．

- A, B, C, D はすべて良い点である．
- $x_1 < x_2$, $y_1 = y_2$.
- $x_2 > x_3$, $y_2 - x_2 = y_3 - x_3$.
- $x_3 < x_4$, $y_3 = y_4$.

n 個の Z 型折れ線 $\mathrm{Z}_1, \mathrm{Z}_2, \cdots, \mathrm{Z}_n$ が以下の条件をみたすとき，正の整数 n としてありうる最小の値を求めよ．

どの良い点 P についても，1 以上 n 以下の整数 i が存在して，P が Z_i 上にある．

ただし，折れ線 ABCD とは，線分 AB, BC, CD (いずれも端点を含む) を合わせた図形のことである．

4. AB $<$ AC をみたす鋭角三角形 ABC があり，その外心を O, 三角形 ABC の外接円の A を含まない方の弧 BC の中点を M とする．辺 AB の B 側の延長線上の点 D が BD $=$ BM をみたした．また，辺 AC 上 (端点を除く) の点 E が CE $=$ CM をみたした．三角形 ABE の外接円と三角形 ACD の外接円が A でない点 X で交わっているとき，線分 DE の垂直二等分線は三角形 AOX の外接円に接することを示せ．ただし，UV で線分 UV の長さを表すものとする．

5. $a^2+b^2+c^2+d^2-4\sqrt{abcd}=7\cdot 2^{2n-1}$ をみたす正の整数の組 (a,b,c,d,n) は存在しないことを示せ．

解答

【1】　$a_{n+1}=a_1, a_0=a_n$ とし，$a_1,a_2,\cdots,a_n$ の最大値を M，最小値を m とおく．いま，$a_1-2a_2,a_2-2a_3,\cdots,a_n-2a_1$ の最大値，最小値もそれぞれ M，m であることに注意する．$a_s=m$ なる s をとると，$M \geqq a_{s-1}-2a_s \geqq m-2m$ より $M+m \geqq 0$ が従う．よって，$a_t=M$ なる t をとると，$a_{t-1}-2a_t \geqq m$ より $a_{t-1} \geqq 2a_t+m=2M+m \geqq M$ となり，$a_{t-1}=M$ が成り立つ．したがって，帰納的に任意の i について $a_i=M$ となる．よって，仮定より $M=M-2M$ となるので，$M=0$ である．以上より，任意の i について $a_i=0$ である必要がある．逆にこのとき明らかに条件をみたす．よって求める実数の組は $(a_1,a_2,\cdots,a_n)=(0,0,\cdots,0)$ のみである．

別解　$a_{n+1}=a_1$ とすると，仮定より

$$
\begin{aligned}
0 &= \sum_{i=1}^{n}(a_i-2a_{i+1})^2-\sum_{i=1}^{n}a_i^2 \\
&= \sum_{i=1}^{n}a_i^2-4\sum_{i=1}^{n}a_ia_{i+1}+4\sum_{i=1}^{n}a_{i+1}^2-\sum_{i=1}^{n}a_i^2 \\
&= 2\left(\sum_{i=1}^{n}a_i^2-2\sum_{i=1}^{n}a_ia_{i+1}+\sum_{i=1}^{n}a_{i+1}^2\right) \\
&= 2\sum_{i=1}^{n}(a_i-a_{i+1})^2
\end{aligned}
$$

であるから，$a_1=a_2=\cdots=a_n$ となる．以降は本解と同様である．

【2】　k を正の整数とする．$f(k)$ を k で割った余りを r とおき，与式に $m=k, n=k-r+1$ を代入することで，

$$\mathrm{lcm}(k,f(k+f(k-r+1)))=\mathrm{lcm}(f(k),f(k)+k-r+1)$$

を得る．よって，$\mathrm{lcm}(f(k),f(k)+k-r+1)$ は k の倍数となるが，$f(k)+k-r+1$ は k で割って 1 余る整数であり k と互いに素であることから，$f(k)$ が k の倍数である．

また，与式に $n = f(m)$ を代入して，

$$\mathrm{lcm}(m, f(m + f(f(m)))) = \mathrm{lcm}(f(m), 2f(m))$$

すなわち $\mathrm{lcm}(m, f(m+f(f(m)))) = 2f(m)$ を得るので，$2f(m)$ は $f(m+f(f(m)))$ の倍数である．ここで，$f(m+f(f(m)))$ は $m+f(f(m))$ の倍数なので，$2f(m)$ は $m + f(f(m))$ の倍数でもある．$f(f(m))$ が $f(m)$ の倍数なので $f(f(m)) \geqq f(m)$ となることに注意すると，

$$2f(m) \leqq 2f(f(m)) < 2(m + f(f(m)))$$

とわかるので，$2f(m) = m+f(f(m))$ である．このとき，$f(f(m)) = 2f(m)-m < 2f(m)$ が成り立ち，$f(f(m))$ が $f(m)$ の倍数であることとあわせて $f(f(m)) = f(m)$ を得る．したがって，$2f(m) = m + f(m)$ すなわち $f(m) = m$ である．

逆に $f(k) = k$ がすべての正の整数 k について成り立つとき与式は成り立つので，これが解である．

【3】　$x = 1$ 上または $x = 2000$ 上の良い点から $(1, 1)$ を除いた 3999 点を**特別な点**とよぶこととする．4 点 $A(x_1, y_1)$, $B(x_2, y_2)$, $C(x_3, y_3)$, $D(x_4, y_4)$ を順に結んだ Z 型折れ線 ABCD 上について考える．$1 \leqq x_1 < x_2 \leqq 2000$, $1 \leqq x_3 < x_2 \leqq 2000$, $1 \leqq x_3 < x_4 \leqq 2000$ であることから，Z 型折れ線 ABCD 上の特別な点は A, B, C, D のいずれかに一致する．ここで，B と C がどちらも特別な点であったとき，$x_2 = 2000$, $y_2 \leqq 2000$, $x_3 = 1$, $y_3 \geqq 2$ である．このとき，$y_2 - x_2 \leqq 2000 - 2000 < 2 - 1 \leqq y_3 - x_3$ であるが，これは $y_2 - x_2 = y_3 - x_3$ に矛盾する．したがって，1 つの Z 型折れ線が含む特別な点は高々 3 点なので，Z 型折れ線は $\dfrac{3999}{3} = 1333$ 個以上選ぶ必要がある．

4 点 $A(x_1, y_1)$, $B(x_2, y_2)$, $C(x_3, y_3)$, $D(x_4, y_4)$ を順に結んだ折れ線 ABCD を $(x_1, y_1) - (x_2, y_2) - (x_3, y_3) - (x_4, y_4)$ と表すこととする．以下のように Z 型折れ線 $X_1, X_2, \cdots, X_{666}$, $Y_1, Y_2, \cdots, Y_{666}$, Z を定める．

- $1 \leqq k \leqq 666$ をみたす整数 k について，X_k を $(1, 1334 - k) - (1334 - 2k, 1334 - k) - (1, 1 + k) - (2000, 1 + k)$ とする．

- $1 \leqq k \leqq 666$ をみたす整数 k について，Y_k を $(1, 2000 - k) - (2000, 2000 - k) - (667 + 2k, 667 + k) - (2000, 667 + k)$ とする．

- Z を $(1,2000)-(2000,2000)-(1,1)-(2000,1)$ とする．

このとき，$y=1,2000$ 上の良い点はすべて Z 上にある．また，$2 \leqq k \leqq 667$ のとき，$y=k$ 上の点は X_{k-1} 上にある．さらに，$1334 \leqq k \leqq 1999$ のとき，$y=k$ 上の点は Y_{2000-k} 上にある．以下，$668 \leqq k \leqq 1333$ のときの $y=k$ 上の点について考えると，

- $1 \leqq x < 2k-1333$ のとき，(x,k) は X_{1334-k} 上にある．
- $2k-1333 \leqq x < k$ のとき，(x,k) は X_{k-x} 上にある．
- $x=k$ のとき，(x,k) は Z 上にある．
- $k < x \leqq 2k-668$ のとき，(x,k) は Y_{x-k} 上にある．
- $2k-668 < x \leqq 2000$ のとき，(x,k) は Y_{k-667} 上にある．

となるので，すべての良い点は $\mathrm{X}_1, \mathrm{X}_2, \cdots, \mathrm{X}_{666}, \mathrm{Y}_1, \mathrm{Y}_2, \cdots, \mathrm{Y}_{666}$, Z のいずれかの上にあることが示される．

以上より，求める値は 1333 である．

参考　一般に $m \equiv 2 \pmod 3$ のとき，x 座標と y 座標が 1 以上 m 以下の整数である点を良い点とすると，必要な Z 型折れ線の個数の最小値が $\dfrac{2m-1}{3}$ であることが上の解答と同様にわかる．

例えば，$m=14$ のとき，X_1, X_2, X_3, X_4, Y_1, Y_2, Y_3, Y_4, Z は次ページの図のようになる．

【4】　相異(あい)なる 3 点 P, Q, R に対して，直線 PQ を P 中心に反時計回りに角度 θ だけ回転させたときに直線 PR に一致するとき，この θ を $\measuredangle\mathrm{QPR}$ で表す．ただし，180° の差は無視して考える．

円周角の定理より，$\measuredangle\mathrm{XBD} = \measuredangle\mathrm{XEC}$, $\measuredangle\mathrm{XDB} = \measuredangle\mathrm{XCE}$ がそれぞれ成り立つ．さらに $\mathrm{BD}=\mathrm{BM}=\mathrm{CM}=\mathrm{CE}$ であるから，三角形 BDX と三角形 ECX は合同であるので，特に $\mathrm{BX}=\mathrm{EX}$ である．

三角形 ABC の外接円の A を含む方の弧 BC の中点を N とする．$\measuredangle\mathrm{BXE} =$

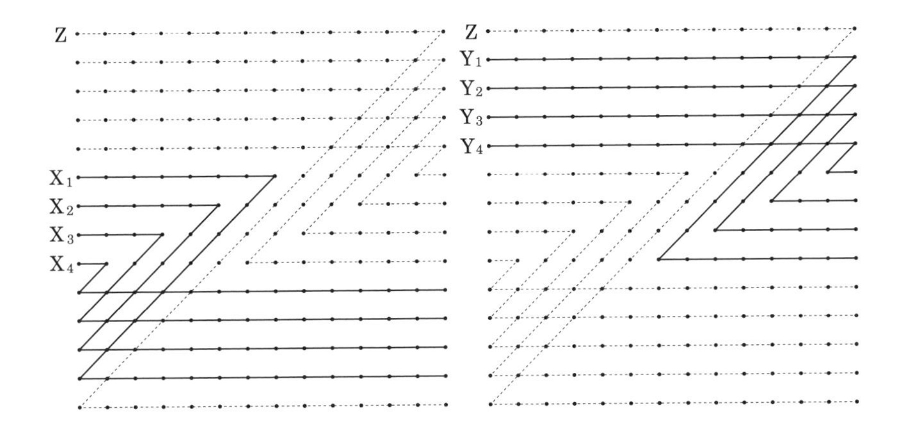

$\measuredangle BAE = \measuredangle BAC = \measuredangle BNC$ であり，三角形 BEX は X を頂角とする二等辺三角形，三角形 BCN は N を頂角とする二等辺三角形である．また，$\angle BXE$ も $\angle BAC$ も鋭角であるから，この 2 つは向きも込めて相似である．よって，$BX : BE = BN : BC$ および $\measuredangle NBX = \measuredangle EBX + \measuredangle NBE = \measuredangle CBN + \measuredangle NBE = \measuredangle CBE$ を得るので，三角形 BNX と三角形 BCE は相似であるとわかる．また，

$$\measuredangle XAB = \measuredangle XEB = \measuredangle NCB = \measuredangle NAB$$

であるから，3 点 A, N, X は同一直線上にある．

さらに，$\angle BNO = \angle BNM = \angle BCM$ であり，三角形 BNO は O を頂角とする二等辺三角形，三角形 BCM は M を頂角とする二等辺三角形であるから，この 2 つは相似である．よって，$CE = CM = BM$ に注意して，

$$NX = CE \cdot \frac{BN}{BC} = CM \cdot \frac{BO}{BM} = NO$$

を得る．したがって，直線 OX に関して N と対称な点を T とすると，$TO = NO = NX = TX$ であるから，四角形 NOTX はひし形である．よって，$\measuredangle OTX = \measuredangle XNO = \measuredangle OAX$ より T は三角形 AOX の外接円上にある．また，$NO = OT$ であるから T は三角形 ABC の外接円上にある．

いま，$\measuredangle MBD = \measuredangle MCE$ と $BD = BM = CM = CE$ より三角形 BDM と三角形 CEM は合同であるから，$DM = EM$ である．また，$\measuredangle ADM = \measuredangle CEM$ となり E は三角形 ADM の外接円上にある．さらに，直線 NX と直線 OT は平行であり，直線 NX と直線 AM は垂直であるから，直線 OT と直線 AM も垂直であ

るので，AO = MO とあわせて AT = MT である．よって，A と M は直線 OT に関して対称であるから，$\measuredangle$OAT = $\measuredangle$TMO = $\measuredangle$OTM となり，直線 MT は三角形 AOT の外接円に接する．

ここで，

$$\measuredangle \mathrm{ATM} = \measuredangle \mathrm{ABM} = \measuredangle \mathrm{ADM} + \measuredangle \mathrm{DMB} = 2\measuredangle \mathrm{ADM}$$

であるから，D と T が直線 AM に関して同じ側にあることに注意して，T は三角形 ADM の外心である．以上より DT = ET であるから，DM = EM とあわせて直線 MT が線分 DE の垂直二等分線である．

【5】　正の整数の組 (a, b, c, d, n) であって $a^2+b^2+c^2+d^2-4\sqrt{abcd} = 7\cdot 2^{2n-1}$ をみたすものが存在すると仮定する．そのうち n が最小のものをとる．$\sqrt{abcd}$ は有理数であるため，$abcd$ は平方数である．まず，次の 2 つの補題を示す．このとき，$a^2+b^2+c^2+d^2-4\sqrt{abcd} = (a-b)^2+(c-d)^2+2(\sqrt{ab}-\sqrt{cd})^2$ に留意せよ．

補題 1　a, b, c, d はどの 2 つも異なる．

補題 1 の証明　a, b, c, d の対称性より $a = b$ として矛盾を導けばよい．$abcd = a^2cd$ は平方数であるため cd は平方数である．よって $M = c-d$, $N = a-\sqrt{cd}$ とおくと M, N はいずれも整数で，$M^2+2N^2 = 7\cdot 2^{2n-1}$ が成立する．平方数を 7 で割った余りは 0, 1, 2, 4 のいずれかであるため，M^2, $2N^2$ を 7 で割った余りも 0, 1, 2, 4 のいずれかである．よって，これらの和が 7 の倍数であるため，M, N はいずれも 7 の倍数である．したがって，M^2+2N^2 は 49 の倍数だが，$7\cdot 2^{2n-1}$ は 49 の倍数でないため矛盾する．　(補題の証明終り)

補題 2　a, b, c, d のどの 2 数の積も，残り 2 数の積と異なる．

補題 2 の証明　a, b, c, d の対称性より $ab = cd$ として矛盾を導けばよい．$M = a-b$, $N = c-d$ とおくと M, N はいずれも整数で，$M^2+N^2 = 7\cdot 2^{2n-1}$ が成立する．平方数を 7 で割った余りは 0, 1, 2, 4 のいずれかであるため，補題 1 と同様に M, N はいずれも 7 の倍数である．したがって，M^2+N^2 は 49 の倍数だが，$7\cdot 2^{2n-1}$ は 49 の倍数でないため矛盾する．　(補題の証明終り)

以下 n の値で場合分けを行う．

1. $n=1$ のとき

   a, b, c, d の対称性および補題 1 より $a<b<c<d$ として一般性を失わない．$(d-a)^2+(c-b)^2+2(\sqrt{ad}-\sqrt{bc})^2=14$ より $d-a \leqq \sqrt{14}$ であるから，$a=b-1=c-2=d-3$ が成り立つ．これより $bc=a^2+3a+2=ad+2$ とあわせて $\sqrt{ad+2}-\sqrt{ad}=\sqrt{2}$ を得るが，この式は a, d が正であることに矛盾する．

2. $n>1$ のとき

   a, b, c, d がすべて偶数のとき，$\left(\frac{a}{2}, \frac{b}{2}, \frac{c}{2}, \frac{d}{2}, n-1\right)$ は与式をみたす組であるので，n の最小性に矛盾する．よって，a, b, c, d のうち少なくとも 1 つは奇数である．平方数を 4 で割った余りは 0 または 1 であり，さらに $a^2+b^2+c^2+d^2=7\cdot 2^{2n-1}+4\sqrt{abcd}$ は 4 の倍数であるため，a, b, c, d はすべて奇数である．$abcd$ は奇数の平方数であるため $abcd \equiv 1 \pmod 4$ より a, b, c, d のうち 4 で割った余りが 3 であるものは偶数個である．したがって，対称性より $a \equiv b \pmod 4$ かつ $c \equiv d \pmod 4$ として一般性を失わない．ab と cd の最大公約数を g とおくと，$\frac{ab}{g}$ と $\frac{cd}{g}$ は互いに素で，$\frac{ab}{g}\cdot\frac{cd}{g}=\frac{abcd}{g^2}$ は平方数であるため $\frac{ab}{g}$ と $\frac{cd}{g}$ はいずれも平方数である．よって，正の整数 x, y を用いて $ab=gx^2$, $cd=gy^2$ と表され，$(\sqrt{ab}-\sqrt{cd})^2=g(x-y)^2$ が成り立つ．ここで $a \equiv b \pmod 4$ より $ab \equiv 1 \pmod 4$ であり，$x^2 \equiv 1 \pmod 4$ とあわせて $g \equiv 1 \pmod 4$ である．補題 1, 補題 2 より，$|a-b|=p\cdot 2^{\alpha}$, $|c-d|=q\cdot 2^{\beta}$, $|x-y|=r\cdot 2^{\gamma}$ をみたす正の奇数 p, q, r および非負整数 α, β, γ がとれる．

$$
\begin{aligned}
7\cdot 2^{2n-1} &= a^2+b^2+c^2+d^2-4\sqrt{abcd} \\
&= (a-b)^2+(c-d)^2+2(\sqrt{ab}-\sqrt{cd})^2 \\
&= p^2\cdot 2^{2\alpha}+q^2\cdot 2^{2\beta}+gr^2\cdot 2^{2\gamma+1}
\end{aligned}
$$

   が成り立つことに注意する．$p^2 \equiv q^2 \equiv 1 \pmod 8$, $gr^2 \equiv 1 \pmod 4$ で

あるため，以下の補題により矛盾が導かれる．

補題 3　非負整数 α, β, γ, 正の整数 n, s, t, u であって $s \equiv t \equiv 1 \pmod 8$, $u \equiv 1 \pmod 4$,

$$s \cdot 2^{2\alpha} + t \cdot 2^{2\beta} + u \cdot 2^{2\gamma+1} = 7 \cdot 2^{2n-1}$$

をみたすものは存在しない．

補題 3 の証明　α, s と β, t の対称性より $\alpha \leqq \beta$ として一般性を失わない．

- $\alpha \leqq \gamma$ のとき
  $s + t \cdot 2^{2(\beta-\alpha)} + u \cdot 2^{2(\gamma-\alpha)+1} = 7 \cdot 2^{2(n-\alpha)-1}$ は正の整数であるため $n - \alpha \geqq 1$ である．よって，$u \cdot 2^{2(\gamma-\alpha)+1}, 7 \cdot 2^{2(n-\alpha)-1}$ は偶数であるから，$s + t \cdot 2^{2(\beta-\alpha)}$ も偶数であり，$\alpha = \beta$ がわかる．$s + t \cdot 2^0$ は 4 で割りきれないため，$\gamma - \alpha = 0$ または $n - \alpha = 1$ を得る．前者の場合，$7 \cdot 2^{2(n-\alpha)-1} = s + t + 2u \equiv 4 \pmod 8$ であるため矛盾し，後者の場合，$u \cdot 2^{2(\gamma-\alpha)+1} = 14 - s - t \equiv 4 \pmod 8$ であるため矛盾する．

- $\gamma < \alpha$ のとき
  $s \cdot 2^{2(\alpha-\gamma)} + t \cdot 2^{2(\beta-\gamma)} + 2u = 7 \cdot 2^{2(n-\gamma)-1}$ は 4 で割った余りが 2 であるような整数であるため，$n - \gamma = 1$ である．このとき $2^{2(\beta-\gamma)} < 14$ より $\alpha - \gamma \leqq \beta - \gamma \leqq 1$ が成り立つため，$\alpha - \gamma = \beta - \gamma = 1$ を得る．したがって，$2s + 2t + u = 7$ だが，$2s + 2t + u \equiv 1 \pmod 4$ に矛盾する．

ゆえに与式をみたすものは存在しない．　(補題の証明終り)

以上より，題意は示された．

第3部

アジア太平洋数学オリンピック

3.1　第36回 アジア太平洋数学オリンピック (2024)

● 2024 年 3 月 12 日 [試験時間 4 時間，5 問]

1.　鋭角三角形 ABC の辺 AB, AC 上にそれぞれ点 D, E があり，直線 DE は辺 BC に平行である．四角形 BCED の内部 (周上を含まない) に点 X があり，半直線 DX, EX が辺 BC (端点を除く) とそれぞれ点 P, Q で交わっている．三角形 BQX の外接円と三角形 CPX の外接円が X でない点 Y で交わっているとき，3 点 A, X, Y は同一直線上にあることを示せ．

2.　k を 51 以上 99 以下の整数とする．100×100 のマス目があり，1 以上 100 以下の整数 a, b について，上から a 行目，左から b 列目のマスを (a,b) で表す．**k-ナイト**とよばれる駒が 1 つあり，マス $(1,1)$ から出発して有限回の移動をする．ここで，マス (a,b) に位置する k-ナイトは 1 回の移動で，組 $(|a-c|,|b-d|)$ が $(1,k)$ または $(k,1)$ と等しいようなマス (c,d) に移動できる．**経路**とは，マスの列 $(x_0,y_0)=(1,1),(x_1,y_1),(x_2,y_2),\cdots,(x_n,y_n)$ であって，各 $i=1,2,\ldots,n$ について k-ナイトがマス (x_{i-1},y_{i-1}) からマス (x_i,y_i) へ 1 回で移動できるものをいう．また，ある経路に含まれるようなマスは**到達可能**であるという．各 k に対し，到達可能なマスの個数 $L(k)$ を求めよ．

3.　n を正の整数とし，$a_1,a_2,\cdots,a_n$ を正の実数とするとき，

$$\sum_{i=1}^{n}\frac{1}{2^i}\left(\frac{2}{1+a_i}\right)^{2^i} \geqq \frac{2}{1+a_1a_2\cdots a_n}-\frac{1}{2^n}$$

が成り立つことを示せ．

4.　t を正の整数とする．$0,1,\cdots,t-1$ の並べ替え(か) $a_0,a_1,\ldots,a_{t-1}$ であっ

て，任意の 0 以上 $t-1$ 以下の整数 i について $2a_i \neq t+i$ かつ ${}_{t+i}\mathrm{C}_{2a_i}$ が奇数であるようなものがちょうど 1 つ存在することを示せ．ただし，$0, 1, \cdots, t-1$ の並べ替えとは，0 以上 $t-1$ 以下の整数がちょうど 1 回ずつ現れる長さ t の数列である．また，正の整数 m, n が $m<n$ をみたすとき，${}_m\mathrm{C}_n = 0$ と定める．

5.　円に内接する四角形 ABCD と直線 ℓ があり，ℓ は辺 BC, AD とそれぞれ点 R, S で交わっている．また，ℓ は線分 BA の A 側の延長線と点 P で，線分 DC の C 側の延長線と点 Q で交わっている．三角形 PAS の外接円と三角形 PBR の外接円が P でない点 M で交わっており，三角形 QCR の外接円と三角形 QDS の外接円が Q でない点 N で交わっている．直線 MP と直線 NQ が点 X で，直線 AB と直線 CD が点 K で，直線 BC と直線 AD が点 L で交わっているとき，X は直線 KL 上にあることを示せ．

解答

【1】　直線 AX と線分 BC, DE の交点をそれぞれ Z, Z′ とする．いま，三角形 BQX の外接円と三角形 CPX の外接円の根軸を ℓ とすると，点 X, Y が ℓ 上にあることから，Z が ℓ 上にあることを示せば十分である．ここで，直線 DE が辺 BC に平行であることから，$\dfrac{\mathrm{BZ}}{\mathrm{ZC}}=\dfrac{\mathrm{DZ'}}{\mathrm{Z'E}}=\dfrac{\mathrm{PZ}}{\mathrm{ZQ}}$ が成り立つ．すなわち $\mathrm{BZ}\cdot\mathrm{QZ}=\mathrm{CZ}\cdot\mathrm{PZ}$ であるから，Z が ℓ 上にあることが従い，題意は示された．

【2】　マス (x,y) が他のマスから 1 回で移動可能であることと，$x-k\geqq 1$ または $x+k\leqq 100$ または $y-k\geqq 1$ または $y+k\leqq 100$ であること，すなわち $x\geqq k+1$ または $x\leqq 100-k$ または $y\geqq k+1$ または $y\leqq 100-k$ であることは同値である．よって，$101-k\leqq x\leqq k$ かつ $101-k\leqq y\leqq k$ をみたすマス (x,y) は到達可能でない．この範囲にあるマス全体からなる集合を S とする．

$y\geqq k+1$ または $y\leqq 100-k$ のとき，k-ナイトはマス (x,y) からマス $(x\pm 2,y)$ へ移動できる．実際，$y\geqq k+1$ ならば $(x,y)\to(x\pm 1,y-k)\to(x\pm 2,y)$ と移動でき，$y\leqq 100-k$ ならば $(x,y)\to(x\pm 1,y+k)\to(x\pm 2,y)$ と移動できる．同様に，$x\geqq k+1$ または $x\leqq 100-k$ のとき，k-ナイトはマス (x,y) からマス $(x,y\pm 2)$ へ移動できる．

補題　S に含まれず，x と y がともに奇数であるような任意のマス (x,y) は到達可能である．

補題の証明　$x\geqq k+1$ または $x\leqq 100-k$ のとき，

$$(1,1)\to(3,1)\to\cdots\to(x,1)\to(x,3)\to\cdots\to(x,y)$$

という移動ができるから，マス (x,y) は到達可能である．また，$101-k\leqq x\leqq k$ のとき $y\geqq k+1$ または $y\leqq 100-k$ であるから，上下と左右を交換して考えることで同様にマス (x,y) の到達可能性が従う．　(補題の証明終り)

k が奇数であるとする．このとき，補題によりマス $(100-k,99)$ は到達可能であるから，マス $(100,100)$ は到達可能である．180° 回転して補題の議論を適用することで，S に含まれず，x と y がともに偶数であるようなマス (x,y) の到達可能性が従う．また，マス目を市松模様に塗ったとき，同じ色のマスにしか移動できないから，マス $(1,1)$ と異なる色で塗られたマスは到達可能でない．したがって $L(k)=\dfrac{100^2-(2k-100)^2}{2}=200k-2k^2$ である．

k が偶数であるとする．このとき，補題によりマス $(k+1,99)$ は到達可能であるから，マス $(1,100)$ は到達可能である．左右を反転して補題の議論を適用することで，S に含まれず，x が奇数，y が偶数であるようなマス (x,y) の到達可能性が従う．上下と左右を交換すれば同様に，x が偶数，y が奇数であるようなマス (x,y) の到達可能性が従う．さらに，マス $(100-k,99)$ の到達可能性からマス $(100,100)$ の到達可能性が従い，180° 回転して補題の議論を適用することで，S に含まれず，x と y がともに偶数であるようなマス (x,y) の到達可能性が従う．したがって S に含まれないすべてのマスが到達可能であるから，$L(k)=100^2-(2k-100)^2=400k-4k^2$ である．

以上より，答は

$$L(k)=\begin{cases}200k-2k^2 & (k\text{ が奇数のとき}),\\ 400k-4k^2 & (k\text{ が偶数のとき})\end{cases}$$

である．

【3】　まず，以下の補題を示す．

補題　正の整数 k および正の実数 x,y に対して，

$$\left(\frac{2}{1+x}\right)^{2^k}+\left(\frac{2}{1+y}\right)^{2^k}\geqq 2\left(\frac{2}{1+xy}\right)^{2^{k-1}}$$

が成り立つ．

補題の証明　k に関する帰納法で示す．$k=1$ のとき，

$$\left(\frac{2}{1+x}\right)^2+\left(\frac{2}{1+y}\right)^2-2\cdot\frac{2}{1+xy}=\frac{4xy(x-y)^2+4(xy-1)^2}{(1+x)^2(1+y)^2(1+xy)}\geqq 0$$

により成り立つ．正の整数 l に対して，$k=l$ の場合に成立を仮定すると，

$$2\left(\left(\frac{2}{1+x}\right)^{2^{l+1}}+\left(\frac{2}{1+y}\right)^{2^{l+1}}\right) \geqq \left(\left(\frac{2}{1+x}\right)^{2^{l}}+\left(\frac{2}{1+y}\right)^{2^{l}}\right)^2$$

$$\geqq \left(2\left(\frac{2}{1+xy}\right)^{2^{l-1}}\right)^2$$

$$= 4\left(\frac{2}{1+xy}\right)^{2^{l}}$$

により $k=l+1$ においても成立する．ここで，1 つ目の不等号では，実数 A, B に対して $2(A^2+B^2) \geqq (A+B)^2$ が成り立つことを用いた．(補題の証明終り)

k が 1 以上 n 以下の整数であるとき，補題より

$$\frac{1}{2^k}\left(\frac{2}{1+a_k}\right)^{2^k}+\frac{1}{2^k}\left(\frac{2}{1+a_{k+1}a_{k+2}\cdots a_n}\right)^{2^k} \geqq \frac{1}{2^{k-1}}\left(\frac{2}{1+a_k a_{k+1}\cdots a_n}\right)^{2^{k-1}}$$

を得る．ただし $k=n$ のとき $a_{k+1}a_{k+2}\cdots a_n=1$ とする．この不等式を $k=1,2,\cdots,n$ について辺々足し合わせることで，示すべき不等式を得る．

【4】　非負整数 n に対して，n を二進法表記したときに下から $i+1$ 桁目が 1 となるような i 全体からなる集合を $S(n)$ で表す．また，集合 P, Q について，P と Q の差集合を $P \setminus Q$ で，また $P \subset Q$ かつ $P \neq Q$ であることを $P \subsetneqq Q$ で表す．クンマーの定理より，非負整数 n, k について，${}_n\mathrm{C}_k$ が奇数であることは $S(k) \subsetneqq S(n)$ と同値であることに注意する．

補題 1　非負整数 n, k について，${}_{2n}\mathrm{C}_{2k} \equiv {}_n\mathrm{C}_k \pmod 2$ である．

補題 1 の証明　$S(k) \subsetneqq S(n)$ と $S(2k) \subsetneqq S(2n)$ が同値であることから従う．

(補題の証明終り)

補題 2　任意の正の整数 t について $\displaystyle\sum_{i=0}^{t-1}|S(t+i)| = t+\sum_{i=0}^{t-1}|S(2i)|$ が成り立つ．

補題 2 の証明　非負整数 i に対して，$S(2i)=\{x+1 \mid x \in S(i)\}$ および $S(2i+1)=\{0\} \cup \{x+1 \mid x \in S(i)\}$ が成り立つことに注意すれば，

$$\sum_{i=0}^{t-1}|S(t+i)| = \sum_{i=0}^{2t-1}|S(i)| - \sum_{i=0}^{t-1}|S(i)|$$

$$= \sum_{i=0}^{t-1}|S(2i)| + \sum_{i=0}^{t-1}|S(2i+1)| - \sum_{i=0}^{t-1}|S(i)|$$

$$= \sum_{i=0}^{t-1} |S(i)| + \sum_{i=0}^{t-1} (1 + |S(2i)|) - \sum_{i=0}^{t-1} |S(i)|$$

$$= t + \sum_{i=0}^{t-1} |S(2i)|$$

により従う．　　　　　　　　　　　　　　　　　　(補題の証明終り)

$0, 1, \cdots, t-1$ の並べ替え $a_0, a_1, \ldots, a_{t-1}$ であって，任意の 0 以上 $t-1$ 以下の整数 i について $2a_i \neq t+i$ かつ ${}_{t+i}\mathrm{C}_{2a_i}$ が奇数となるようなものが存在したとする．このとき，任意の 0 以上 $t-1$ 以下の整数 i について $S(2a_i) \subsetneqq S(t+i)$ なので，$|S(t+i)| \geqq |S(2a_i)| + 1$ が成り立つ．これを $i = 0, 1, \cdots, t-1$ について足し合わせて，

$$\sum_{i=0}^{t-1} |S(t+i)| \geqq \sum_{i=0}^{t-1} (|S(2a_i)| + 1) = t + \sum_{i=0}^{t-1} |S(2i)|$$

を得る．補題 2 より最左辺と最右辺は等しいため，任意の 0 以上 $t-1$ 以下の整数 i について $|S(t+i)| = |S(2a_i)| + 1$, すなわちある正の整数 $k_i \in S(t+i)$ が存在して $t + i - 2a_i = 2^{k_i}$ が成立する．ここで，集合 A_t, B_t を

$$A_t = \left\{0, 1, \cdots, \left\lfloor \frac{t}{2} \right\rfloor - 1\right\}, \quad B_t = \left\{\left\lceil \frac{t}{2} \right\rceil, \left\lceil \frac{t}{2} \right\rceil + 1, \cdots, t-1\right\}$$

により定める．$t+i$ が奇数のとき，2^{k_i} が奇数となるため $k_i = 0$, すなわち $a_i = \dfrac{t+i-1}{2}$ と定まり，これは $\left\lfloor \dfrac{t}{2} \right\rfloor$ 以上 $t-1$ 以下のすべての整数値をとる．$t+i$ が偶数のとき，補題 1 より ${}_{\frac{t+i}{2}}\mathrm{C}_{a_i}$ も奇数である．$\dfrac{t+i}{2}$ のとりうる値の集合が B_t であり，a_i としてまだ定まっていない値の集合が A_t であるため，全単射 $\pi\colon A_t \to B_t$ であって $\pi(a_i) = \dfrac{t+i}{2}$ となるものを考えることができ，さらに π は任意の $a \in A_t$ に対して $S(a) \subsetneqq S(\pi(a))$ かつ $|S(a)| = |S(\pi(a))| - 1$ をみたす．この全単射 π と条件をみたす並べ替え $a_0, a_1, \cdots, a_{t-1}$ は一対一に対応するため，題意を示すには，任意の $a \in A_t$ について $S(a) \subsetneqq S(\pi(a))$ かつ $|S(a)| = |S(\pi(a))| - 1$ となるような全単射 π がちょうど 1 つ存在することを示せばよい．

上のような全単射 π がちょうど 1 つ存在することを t についての帰納法で示す．$t = 1, 2$ のときの成立を確かめることは難しくない．$t \geqq 3$ とし，$t-1$ 以下の任意の正の整数について π が存在すると仮定する．B_t にはちょうど 1 つの

2べきが含まれるため，これを 2^p とする (具体的には $p = \lceil \log_2 t \rceil - 1$ である). このとき任意の $a \in A_t$ について $p \notin S(a)$ である．整数 $x \in B_t$ が $2^p \leqq x < t$ をみたすとき，$S(x) = S(\pi^{-1}(x)) \cup \{p\}$ となるので，必ず $\pi^{-1}(x) = x - 2^p$ と定まる．したがって，残りの部分である

$$A'_t = \left\{t - 2^p, t - 2^p + 1, \cdots, \left\lfloor \frac{t}{2} \right\rfloor - 1\right\}, \quad B'_t = \left\{\left\lceil \frac{t}{2} \right\rceil, \left\lceil \frac{t}{2} \right\rceil + 1, \cdots, 2^p - 1\right\}$$

について，同様に全単射 $\pi' \colon A'_t \to B'_t$ を考えればよい．

ここで，$\pi'(a) = b$ のとき $\sigma(2^p - 1 - b) = 2^p - 1 - a$ となるような関数 σ を考えると，σ は $\left\{0, 1, \cdots, 2^p - 1 - \left\lceil \frac{t}{2} \right\rceil\right\}$ から $\left\{2^p - \left\lfloor \frac{t}{2} \right\rfloor, 2^p - \left\lfloor \frac{t}{2} \right\rfloor + 1, \cdots, 2^{p+1} - 1 - t\right\}$ への全単射となるが，ここで

$$2^p - 1 - \left\lceil \frac{t}{2} \right\rceil = \left\lfloor \frac{2^{p+1} - t}{2} \right\rfloor - 1, \quad 2^p - \left\lfloor \frac{t}{2} \right\rfloor = \left\lceil \frac{2^{p+1} - t}{2} \right\rceil$$

であるので，σ は $A_{2^{p+1}-t}$ から $B_{2^{p+1}-t}$ への全単射である．さらに，任意の $a \in A'_t$ と $b \in B'_t$ について

$$S(2^p - 1 - b) = S(2^p - 1) \setminus S(b) \subsetneqq S(2^p - 1) \setminus S(a) = S(2^p - 1 - a)$$

および

$$|S(2^p - 1 - b)| = p - 1 - |S(b)| = p - 2 - |S(a)| = |S(2^p - 1 - a)| - 1$$

が成り立つ．したがって，帰納法の仮定よりこのような全単射 σ は高々1つ存在する．ゆえに全単射 π' も高々1つ存在する．逆に，帰納法の仮定から存在が保証されている σ を用いて，$\sigma(a) = b$ のとき $\pi'(2^p - 1 - b) = 2^p - 1 - a$ となるように全単射 π' を定めると，π' に対する要請がみたされることが同様に確認できるため，π' はちょうど1つ存在する．

以上より，帰納法から示された．

【5】　相異(あい)なる3点 P, Q, R に対して，直線 PQ を P 中心に反時計回りに角度 θ だけ回転させたときに直線 PR に一致するとき，この θ を $\measuredangle$QPR で表す．ただし，180° の差は無視して考える．

まず，次の補題を示す．

補題 4 点 M, N, P, Q は同一円周上にある．

補題の証明 M は 4 直線 $\mathrm{AP} = \mathrm{AB}$, $\mathrm{PS} = \ell$, $\mathrm{AS} = \mathrm{AD}$, $\mathrm{BR} = \mathrm{BC}$ に対するミケル点であり，N は 4 直線 $\mathrm{CQ} = \mathrm{CD}$, $\mathrm{RC} = \mathrm{BC}$, $\mathrm{QR} = \ell$, $\mathrm{DS} = \mathrm{AD}$ に対するミケル点である．したがって，M, N はともに 3 直線 AD, ℓ, BC が定める三角形 LRS の外接円上にある．よって，4 点の組 $(\mathrm{A}, \mathrm{B}, \mathrm{C}, \mathrm{D})$, $(\mathrm{A}, \mathrm{P}, \mathrm{S}, \mathrm{M})$, $(\mathrm{C}, \mathrm{Q}, \mathrm{R}, \mathrm{N})$, $(\mathrm{C}, \mathrm{Q}, \mathrm{R}, \mathrm{N})$ はそれぞれ同一円周上にあることにも注意すると，

$$\begin{aligned}
\measuredangle \mathrm{NMP} &= \measuredangle \mathrm{NMS} + \measuredangle \mathrm{SMP} \\
&= \measuredangle \mathrm{NRQ} + \measuredangle \mathrm{SAP} \\
&= \measuredangle \mathrm{NRQ} + \measuredangle \mathrm{DCB} \\
&= \measuredangle \mathrm{NRQ} + \measuredangle \mathrm{QNR} \\
&= \measuredangle \mathrm{NQP}
\end{aligned}$$

であるから示された． (補題の証明終り)

E を 4 直線 AB, BC, CD, DA に対するミケル点とする．このとき，

$$\measuredangle \mathrm{KEB} = \measuredangle \mathrm{DCB} = \measuredangle \mathrm{DAB} = \measuredangle \mathrm{LEB}$$

であるから，E は直線 KL 上にある．ここで，三角形 EMN の外接円を ω とし，直線 NQ と直線 KL の交点を T とする．$\mathrm{T} \neq \mathrm{E}$ のとき，4 点の組 $(\mathrm{L}, \mathrm{A}, \mathrm{M}, \mathrm{E})$, $(\mathrm{A}, \mathrm{P}, \mathrm{S}, \mathrm{M})$, $(\mathrm{M}, \mathrm{N}, \mathrm{P}, \mathrm{Q})$ はそれぞれ同一円周上にあることに注意すると，

$$\measuredangle \mathrm{TEM} = \measuredangle \mathrm{LEM} = \measuredangle \mathrm{LAM} = \measuredangle \mathrm{MPQ} = \measuredangle \mathrm{TNM}$$

であるから，T は ω 上にある．$\mathrm{T} = \mathrm{E}$ のとき，$\measuredangle \mathrm{LEM} = \measuredangle \mathrm{ENM}$ であるから，直線 KL は ω に接する．ここで，直線 MP と直線 KL の交点を U とすると，同様にして，$\mathrm{U} \neq \mathrm{E}$ のとき U は ω 上にあり，$\mathrm{U} = \mathrm{E}$ のとき ω は直線 KL に接することがわかる．よって，ω と直線 KL は E, T, U を共有することから，$\mathrm{T} = \mathrm{U}$ または $\mathrm{E} = \mathrm{T}$ または $\mathrm{E} = \mathrm{U}$ が成り立たなければいけない．$\mathrm{E} = \mathrm{T}$ または $\mathrm{E} = \mathrm{U}$ のとき，ω と直線 KL は接するから，$\mathrm{T} = \mathrm{U}$ が成り立つ．以上より，いずれの場合にも $\mathrm{T} = \mathrm{U}$ が示され，直線 MP と直線 NQ の交点 X が直線 KL 上にあることが示された．

第4部

ヨーロッパ女子数学オリンピック

4.1　第13回 ヨーロッパ女子数学オリンピック 日本代表一次選抜試験 (2024)

● 2023年11月19日 [試験時間4時間，5問]

1.　正の整数の組 (x, y) であって，次の2つの条件をみたすものをすべて求めよ．

- x と y の平均値が素数である．
- $\dfrac{x! + y!}{x + y}$ が整数である．

2.　n を2以上の整数とする．$n \times n$ のマス目があり，0個以上のマスに○が書き込まれている．A さんと B さんがこのマス目を用いてゲームをする．ゲームでは次の操作を $n-1$ 回繰り返す．

> A さんが，一度も選ばれていない行を1つ選び，その行のマスをすべて黒く塗る．その後 B さんが，一度も選ばれていない列を1つ選び，その列のマスをすべて黒く塗る．

すべての操作が終了したとき，黒く塗られていないマスであって○が書かれたものがあれば B さんの勝ち，そうでないとき A さんの勝ちとする．A さんの行動にかかわらず B さんが勝つことができるような○の配置は何通りあるか．

ただし，回転や裏返しにより一致する配置も異なるものとして数える．

3.　実数に対して定義され実数値をとる関数 f であって，任意の実数 x, y

に対して

$$f(f(x)+xy)=f(x)f(x+y)$$

が成り立つようなものをすべて求めよ．

4.　2 以上の整数 n および正の整数の組 $(a_1, a_2, \cdots, a_n)$ であって，次の 3 つの条件をみたすものをすべて求めよ．

- $a_1 < a_2 < \cdots < a_n$.
- a_n は素数である．
- 任意の 1 以上 n 以下の整数 k について，a_k は $a_1 + a_2 + \cdots + a_n$ を割りきる．

5.　三角形 ABC の重心を G とし，辺 AB, AC の中点をそれぞれ M, N とする．4 点 A, G, M, N が同一円周上にあるとき，A を通り直線 AG に垂直な直線と G を通り直線 BC に垂直な直線は，三角形 ABC の外接円上で交わることを示せ．

解答

【1】　$p=\dfrac{x+y}{2}$ とすると，仮定より p は素数である．まず $x=y$ のとき，$x=y=p$ である．逆にこのとき，$\dfrac{x!+y!}{x+y}=(p-1)!$ は整数なので条件をみたす．$x>y$ のとき，$x+y=2p$ より $x>p>y$ であるので，$x!$ は p の倍数であり $y!$ は p の倍数でない．よって $x!+y!$ は p で割りきれず，$\dfrac{x!+y!}{x+y}=\dfrac{x!+y!}{2p}$ は整数でないので不適である．$x<y$ のとき，$x>y$ の場合と同様に不適である．以上より，求める組は素数 p を用いて (p,p) と表せるものすべてである．

【2】　ゲーム終了時には最後まで選ばれなかった行，列に属するただ1つのマスを除き，すべてのマスが黒く塗られている．唯一黒く塗られていないマスに○が書かれていればBさんの勝ち，そうでなければAさんの勝ちである．

Aさんが選んでいないすべての行に，黒く塗られておらず○が書かれているようなマスが存在するとき，その盤面を**良い状態**であるということにする．まず，Aさんがある行を選ぶことによって良い状態が良い状態でなくなることはない．次に，Bさんが列を選択する直前に良い状態であったとき，Bさんがうまく列を選択することで良い状態を維持できることを示す．Bさんが列を選択する直前に，まだ選ばれていない列が k 個であったとき，まだ選ばれていない行は $k-1$ 個である．この盤面が良い状態であれば，まだ選ばれていない各行から，黒く塗られておらず○が書かれているようなマスを1つずつ選ぶことができる．まだ選ばれていない列は k 個なので，この中に選んだ $k-1$ マスをいずれも含まない列が存在し，Bさんはその列を選ぶことで良い状態を維持できる．以上より，最初の盤面が良い状態であれば，Aさんの行動にかかわらずBさんは最後まで良い状態を維持できる．このとき最後まで黒く塗られなかったマスには○が書かれており，Bさんの勝ちとなる．

逆に，最初の盤面が良い状態でないとき，つまりどのマスにも○が書かれていないような行が存在するときは，$n-1$ 回の各操作で A さんがその行以外の $n-1$ 行を選ぶことにすれば，B さんの行動にかかわらず A さんが勝つことができる．

以上より，最初の盤面が良い状態であるような◯の配置の場合の数を求めればよい．各行について少なくとも 1 つ◯が書かれたマスがあるような場合の数は 2^n-1 なので，答は $(2^n-1)^n$ 通りである．

【3】　まず，$f(0)\neq 0$ のときを考える．$c=\dfrac{f(f(0))}{f(0)}$ とおくと，与式に $x=0$ を代入することで任意の実数 y に対して $f(y)=c$ が成り立つ．特に，$c=f(0)\neq 0$ である．与式から $c=c^2$ となるため $c=1$ であり，解として $f(x)=1$ を得る．

次に，$f(0)=0$ のときを考える．

補題　ある 0 でない実数 a が存在して $f(a)=0$ となるとき，任意の実数 z に対して $f(z)=0$ である．

証明　与式に $(x,y)=\left(a,\dfrac{z}{a}\right)$ を代入すると，$f(f(a)+z)=f(a)f\left(a+\dfrac{z}{a}\right)$，すなわち $f(z)=0$ である．　(補題の証明終り)

与式で $y=-x$ とすると $f(f(x)-x^2)=f(x)f(0)=0$ となる．$f(t)-t^2\neq 0$ となる実数 t が存在するとき，補題より任意の実数 x に対して $f(x)=0$ である．このとき，与式の両辺はともに 0 となるのでよい．$f(t)-t^2\neq 0$ となる実数 t が存在しないとき，任意の実数 x に対して $f(x)=x^2$ である．このとき，与式の両辺はともに $(x^2+xy)^2=x^2(x+y)^2$ となるのでよい．

以上より，求める関数は $f(x)=0,\ f(x)=1,\ f(x)=x^2$ である．

【4】　$n=2$ のとき，$a_2<a_1+a_2<2a_2$ より，a_2 は a_1+a_2 を割りきらないため条件をみたさない．よって，$n,(a_1,a_2,\cdots,a_n)$ が条件をみたすとき，$n\geqq 3$ である．$a_n=p,\ a_{n-1}=m$ とおく．p は素数であり，$1\leqq m<p$ から m と p は互いに素であることがわかる．したがって，3 つ目の条件から $a_1+a_2+\cdots+a_n$ は mp で割りきれる．ゆえに

$$mp\leqq a_1+a_2+\cdots+a_{n-1}+a_n\leqq 1+2+\cdots+m+p=\frac{m(m+1)}{2}+p$$

がわかる．$n \geqq 3$ より $m \geqq a_1 + 1 \geqq 2$ であるため

$$p \leqq \frac{m(m+1)}{2(m-1)} = \frac{m+2}{2} + \frac{1}{m-1} \leqq \frac{m+4}{2} \leqq \frac{p+3}{2}$$

であるから $p \leqq 3$ である．$3 \leqq n \leqq p$ より，$n = 3, (a_1, a_2, a_3) = (1, 2, 3)$ が必要である．逆にこのとき，問題の条件をすべてみたしている．以上より，答は $n = 3, (a_1, a_2, a_3) = (1, 2, 3)$ である．

【5】　UV で線分 UV の長さを表すものとする．

A を通り直線 AG に垂直な直線と G を通り直線 BC に垂直な直線の交点を X とする．

AB $=$ AC のときは直線 AG と BC が直交するから，X と A は一致するため問題の主張は明らかである．以下 AB $\neq$ AC のときを考える．

三角形 ABC の外接円を ω とし，G から直線 BC に下ろした垂線の足を K，辺 BC の中点を L とする．このとき，G は線分 AL, BN, CM, XK 上にある．K, L に関して G と対称な点をそれぞれ P, Q とすると，三角形 BCP, CBQ はともに三角形 BCG と合同である．よって，$\angle$BPC と $\angle$BQC はともに

$$\angle \mathrm{BGC} = \angle \mathrm{MGN} = 180^\circ - \angle \mathrm{MAN} = 180^\circ - \angle \mathrm{BAC}$$

に等しいので，P, Q は直線 BC に関して A と反対側にあることから，P, Q はともに ω 上にある．ここで，K, L はそれぞれ線分 GP, GQ の中点であるから，中点連結定理より $\angle \mathrm{GPQ} = \angle \mathrm{GKL} = 90^\circ$ である．よって，

$$\angle \mathrm{XAQ} = 90^\circ = \angle \mathrm{GPQ} = \angle \mathrm{XPQ}$$

となり，X は ω 上にある．

4.2　第13回 ヨーロッパ女子数学オリンピック (2024)

●第1日目: 4月13日 [試験時間4時間30分]

1.　相異なる2つの整数 u, v が黒板に書かれている．ここから，以下の2つの操作のうちいずれかを行うことを繰り返す：

(i) 黒板に書かれている相異なる2つの整数 a, b に対して，$a+b$ がまだ黒板に書かれていないとき，$a+b$ を黒板に書き加える．

(ii) 黒板に書かれている相異なる3つの整数 a, b, c に対して，整数 x が $ax^2+bx+c=0$ をみたし，かつ x がまだ黒板に書かれていないとき，x を黒板に書き加える．

相異なる2つの整数からなる組 (u, v) であって，どの整数も有限回の操作を繰り返すことで黒板に書かれた状態にできるようなものをすべて求めよ．

2.　$\mathrm{AC} > \mathrm{AB}$ をみたす三角形 ABC があり，その外接円を Ω, 内心を I とする．また，三角形 ABC の内接円と辺 BC, CA, AB の接点をそれぞれ D, E, F とする．三角形 ABC の内接円の劣弧 DF 上の点 X と劣弧 DE 上の点 Y が $\angle\mathrm{BXD} = \angle\mathrm{DYC}$ をみたしている．直線 XY と直線 BC は点 K で交わっている．Ω 上の点 T は直線 BC に関して A と同じ側にあり，直線 KT は Ω に接している．このとき，直線 TD と直線 AI は Ω 上で交わることを示せ．

3.　正の整数 n が**奇妙**であるとは，n の任意の正の約数 d に対して，$d(d+1)$ が $n(n+1)$ を割り切ることをいう．任意の相異なる4つの奇妙な正の

整数 A, B, C, D に対して,

$$\gcd(A, B, C, D) = 1$$

が成り立つことを示せ.

ここで, A, B, C, D のすべてを割り切る最大の整数を $\gcd(A, B, C, D)$ で表す.

●第 2 日目: 4 月 14 日 [試験時間 4 時間 30 分]

4.　$a_1 < a_2 < \cdots < a_n$ をみたす整数 $a_1, a_2, \cdots, a_n$ がある. $1 \leqq i < j \leqq n$ をみたす整数 i, j に対して組 (a_i, a_j) が**面白い**とは, $1 \leqq k < \ell \leqq n$ をみたす整数 k, ℓ が存在して,

$$\frac{a_\ell - a_k}{a_j - a_i} = 2$$

が成り立つことをいう. 3 以上の整数 n それぞれに対して, 面白い組の個数としてありうる最大の値を求めよ.

5.　正の整数全体からなる集合を $\mathbb{N}$ で表す. 関数 $f \colon \mathbb{N} \to \mathbb{N}$ であって, 任意の正の整数 x, y に対して以下の条件がともに成り立つようなものをすべて求めよ：

(i) x の正の約数の個数は, $f(x)$ の正の約数の個数に等しい.

(ii) x が y を割り切らず, y が x を割り切らないとき,

$$\gcd(f(x), f(y)) > f(\gcd(x, y))$$

が成り立つ.

ここで, 正の整数 m, n に対して, m と n をともに割り切る最大の正の整数を $\gcd(m, n)$ で表す.

6.　以下の条件をみたす正の整数 d をすべて求めよ：

実数係数 d 次多項式 P であって, $P(0), P(1), P(2), \cdots, P(d^2 - d)$ に現れる値が高々 d 種類であるようなものが存在する.

解答

【1】 対称性から $u < v$ の場合に考えれば十分である．a, b, c を負の整数とすると，非負整数 x に対して $ax^2 + bx + c < 0$ であるから，$ax^2 + bx + c = 0$ をみたす整数 x は負である．よって $a + b < 0$ とあわせて，黒板に書かれた整数がすべて負であるとき，操作によって新たに書かれる整数もまた負である．また，$u = 0$ または $v = 0$ のとき，いかなる操作も行えない．よって，以下 $u \neq 0$ かつ $v > 0$ であるとしてよい．

ここで，$(u, v) = (-1, 1)$ とする．このとき，まず操作 (i) のみを繰り返して書き加えられるのは 0 のみであり，さらに $\{a, b, c\} = \{-1, 0, 1\}$ のとき $ax^2 + bx + c = 0$ をみたしうる整数 x は -1 または 0 または 1 のみであるから，条件をみたさない．したがって，以下 $(u, v) \neq (-1, 1)$ とする．

ここから，残りの (u, v) はすべて条件をみたすことを示す．(ii) で $(a, b, c) = (u, u + v, v)$ とすることで (いま，これら 3 数は相異なる), -1 が書かれた状態であるとしてよい．

まず，$v = 1$ のときに示す．このとき，$u \leqq -2$ である．-1 を用いて (i) を繰り返し行うことで，u 未満の整数をすべて書ける．また，1 を用いて (i) を繰り返し行うことで，u より大きく 0 以下の整数をすべて書ける．(ii) で $(a, b, c) = (0, 1, -2)$ とすることで 2 が書けるから，ふたたび (i) を繰り返し行うことで正の整数もすべて書ける．

以下，$v > 1$ とする．(i) で $(a, b) = (v, -1)$ として $v - 1$ を，$(a, b) = (v, v - 1)$ として $2v - 1$ を，$(a, b) = (v, 2v - 1)$ として $3v - 1$ を書け (ここで $v > 1$ により $v \neq 2v - 1$ であること), 同様に繰り返すことで任意の正の整数 k について $kv - 1$ を書ける．-1 を用いて (i) を繰り返し行うことで，0 以上 $kv - 1$ 以下の整数をすべて書けるから，これは非負整数をすべて書けることを意味する．(ii) で $(a, b, c) = (0, 1, 2)$ とすることで -2 が書けるから，ふたたび -1 を用いて (i) を繰り返し行うことで負の整数もすべて書ける．

以上により，条件をみたす組 (u,v) は，$u \neq 0$ かつ $v \neq 0$ かつ $\{u,v\} \neq \{-1,1\}$ かつ「$u > 0$ または $v > 0$」をみたすものすべてである．

【2】　接弦定理により $\angle\mathrm{YDC} = \angle\mathrm{YXD}$ が成り立つことに注意すれば，
$180^\circ = \angle\mathrm{DCY} + \angle\mathrm{CYD} + \angle\mathrm{YDC} = \angle\mathrm{BCY} + \angle\mathrm{DXB} + \angle\mathrm{YXD} = \angle\mathrm{BCY} + \angle\mathrm{YXB}$
により四角形 BXYC は円に内接する．よって，方べきの定理により

$$\mathrm{KT}^2 = \mathrm{KB} \cdot \mathrm{KC} = \mathrm{KX} \cdot \mathrm{KY} = \mathrm{KD}^2$$

が成り立つ．

ここで，直線 AI と Ω の交点のうち A でない方を M とする．M における Ω の接線と直線 KT の交点を Q とすると，$\mathrm{QT} = \mathrm{QM}$ が成り立つ．いま，M は A を含まない方の弧 BC の中点であるから，M における Ω の接点は直線 BC に平行であり，$\angle\mathrm{TKD} = \angle\mathrm{TQM}$ が成り立つ．さらに $\mathrm{KT} = \mathrm{KD}$ であることから，三角形 TKD と三角形 TQM は相似であり，ここから T, D, M は同一直線上にあることが従う．以上で示された．

【3】　正の整数 a, b に対して，a が b を割り切ることを $a \mid b$ で表す．任意の素数に対して，それを素因数にもつ奇妙な正の整数は高々 3 つであることを示せばよい．

n を奇妙な正の整数とする．1 とすべての素数は明らかに奇妙であることに注意して，n は 1 でも素数でもないとする．このとき，その最小の素因数 p をとると，条件から $\dfrac{n}{p}\left(\dfrac{n}{p}+1\right) \mid n(n+1)$, すなわち $n+p \mid p^2(n+1)$ である．$p^2(n+1) \equiv p^2(-p+1) \pmod{n+p}$ により $n+p \mid p^2(p-1)$ となるから，$n+p \leqq p^2(p-1)$ が必要である．したがって，$n \leqq p^3 - p(p+1) < p^3$ が従う．p の最小性により，これは n が相異なるとは限らない素数 p, q を用いて $n = pq$ と書けることを意味する．ここで $p = q$ とすると，条件から $p(p+1) \mid p^2(p^2+1)$, すなわち $p+1 \mid p(p^2+1)$ が成り立つが，$p(p^2+1) \equiv -2 \pmod{p+1}$ により不適である．以下，一般性を失わず $p > q$ であるとしてよい．

$p(p+1) \mid pq(pq+1)$ により $p+1 \mid q(pq+1)$ であり，$q(pq+1) \equiv q(-q+1)$ $\pmod{p+1}$ により $p+1 \mid q(q-1)$ である．ここで，$p+1$ と q が互いに素であ

るとすると，$p+1 \mid q-1$ が必要だが，これは $p>q$ に反する．よって $q \mid p+1$ なので，$p+1=mq$ なる正の整数 m が存在する．このとき，$p+1 \mid q(q-1)$ により $m \mid q-1$, 特に $m \leqq q-1$ が成り立つ．

p と q を入れかえて同様に考えれば，$p \mid q+1$ または $q+1 \mid p-1$ が成り立つ．$p \mid q+1$ であるとき $p>q$ により $p=q+1$, すなわち $(p,q)=(3,2)$ であるが，このとき $n=6$ は奇妙ではないので，$q+1 \mid p-1$ がつねに成り立つ．いま，$p-1 \equiv mq-2 \equiv -m-2 \pmod{q+1}$ により $q+1 \mid m+2$ が従う．$m+2 \leqq q+1$ であったから，$q+1=m+2$, すなわち $p=q^2-q-1$ が必要である．

以上により，任意の素数 r に対して，それを素因数にもつ奇妙な正の整数としてありうるのは $r, r(r^2-r-1)$ (r^2-r-1 が素数のとき), $q(q^2-q-1)$ ($r=q^2-q-1$ なる素数 q が存在するとき) の高々 3 つであることが示された．

【4】 求める最大の値が $\dfrac{n^2-3n+4}{2}$ であることを示す．

ある 2 以上 $n-1$ 以下の整数 i に対して，(a_1,a_i) と (a_i,a_n) がともに面白い組であるとする．このとき，$1 \leqq k < \ell \leqq n$ なる整数 k, ℓ であって $\dfrac{a_\ell - a_k}{a_i - a_1} = 2$ をみたすものが存在し，$a_i - a_1 = \dfrac{a_\ell - a_k}{2} \leqq \dfrac{a_n - a_1}{2}$ が成り立つ．同様にして $a_n - a_i \leqq \dfrac{a_n - a_1}{2}$ が成り立つが，辺々足し合わせることで

$$a_n - a_1 = (a_i - a_1) + (a_n - a_i) \leqq 2 \cdot \frac{a_n - a_1}{2} = a_n - a_1$$

となるから，$a_i - a_1 = a_n - a_i = \dfrac{a_n - a_1}{2}$ でなければならない．特に，このような i は高々 1 つしか存在しない．(a_1, a_n) が面白い組ではないこととあわせて，面白い組の個数は高々 ${}_n\mathrm{C}_2 - (n-2) = \dfrac{n^2-3n+4}{2}$ である．

逆に，$a_1 = 0, a_i = 2^i$ $(i = 2, \cdots, n)$ のとき，面白い組が $\dfrac{n^2-3n+4}{2}$ 個であることを示す．まず，2 以上 $n-1$ 以下の整数 j に対して，$\dfrac{a_{j+1} - a_1}{a_j - a_1} = \dfrac{2^{j+1} - 0}{2^j - 0} = 2$ であることから $(1, j)$ は面白い組である．また，2 以上 $n-2$ 以下の整数 i と $i+1$ 以上 $n-1$ 以下の整数 j に対して，$\dfrac{a_{j+1} - a_{i+1}}{a_j - a_i} = \dfrac{2^{j+1} - 2^{i+1}}{2^j - 2^i} = 2$ であ

ることから (i,j) は面白い組である．これらをあわせて，面白い組は $(n-2)+(n-3)+\cdots+1=\dfrac{n^2-3n+2}{2}$ 個ある．さらに，$\dfrac{a_n-a_1}{a_n-a_{n-1}}=\dfrac{2^n-0}{2^n-2^{n-1}}=2$ であることから $(n-1,n)$ は面白い組であり，以上で $\dfrac{n^2-3n+4}{2}$ 個の面白い組が得られた．

よって，求める最大の値は $\dfrac{n^2-3n+4}{2}$ である．

【5】　正の整数 n に対して，その正の約数の個数を $d(n)$ で表す．

まず，q を任意の素数として，$f(n)=q^{d(n)-1}$ が条件をみたすことを確かめる．条件 (i) は明らかに成り立つ．条件 (ii) については，x が y を割り切らず，y が x を割り切らないとき，$\gcd(x,y)$ は x, y をともに割り切り，かつ x, y に一致しないことに注意すれば，

$$\gcd(f(x),f(y))=q^{\min(d(x),d(y))}>p^{d(\gcd(x,y))}=f(\gcd(x,y))$$

により成り立つ．ただし，$\min(d(x),d(y))$ は $d(x)$, $d(y)$ のうち小さい方を表す ($d(x)=d(y)$ のときは $d(x)$ とする)．

$d(f(1))=d(1)=1$ により $f(1)=1$ である．また，任意の素数 p に対して $d(f(p))=f(p)=2$ により $f(p)$ は素数である．ここで $p\neq 2$ とすると，$\gcd(f(2),f(p))>f(\gcd(2,p))=1$ により $f(p)=f(2)$ が必要である．$f(2)=q$ とおく．

以下，任意の正の整数 n について，$f(n)$ は q べき (素因数を q しかもたない正の整数) であることを示す．n がもつ相異なる素因数の個数 k に関する帰納法で示す．$f(n)$ が q べきであるとき，条件 (i) により $f(n)=q^{d(n)-1}$ と定まることに注意する．$k=0$ のとき，すなわち $n=1$ のときはよい．

$k=1$ のとき，p を任意の素数として，$n=p^m$ のときに成り立つことを正の整数 m に関する帰納法で示す．$m=1$ のときはすでに示した．t を正の整数として，$m\leqq t$ の場合にすべて示された，すなわち $f(p^m)=q^{d(p^m)-1}=q^m$ であると仮定し，$m=t+1$ の場合に示す．p でない素数 r について，

$$\gcd(f(p^{t-1}r),q^t)=\gcd(f(p^{t-1}r),f(p^t))>f(\gcd(p^{t-1}r,p^t))=f(p^{t-1})=q^{t-1}$$

であるから，$f(p^{t-1}r)$ は q^t で割り切れる．ここで，$f(p^{t-1}r)$ が q べきでない

とすると，$d(f(p^{t-1}r)) \geqq 2(t+1)$ となるが，これは $d(f(p^{t-1}r)) = d(p^{t-1}r) = 2t$ に反する．よって，$f(p^{t-1}r) = q^{2t-1}$ が必要である．いま，

$$\gcd(f(p^{t+1}), q^{2t-1}) = \gcd(f(p^{t+1}), f(p^{t-1}r)) > f(\gcd(p^{t+1}, p^{t-1}r)) = f(p^{t-1}) = q^{t-1}$$

であるから，$f(p^{t+1})$ は q^t で割り切れる．ここで，$f(p^{t+1})$ が q べきでないとすると，$d(f(p^{t+1})) \geqq 2(t+1)$ となるが，これは $d(f(p^{t+1})) = d(p^{t+1}) = t+2$ に反する．よって，$f(p^{t+1})$ は q べきである．

k_0 を正の整数として，$k = k_0$ の場合に示されたと仮定する．このとき，$k = k_0+1$ の場合を示すには，N を相異なる k_0 個の素因数をもつ任意の正の整数，p を N を割り切らない任意の素数，m を任意の非負整数として，$n = Np^m$ の場合に示せばよい．これを m に関する帰納法で示す．$m = 0$ のときは帰納法の仮定からよい．t を非負整数として，$m = t$ の場合を仮定し，$m = t+1$ の場合を示す．このとき，N の素因数 s について

$$\gcd(f(Np^{t+1}), q^{d(Nsp^t)-1}) = \gcd(f(Np^{t+1}), f(Nsp^t)) > f(\gcd(Np^{t+1}, Nsp^t)) = f(Np^t) = q^{d(Np^t)-1}$$

であるから，$f(Np^{t+1})$ は $q^{d(Np^t)}$ で割り切れる．ここで，$f(Np^{t+1})$ が q べきでないとすると，$d(f(Np^{t+1})) \geqq 2(d(Np^t)+1) = 2(t+1)d(N)+2$ となるが，これは $d(f(Np^{t+1})) = d(Np^{t+1}) = (t+2)d(N)$ に反する．よって，$f(Np^{t+1})$ は q べきである．

以上により，求める関数は q を任意の素数として $f(n) = q^{d(n)-1}$ である．

【6】　$d = 1$ では $P(x) = x$ が，$d = 2$ では $P(x) = x(x-1)$ が，$d = 3$ では $P(x) = x(x-4)(x-5)$ が条件をみたすことが確認される．以下，$d \geqq 4$ として，条件をみたす実数係数 d 次多項式 $P(x)$ の存在を仮定して矛盾を導く．適当に定数倍することで $P(x)$ の最高次の係数は 1 であるとしてよい．

いま，$p_1 < p_2 < \cdots < p_d$ なる d 個の実数 $p_1, p_2, \cdots, p_d$ であって，$P(0), P(1), \cdots, P(d^2-d)$ はすべてこのいずれかであるようなものがとれる．p_i が $P(0), P(1), \cdots, P(d^2-d)$ に現れる回数を n_i で表す ($n_i = 0$ となりうることに注意せよ)．$P(x)$ が d 次であることから，$n_i \leqq d$ が成り立つ．鳩の巣原理により，$n_h = d$

なる h が存在するから，$P(a) = p_h$ なる 0 以上 $d^2 - d$ 以下の整数 a を昇順に並べて $a_1, a_2, \cdots, a_d$ とすると，

$$P(x) = (x - a_1)(x - a_2)\cdots(x - a_d) + p_h$$

と表せる．特に，$P(x)$ の $d-1$ 次の係数は整数であるから，任意の実数 α に対して $P(x) = \alpha$ の (重複度を込めて) d 個の複素数解の総和は整数である (解と係数の関係).

ここから，任意の 1 以上 $d^2 - d$ 未満の整数 i について，$n_i + n_{i+1} \leqq 2d - 2$ であることを示す．そのためには，対称性から $n_i = d$ かつ $n_{i+1} \geqq d - 1$ なる 1 以上 $d^2 - d$ 未満の整数 i が存在したとして矛盾を導けばよい．$P(x) = p_i$ なる整数 x を降順に並べて $x_1, x_2, \cdots, x_d$ とする．いま，$n_{i+1} = d - 1$ であるときも，上の注意から $P(x) = p_{i+1}$ の (重複度を込めて) d 個の解はすべて整数であるから，それらを降順に並べて $y_1, y_2, \cdots, y_d$ とする．このとき，n_i, n_{i+1} の定義から，1 以上 d 以下の整数 j に対して，$0 \leqq y_j \leqq d^2 - d$ ならば $y_j = x_j - (-1)^j$ が成り立つ．$0 \leqq y_j \leqq d^2 - d$ でない j は高々 1 つであり，それは 1 または d に限られる．しかし，解と係数の関係により $x_1 + x_2 + \cdots + x_d = y_1 + y_2 + \cdots + y_d$ であるから，d が奇数であるとすると，ある j について $y_j = x_j$ でなければならず不適である．d が偶数のとき，すべての j で $y_j = x_j - (-1)^j$ が成り立たなければならない．さらに，解と係数の関係により $x_1^2 + x_2^2 + \cdots + x_d^2 = y_1^2 + y_2^2 + \cdots + y_d^2$ でもあり，これは整理すると $0 = 2x_1 - 2x_2 + \cdots + 2x_{d-1} - 2x_d + d$ となるが，$x_{2j-1} > x_{2j}$ によりこれは不可能である．

よって，任意の 1 以上 $d^2 - d$ 未満の整数 i について $n_i + n_{i+1} \leqq 2d - 2$ である．これと $n_1 + n_2 + \cdots + n_d = d^2 - d + 1$ であることから，ありうるのは d が奇数かつ $n_1 = n_3 = \cdots = n_d = d, n_2 = n_4 = \cdots = n_{d-1} = d - 2$ である場合に限られることがわかる．

いま，$P(x) = p_1$ なる整数 x を降順に並べて $s_1, s_2, \cdots, s_d$ とし，$P(x) = p_3$ なる整数 x を降順に並べて $t_1, t_2, \cdots, t_d$ とする．このとき，1 以上 d 以下の整数 j のうち高々 2 つを除いて $t_j = s_j - 2\cdot(-1)^j$ が成り立つ．これが成り立たないような j については，$t_j = s_j - (-1)^j$ でなければならない．上と同様に $s_1 + s_2 + \cdots + s_d = t_1 + t_2 + \cdots + t_d$ が成り立つことに注意すれば，特に j が偶数

のときは $t_j = s_j - 2$ が必要である．

同様の議論を繰り返すことで，改めて $P(x) = p_1$ なる整数 x を降順に並べて $s_1, s_2, \cdots, s_d$ とし，$P(x) = p_d$ なる整数 x を降順に並べて $t_1, t_2, \cdots, t_d$ とすると，j が偶数のとき $s_j - t_j = d - 1$ が必要であることがわかる．ここで，s_4, t_4 の存在が $d \geqq 5$ から保証されるので，$P(x + s_2 - s_4) - P(x) = 0$ は少なくとも d 個の解 $(x = t_4, t_4 + 1, \cdots, s_4)$ をもつこととなるが，左辺は高々 $d - 1$ 次なので矛盾する．

以上により，条件をみたす d は 1, 2, 3 である．

第5部

国際数学オリンピック

5.1 IMO 第61回 ロシア大会 (2020)

●第1日目：9月21日 [試験時間4時間30分]

1. 凸四角形 ABCD の内部に点 P があり，次の等式を満たしている．

$$\angle \mathrm{PAD} : \angle \mathrm{PBA} : \angle \mathrm{DPA} = 1 : 2 : 3 = \angle \mathrm{CBP} : \angle \mathrm{BAP} : \angle \mathrm{BPC}$$

このとき，角 ADP の二等分線，角 PCB の二等分線および線分 AB の垂直二等分線が一点で交わることを示せ．

2. 実数 a, b, c, d は $a \geqq b \geqq c \geqq d > 0$ および $a+b+c+d=1$ を満たしている．このとき

$$(a+2b+3c+4d)a^a b^b c^c d^d < 1$$

であることを示せ．

3. $4n$ 個の小石があり，それぞれの重さは $1, 2, 3, \cdots, 4n$ である．各小石は n 色のうちのいずれか1色で塗られており，各色で塗られている小石はちょうど4個ずつある．小石をうまく2つの山に分けることによって，次の2つの条件をともに満たすことができることを示せ．

- 各山に含まれる小石の重さの合計は等しい．
- 各色で塗られている小石は，各山にちょうど2個ずつある．

●第2日目：9月22日 [試験時間4時間30分]

4. $n > 1$ を整数とする．山の斜面に n^2 個の駅があり，どの2つの駅も標高が異なる．ケーブルカー会社 A と B は，それぞれ k 個のケーブルカーを運行しており，各ケーブルカーはある駅からより標高の高い駅へ

と一方向に運行している (途中に停車する駅はない). 会社 A の k 個のケーブルカーについて, k 個の出発駅はすべて異なり, k 個の終着駅もすべて異なる. また, 会社 A の任意の 2 つのケーブルカーについて, 出発駅の標高が高い方のケーブルカーは, 終着駅の標高ももう一方のケーブルカーより高い. 会社 B についても同様である. 2 つの駅が会社 A または会社 B によって結ばれているとは, その会社のケーブルカーのみを 1 つ以上用いて標高の低い方の駅から高い方の駅へ移動できることをいう (それ以外の手段で駅を移動してはならない).

このとき, どちらの会社によっても結ばれている 2 つの駅が必ず存在するような最小の正の整数 k を求めよ.

5. $n > 1$ 枚のカードがある. 各カードには 1 つの正の整数が書かれており, どの 2 つのカードについても, それらのカードに書かれた数の相加平均は, いくつかの (1 枚でもよい) 相異なるカードに書かれた数の相乗平均にもなっている.

このとき, すべてのカードに書かれた数が必ず等しくなるような n をすべて求めよ.

6. 次の条件を満たすような正の定数 c が存在することを示せ.

> $n > 1$ を整数とし, $\mathcal{S}$ を平面上の n 個の点からなる集合であって, $\mathcal{S}$ に含まれるどの 2 つの点の距離も 1 以上であるようなものとする. このとき, $\mathcal{S}$ を分離するようなある直線 ℓ が存在し, $\mathcal{S}$ に含まれるどの点についても ℓ への距離が $cn^{-1/3}$ 以上となる.

ただし, 直線 ℓ が点集合 $\mathcal{S}$ を分離するとは, $\mathcal{S}$ に含まれるある 2 点を結ぶ線分が ℓ と交わることを表す.

注. $cn^{-1/3}$ を $cn^{-\alpha}$ に置き換えたうえでこの問題を解いた場合, その $\alpha > 1/3$ の値に応じて得点を与える.

解答

【1】　$\angle \mathrm{PAD} = \alpha$ とおく．三角形 APD の内角の和は $\alpha + 3\alpha = 4\alpha$ より大きいので，$4\alpha < 180^\circ$ がわかる．ゆえに $\angle \mathrm{ABP} = 2\alpha < 90^\circ$ となり，角 ABP は鋭角である．三角形 ABP の外心を O とする．角 ABP は鋭角なので O は直線 AP について B と同じ側にある．四角形 ABCD は凸なので，D は直線 AP について B と反対側にある．以上より D は直線 AP について O と反対側にある．

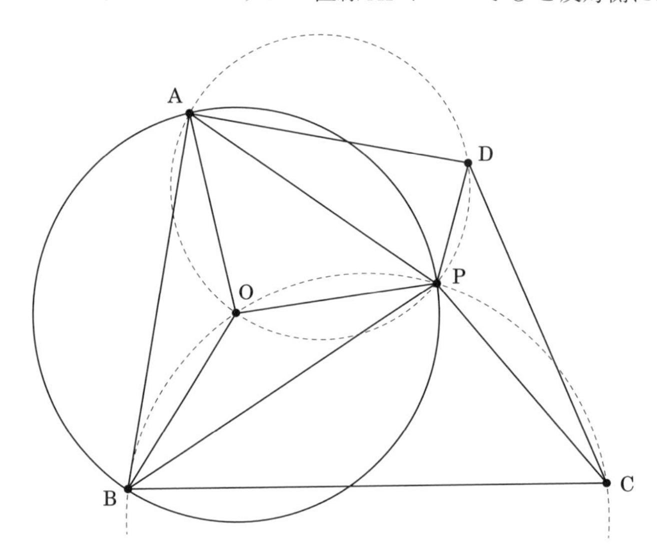

中心角の定理より $\angle \mathrm{AOP} = 2\angle \mathrm{ABP} = 4\alpha$，また $\angle \mathrm{ADP} = 180^\circ - \angle \mathrm{PAD} - \angle \mathrm{DPA} = 180^\circ - 4\alpha$ なので，$\angle \mathrm{AOP} + \angle \mathrm{ADP} = 180^\circ$ となる．これと D が直線 AP について O と反対側にあることから，4 点 A, O, P, D は同一円周上にある．ゆえに $\mathrm{AO} = \mathrm{PO}$ と円周角の定理から，角 ADP の二等分線は O を通る．同様に角 BCP の二等分線も O を通る．$\mathrm{AO} = \mathrm{BO}$ なので線分 AB の垂直二等分線も O を通り，3 直線が 1 点 O で交わることが示された．

【2】　重み付き相加相乗平均の不等式より

$$a^a b^b c^c d^d \leqq a \cdot a + b \cdot b + c \cdot c + d \cdot d = a^2 + b^2 + c^2 + d^2$$

となる．よって

$$(a + 2b + 3c + 4d)(a^2 + b^2 + c^2 + d^2) < 1$$

を示せばよい．$a + b + c + d = 1$ なので

$$(a + 2b + 3c + 4d)(a^2 + b^2 + c^2 + d^2) < (a + b + c + d)^3$$

を示せばよい．

$$\begin{aligned}
&(a + b + c + d)^3 \\
&\quad = a^2(a + 3b + 3c + 3d) + b^2(3a + b + 3c + 3d) + c^2(3a + 3b + c + 3d) \\
&\qquad + d^2(3a + 3b + 3c + d) + 6(abc + bcd + cda + dab)
\end{aligned}$$

なので，$a \geqq b \geqq c \geqq d > 0$ より

$$\begin{aligned}
(a + b + c + d)^3 &> a^2(a + 3b + 3c + 3d) + b^2(3a + b + 3c + 3d) \\
&\qquad + c^2(3a + 3b + c + 3d) + d^2(3a + 3b + 3c + d) \\
&\geqq a^2(a + 2b + 3c + 4d) + b^2(a + 2b + 3c + 4d) \\
&\qquad + c^2(a + 2b + 3c + 4d) + d^2(a + 2b + 3c + 4d) \\
&= (a + 2b + 3c + 4d)(a^2 + b^2 + c^2 + d^2)
\end{aligned}$$

となる．よって示された．

【3】 $4n$ 個の小石を，各小石の組について，2 つの小石の重さの合計が $4n + 1$ となるように，$2n$ 個の小石の組に分割する．小石に塗られた n 個の色に 1 から n の番号を振る．そして，n 個の頂点からなるグラフ G に次のようにして辺を張る．

> 各小石の組について，2 つの石の色をそれぞれ c, d としたとき，c 番目の頂点と d 番目の頂点の間に辺を張る．

このとき，n 個の辺をうまく選ぶことによって，各頂点についてその頂点を端点に持つ辺が重複度を込めてちょうど 2 個選ばれているようにできることを示せばよい (両端点がその頂点と等しい辺は重複度 2 で数え，一方の端点のみが

その頂点と等しい辺は重複度1で数える).

各色の小石は4個ずつあるので，G の各頂点の次数は4である．よって，G の連結成分を $G_1, G_2, \cdots, G_g$ とすると，各連結成分 G_i について，オイラーの一筆書き定理を用いることができる．G_i の頂点集合を V_i とし，G_i を一筆書きしたときにたどる頂点の順番を $A_0, A_1, \cdots, A_k = A_0$ とする．k は G_i に含まれる辺の個数と一致するので，G_i の各頂点の次数が4であることより $k = 4 \times |V_i| \div 2 = 2|V_i|$ である．ここで，$E_i = \{(A_{2j}, A_{2j+1}) \,|\, j = 0, 1, \cdots, |V_i| - 1\}$ という辺集合を考える．$A_0, A_1, \cdots, A_{k-1}$ に G_i の各頂点は2回ずつ現れるので，G_i の各頂点についてその頂点を端点に持つ辺は E_i において重複度を込めてちょうど2個選ばれている．よって，$E_1, E_2, \cdots, E_g$ の和集合を E とすると，G の各頂点についてその頂点を端点に持つ辺は E において重複度を込めてちょうど2個選ばれている．また，E の要素数は $|E_1| + |E_2| + \cdots + |E_g| = |V_1| + |V_2| + \cdots + |V_g| = n$ である．よって，E は条件を満たす辺の選び方となり，示された．

【4】　求める最小の値が $n^2 - n + 1$ であることを示す．

まず $k \leqq n^2 - n$ のときに条件を満たさない場合を構成する．$k = n^2 - n$ として構成すればよい．駅を標高の低い方から $S_1, \cdots, S_{n^2}$ とする．会社 A は S_iS_{i+1} 間 $(1 \leqq i \leqq n^2 - 1, i$ は n の倍数でない$)$ を結ぶケーブルカーを，会社 B は S_iS_{i+n} 間 $(1 \leqq i \leqq n^2 - n)$ を結ぶケーブルカーを運行しているとする．このときどちらの会社によっても結ばれている2つの駅は存在しない．

次に $n^2 - n + 1 \leqq k$ のときにどちらの会社によっても結ばれている2つの駅が存在することを示す．駅 $S_1, \cdots, S_{n^2}$ を頂点とし，ケーブルカーで結ばれている2駅を辺で結ぶグラフを考える．このとき，会社 A, B が運行しているケーブルカーによって結ばれている辺をそれぞれ赤，青で塗る．赤い辺のみを考えたグラフでの連結成分を $A_1, \cdots, A_s$ とし，青い辺のみを考えたグラフでの連結成分を $B_1, \cdots, B_t$ とする．A_i 内の赤い辺の個数は $|A_i| - 1$ なので，$k = |A_1| + \cdots + |A_s| - s$ となる．これと $n^2 - n \leqq k$ および $|A_1| + \cdots + |A_s| = n^2$ から $s \leqq n - 1$ がわかる．同様にして $t \leqq n - 1$ である．さて，写像 $f\colon \{1, \cdots, n^2\} \to \{1, \cdots, s\} \times \{1, \cdots, t\}$ を，S_i を含む連結成分が A_p, B_q のときに $f(i) = (p, q)$ となるように定める．f の終域の集合の元の個数は $st \leqq (n-1)^2 < n^2$ なので，

異なる i,j であって $f(i)=f(j)$ となるものが存在する．これは S_i と S_j が赤い辺でも青い辺でも同じ連結成分内に存在することを意味する．ゆえにこの 2 駅はどちらの会社によっても結ばれている．

【5】　任意の $n>1$ についてすべてのカードに書かれた数が必ず等しくなることを示す．

カードに書かれた数を $a_1 \leqq \cdots \leqq a_n$ とする．これらの最大公約数を g としたとき，カードに書かれた数をすべて g で割っても問題の条件を満たしている．ゆえに g で割ることでカードに書かれた数の最大公約数は 1 としておく．

$1<a_n$ と仮定して矛盾を導く．$1<a_n$ なので a_n の素因数 p がとれる．カードに書かれた数の最大公約数は 1 なので，カードに書かれた数の中に p で割り切れないものが存在する．その中で最大のものを a_m とする．問題の条件から，ある $1 \leqq k$ と $1 \leqq i_1, \cdots, i_k \leqq n$ が存在し

$$\frac{a_n+a_m}{2}=\sqrt[k]{a_{i_1}\cdots a_{i_k}}$$

となる．左辺は a_m より大きいので，ある r が存在し $a_m<a_{i_r}$ となる．このとき m のとり方から a_{i_r} は p で割り切れる．先の式を整理すると

$$(a_n+a_m)^k=2^k a_{i_1}\cdots a_{i_k}$$

となるが，右辺は p で割り切れるが左辺は p で割り切れないので矛盾．

以上より $a_n=1$ となり，カードに書かれた数はすべて 1 であることが示された．g で割った後にすべての数が等しくなったので，初めからカードに書かれた数はすべて等しかったことがわかる．

【6】　$\mathcal{S}$ を分離するような任意の直線 ℓ について，$\mathcal{S}$ の点で ℓ に最も近い点から ℓ までの距離が必ず δ 以下であるような正の実数 δ をとる．$c=\dfrac{1}{8}$ として $\delta>\dfrac{1}{8}n^{-1/3}$ となることを示せば十分である．$\delta \leqq \dfrac{1}{8}n^{-1/3}$ と仮定して矛盾を導く．

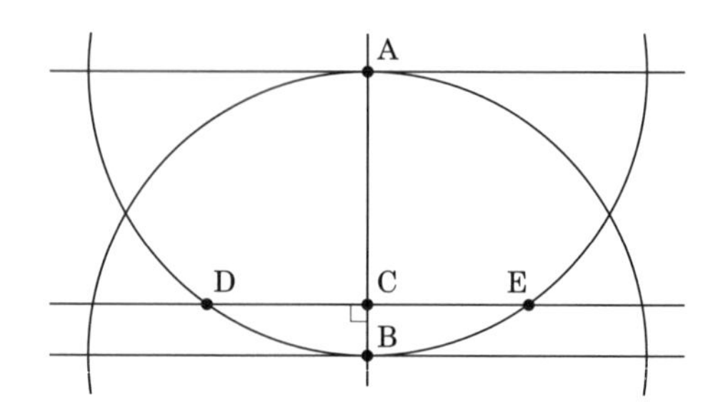

$\mathcal{S}$ の2点 A, B で距離 AB が最大のものをとる．さらに図のように点 C, D, E をとる．ただし C は $\mathrm{BC} = \dfrac{1}{2}$ となる線分 AB 上の点であり，D, E は C における AB の垂線と A を中心とし B を通る円との2交点である．

直線 AB を ℓ，直線 DE を m とおく．$\mathcal{S}$ の各点から ℓ に下ろした垂線の足を A に近い順に $\mathrm{A} = \mathrm{P}_1, \mathrm{P}_2, \cdots, \mathrm{P}_n = \mathrm{B}$ とする．δ の取り方より $\mathrm{P}_i\mathrm{P}_{i+1} \leqq 2\delta$ なので $\mathrm{AB} \leqq 2(n-1)\delta < 2n\delta$ である．ここで，線分 DE と円弧 DE によって囲まれた有界領域 (ただし境界を含む) を考える．この領域内に存在する $\mathcal{S}$ の点の集合を $\mathcal{T}$ とし $t = |\mathcal{T}|$ とおく．このとき，$\mathcal{T}$ の各点から ℓ に下ろした垂線の足を B に近い順に並べると $\mathrm{B} = \mathrm{P}_n, \mathrm{P}_{n-1}, \cdots, \mathrm{P}_{n-t+1}$ となる．よって $\dfrac{1}{2} = \mathrm{BC} \leqq \mathrm{P}_n\mathrm{P}_{n-t} \leqq 2t\delta$ となり $t \geqq \dfrac{1}{4\delta}$ である．

ここで，$\mathcal{T}$ の各点から m に下ろした垂線の足を D に近い順に $\mathrm{Q}_1, \mathrm{Q}_2, \cdots, \mathrm{Q}_t$ とする．$\mathcal{T}$ のどの2点も ℓ に下ろした垂線の足の間の距離が高々 $\dfrac{1}{2}$ であるので，m に下ろした垂線の足の間の距離は $\dfrac{\sqrt{3}}{2}$ 以上である．よって，

$$\mathrm{DE} \geqq \mathrm{Q}_1\mathrm{Q}_t \geqq \frac{\sqrt{3}(t-1)}{2}$$

である．一方で $\mathrm{AC} = \mathrm{AB} - \dfrac{1}{2}$ より

$$\mathrm{DE} = 2\sqrt{\mathrm{AB}^2 - \mathrm{AC}^2} = 2\sqrt{\mathrm{AB} - \frac{1}{4}} < 2\sqrt{\mathrm{AB}}$$

である．よって $\mathrm{AB} \geqq 1$ より

$$t < 1 + \frac{4\sqrt{\mathrm{AB}}}{\sqrt{3}} \leqq 4\sqrt{\mathrm{AB}} < 4\sqrt{2n\delta}$$

である．$t \geqq \dfrac{1}{4\delta}$ と合わせると

$$4\sqrt{2n\delta} > \frac{1}{4\delta} \Leftrightarrow \delta^3 > \frac{1}{512n}$$

となるがこれは $\delta \leqq \dfrac{1}{8}n^{-1/3}$ の仮定に反する.

よって背理法より $\delta > \dfrac{1}{8}n^{-1/3}$ であるから，示された.

5.2 IMO 第62回 ロシア大会 (2021)

●第 1 日目：7 月 19 日 [試験時間 4 時間 30 分]

1. $n \geqq 100$ を整数とする．康夫君は $n, n+1, \cdots, 2n$ をそれぞれ相異なるカードに書き込む．その後，これらの $n+1$ 枚のカードをシャッフルし，2 つの山に分ける．このとき，少なくとも一方の山には，書き込まれた数の和が平方数となるような 2 枚のカードが含まれていることを示せ．

2. 任意の実数 $x_1, \cdots, x_n$ に対して，不等式

$$\sum_{i=1}^{n}\sum_{j=1}^{n}\sqrt{|x_i - x_j|} \leqq \sum_{i=1}^{n}\sum_{j=1}^{n}\sqrt{|x_i + x_j|}$$

が成り立つことを示せ．

3. D は AB > AC なる鋭角三角形 ABC の内部の点であり，$\angle$DAB = $\angle$CAD をみたしている．線分 AC 上の点 E が $\angle$ADE = $\angle$BCD をみたし，線分 AB 上の点 F が $\angle$FDA = $\angle$DBC をみたし，直線 AC 上の点 X が CX = BX をみたしている．O_1, O_2 をそれぞれ三角形 ADC, EXD の外心とする．このとき，直線 BC, EF, O_1O_2 は一点で交わることを示せ．

●第 2 日目：7 月 20 日 [試験時間 4 時間 30 分]

4. Γ を I を中心とする円とし，凸四角形 ABCD の各辺 AB, BC, CD, DA が Γ に接している．Ω を三角形 AIC の外接円とする．BA の A 側への延長線が Ω と X で交わっており，BC の C 側への延長線が Ω と Z で交わっている．また，AD, CD の D 側への延長線が，それぞれ Ω と Y, T

で交わっている．このとき，

$$\mathrm{AD} + \mathrm{DT} + \mathrm{TX} + \mathrm{XA} = \mathrm{CD} + \mathrm{DY} + \mathrm{YZ} + \mathrm{ZC}$$

が成り立つことを示せ．

5. 2 匹のリス，トモとナオは冬を越すために 2021 個のクルミを集めた．トモはクルミに順に 1 から 2021 までの番号をつけ，彼らのお気に入りの木の周りに，環状に 2021 個の穴を掘った．翌朝，トモはナオが番号を気にせずに各穴に 1 つずつクルミを入れたことに気づいた．仕方がないので，トモは次の操作を 2021 回行ってクルミを並べ替えることにした．k 回目の操作ではクルミ k と隣り合っている 2 つのクルミの位置を入れ替える．このとき，ある k が存在して，k 回目の操作でトモは $a < k < b$ をみたすクルミ a, b を入れ替えることを示せ．

6. $m \geqq 2$ を整数，A を (必ずしも正とは限らない) 整数からなる有限集合とし，$B_1, B_2, B_3 \cdots, B_m$ を A の部分集合とする．各 $k = 1, 2, \cdots, m$ について，B_k の要素の総和が m^k であるとする．このとき，A は少なくとも $m/2$ 個の要素を含んでいることを示せ．

解答

【1】　もし，n に対してある正の整数 k が存在して，$n \leqq 2k^2 - 4k$ かつ $2k^2 + 4k \leqq 2n$ をみたしたとする．このとき，

$$2k^2 - 4k < 2k^2 + 1 < 2k^2 + 4k \quad (\because k \geqq 1)$$

より，$2k^2 - 4k, 2k^2 + 1, 2k^2 + 4k$ の書かれたカードがそれぞれ存在して，どちらかの山に属するため，少なくともこれらのうち2枚は同じ山に属するが，

$$(2k^2 - 4k) + (2k^2 + 1) = (2k - 1)^2$$

$$(2k^2 - 4k) + (2k^2 + 4k) = (2k + 1)^2$$

$$(2k^2 + 1) + (2k^2 + 4k) = (2k)^2$$

より，いずれの場合もどちらかの山には足すと平方数となるような2枚のカードが存在する．よって，このような k の存在を示せば良い．

k がみたすべき条件は

$$k^2 + 2k \leqq n \leqq 2k^2 - 4k$$

と書き換えられることに注意する．ここで，$k^2 + 2k \leqq n$ となるような最大の整数 k を取ることを考える．$n \geqq 100$ より $9^2 + 2 \cdot 9 = 99 < n$ であることから，$k \geqq 9$ であり，

$$\lim_{k \to \infty} (k^2 + 2k) = \infty$$

より，条件をみたすような k が必ず存在する．このとき，

$$k^2 + 2k \leqq n < (k + 1)^2 + 2(k + 1)$$

が成り立つが，$k \geqq 9$ より

$$\begin{aligned} 2k^2 - 4k - \left((k + 1)^2 + 2(k + 1)\right) &= k^2 - 8k - 3 \\ &= (k - 4)^2 - 19 \end{aligned}$$

$$\geqq 6$$

であるから，このような k に対して，

$$k^2+2k \leqq n < (k+1)^2+2(k+1) < 2k^2-4k$$

が成り立つ．ゆえに，任意の整数 $n \geqq 100$ についてこのような k が存在し，題意は示された．

【2】　$n=0,1,\cdots$ として数学的帰納法で示す．$n=0$ のときは両辺がともに 0 であり，$n=1$ のときは左辺が 0，右辺が非負であるから成り立っている．以下，$k \geqq 2$ とし，$n=0,1,\cdots,k-1$ のときは成立していると仮定する．

まず，$x_1, x_2, \cdots, x_k$ を任意にとる．次に，$f(t)$ を

$$f(t)=\sum_{i=1}^{k}\sum_{j=1}^{k}\left(\sqrt{|(x_i+t)+(x_j+t)|}-\sqrt{|(x_i+t)-(x_j+t)|}\right)$$

で定める．ここで，

$$\sqrt{|(x_i+t)-(x_j+t)|}=\sqrt{|x_i-x_j|}$$

は t によらない定数であることに注意する．また，$g(t)=\sqrt{|2t+a|}$ という関数を考えると，これは t が実数全体を動くとき連続であり，$2t+a \neq 0$ で上に凸である．$f(t)$ もこのような形の k 個の関数と定数の和で表されるから連続であり，さらにある i, j が存在して $2t+x_i+x_j=0$ となるような t を小さい方から順に $y_1, \cdots, y_m$ とすると，$t<y_1$, $y_i<t<y_{i+1}$ $(1 \leqq i \leqq m-1)$, $y_m<t$ の範囲でそれぞれ上に凸になることが分かる．このとき，$y_i<t<y_{i+1}$ に対して，

$$f(t) \geqq rf(y_i)+(1-r)f(y_{i+1})$$

$$\geqq \min(f(y_i), f(y_{i+1}))$$

$$\left(\text{ただし，} r=\frac{y_{i+1}-t}{y_{i+1}-y_i}\right)$$

が成り立つ．さらに $\lim_{t\to\infty} f(t)=\infty$ と上に凸であることから，$t>y_m$ で $f(t)$ は単調増加であり連続であり，特に $f(t) \geqq f(y_m)$ となる．同様に $t<y_1$ について $f(t) \geqq f(y_1)$ となる．いま示したいことは $f(0) \geqq 0$ であるが，以上のことから $f(y_1), \cdots, f(y_m)$ がいずれも非負となることを示せば良い．

y_l の定義からある i, j について $2y_l+x_i+x_j=0$ が成り立つ．$i=j$ のとき

は $x_i+y_l=0$ であり，$x_1, x_2, \cdots, x_k$ を並べ替えても $f(t)$ が変化しないことに注意すると，$y_l=-x_k$ のときについて示せば十分であるが，$x_k+y_l=0$ より，

$$f(y_l)=\sum_{i=1}^{k-1}\sum_{j=1}^{k-1}\left(\sqrt{|(x_i+y_l)+(x_j+y_l)|}-\sqrt{|(x_i+y_l)-(x_j+y_l)|}\right)$$

となるから，これは帰納法の仮定より 0 以上となる．$i\neq j$ のときは $x_i+x_j+2y_l=0$ であり．同様に $y_l=-\dfrac{x_{k-1}+x_k}{2}$ のときについて示せば十分であるが，$x_k+y_l=-(x_{k-1}+y_l)$ より，任意の i $(1\leqq i\leqq k)$ について

$$\begin{aligned}&\sqrt{|(x_i+y_l)+(x_{k-1}+y_l)|}-\sqrt{|(x_i+y_l)-(x_{k-1}+y_l)|}\\&=-\left(\sqrt{|(x_i+y_l)+(x_k+y_l)|}-\sqrt{|(x_i+y_l)-(x_k+y_l)|}\right)\end{aligned}$$

が成り立つ ($i=k-1, k$ とし，j を任意に定めた場合も同様に成り立つ) ことから，

$$f(y_l)=\sum_{i=1}^{k-2}\sum_{j=1}^{k-2}\left(\sqrt{|(x_i+y_l)+(x_j+y_l)|}-\sqrt{|(x_i+y_l)-(x_j+y_l)|}\right)$$

であり，このときも帰納法の仮定より成り立つ．ゆえに $n=k$ のときについて示され，数学的帰納法によりすべての n について成り立つことが示された．

別解　大学の線形代数と解析学の知識を使う別解を挙げておこう．

まず，準備として実対称行列 A (A の転置行列を ${}^tA$ として，${}^tA=A$, A の成分は実数) に対し ${}^t\vec{x}A\vec{x}$ を **2 次形式**という．たとえば $\vec{x}=\begin{pmatrix}x\\y\\z\end{pmatrix}$ (${}^t\vec{x}=\begin{pmatrix}x & y & z\end{pmatrix}$),

$A=\begin{pmatrix}a & d & e\\d & b & f\\e & f & c\end{pmatrix}$ なら

$$\begin{pmatrix}x & y & z\end{pmatrix}\begin{pmatrix}a & d & e\\d & b & f\\e & f & c\end{pmatrix}\begin{pmatrix}x\\y\\z\end{pmatrix}=ax^2+by^2+cz^2+2dxy+2exz+2fyz$$

となる．すると A の固有値はすべて実数となるが，A の固有値がすべて非負なら任意の $\vec{x}$ に対して ${}^t\vec{x}A\vec{x}\geqq 0$ は知られている (∵直交行列により対角化でき

るので). このとき A を半正定値 (非負定値) 行列という.

また A の ij 成分が $a_{ij} = (\vec{y_i}, \vec{y_j})$ と**内積 (グラム行列)** で表されると $\sum_{i=1}^{n}\sum_{j=1}^{n} x_i a_{ij} x_j = \left|\sum_{i=1}^{n} x_i \vec{y_i}\right|^2 \geqq 0$ となるため A は非負定値となる. 以上の知識を用いてみよう.

$\vec{x} = \begin{pmatrix} 1 \\ 1 \\ \vdots \\ 1 \end{pmatrix}$ なら $\sum_{i=1}^{n}\sum_{j=1}^{n} a_{ij} = \begin{pmatrix} 1 & 1 & \cdots & 1 \end{pmatrix} A \begin{pmatrix} 1 \\ 1 \\ \vdots \\ 1 \end{pmatrix}$ となるので本問は $A = (a_{ij})$ $(a_{ij} = \sqrt{|x_i + x_j|} - \sqrt{|x_i - x_j|})$ が半正定値を示せば良い. また $I(p) = \int_0^\infty \frac{1-\cos(px)}{x\sqrt{x}} dx$ を考えると $I(p) = I(-p)$ で, $y = px\,(p > 0)$ で置換すると $I(p) = \sqrt{|p|} I(1)$ がわかる. すると

$$\sqrt{|a+b|} - \sqrt{|a-b|} = \frac{1}{I(1)} \int_0^\infty \frac{\cos(a-b)x - \cos(a+b)x}{x\sqrt{x}} dx$$
$$= \frac{2}{I(1)} \int_0^\infty \frac{\sin ax \sin bx}{x\sqrt{x}} dx,$$

であり $\sqrt{|x_i + x_j|} - \sqrt{|x_i - x_j|} = \frac{2}{I(1)} \int_0^\infty \frac{\sin x_i x \sin x_j x}{x\sqrt{x}} dx$ と内積 (関数空間) で表され, $I(1) > 0$ に注意すると問題が証明された (注意 $\sum_{i,j}\left(\sqrt{|x_i + x_j|} - \sqrt{|x_i - x_j|}\right) = \frac{2}{I(1)} \int_0^\infty \frac{1}{x\sqrt{x}} \left(\sum_{i=1}^{n} \sin x_i x\right)^2 dx$). 実は $I(1) = \sqrt{2\pi}$ である. それはオイラー–ガウスの公式

$$\int_0^\infty e^{-\alpha x} x^{s-1} dx = \frac{\Gamma(s)}{\alpha^s} \quad (\mathrm{Re}\,\alpha > 0)$$ (高木貞治『解析概論』p.256)

とフレネル積分

$$\int_0^\infty \cos x^2 dx = \int_0^\infty \sin x^2 dx = \frac{\sqrt{\pi}}{2\sqrt{2}}$$ (杉浦光夫『解析入門 II』p.248)

からわかる. なぜなら,

$$\int_0^A \frac{1-\cos x}{x\sqrt{x}} dx = \int_0^A \frac{1}{x\sqrt{x}} dx \int_0^x \sin u du = \iint_{0 \leqq u \leqq x \leqq A} \frac{\sin u}{x\sqrt{x}} du$$

$$= \int_0^A \sin u du \int_u^A \frac{1}{x\sqrt{x}} dx = \int_0^A \sin u \left[\frac{x^{-\frac{3}{2}+1}}{-\frac{3}{2}+1} \right]_u^A$$
$$= 2\left(\int_0^A \frac{\sin u}{\sqrt{u}} du - \frac{1}{\sqrt{A}} \int_0^A \sin u du \right)$$

において $A \to \infty$ として

$$\int_0^\infty \frac{1-\cos x}{x\sqrt{x}} dx = 2\int_0^\infty \frac{\sin u}{\sqrt{u}} du = 2\int_0^\infty \frac{\sin v^2}{\sqrt{v^2}} 2v dv$$
$$= 4\int_0^\infty \sin v^2 dv = 4\frac{\sqrt{\pi}}{2\sqrt{2}} = \sqrt{2\pi}$$

となる．

【3】　(ABC) のようにして，いくつかの点を通る円を表すこととする．

三角形 ABC に関する D の等角共役点を Q とする．このとき，D は角 A の内角の二等分線上にあることから，Q も角 A の内角の二等分線上にあり，したがって A, D, Q は同一直線上にある．これと $\angle$QBF $=$ $\angle$QBA $=$ $\angle$CBD $=$ $\angle$ADF より，4 点 Q, D, F, B は同一円周上にある．同様にして 4 点 Q, D, E, C も同一円周上にあり，方べきの定理より AF $\cdot$ AB $=$ AD $\cdot$ AQ $=$ AE $\cdot$ AC を得るので，これより 4 点 F, B, C, E が同一円周上にあることが分かる．

これより $\angle$FEA $=$ $\angle$ABC となるので，$\angle$DEF $+$ $\angle$BCD $=$ $\angle$DEF $+$ $\angle$ADE $=$ 180° $-$ $\angle$EAD $-$ $\angle$FEA $=$ 180° $-$ $\angle$DAF $-$ $\angle$ABC $=$ (180° $-$ $\angle$DAF $-$ $\angle$FDA) $-$ ($\angle$ABC $-$ $\angle$DBC) $=$ $\angle$AFD $-$ $\angle$ABD $=$ $\angle$BDF となり，接弦定理により (DBC), (DEF) は D で接する．

(DBC), (DEF), (FBCE) の根心を考えると，これは直線 BC，直線 EF，(DBC) と (DEF) の D での共通接線の交点となるので，これを T としたときに，方べきの定理より TD^2 $=$ TE $\cdot$ TF $=$ TB $\cdot$ TC となることが分かる (次ページ上図)．

直線 AT と三角形 ABC の外接円の交点を M とする (次ページ下図)．このとき，上と方べきの定理より TM $\cdot$ TA $=$ TB $\cdot$ TC $=$ TE $\cdot$ TF $=$ TD^2 となり，特に 4 点 A, E, F, M は同一円周上にある．中心 T，半径 TD の円による**反転**を行うと，A は M に，C は B に移り，D は自分自身に移ることから，(ACD) は (MBD) の外接円に移る． (ACD), (MBD) の D でない交点を K とすると，K はこの反転で自分自身に移ることから, TD $=$ TK を得る．これより, 三角形 KDE

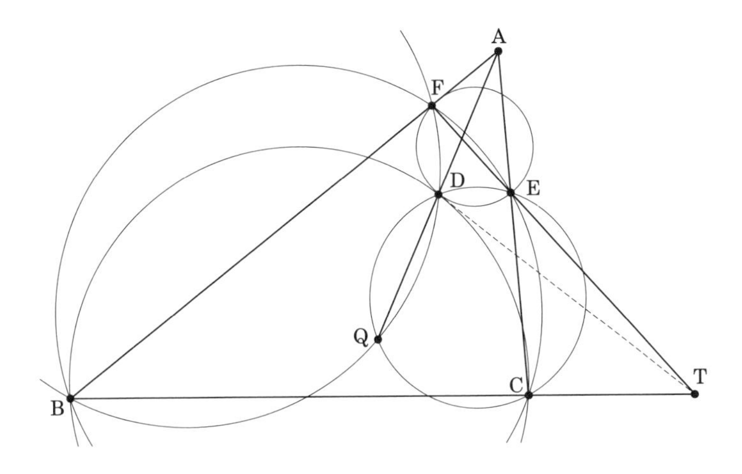

の外心，三角形 ACD の外心，T はいずれも線分 DK の垂直二等分線上にある．三角形 ACD の外心は O_1 であり，T は直線 BC, EF の交点であったことから，三角形 KDE の外心が O_2 と一致することを示せば良い．つまり，4 点 D, K, E, X が同一円周上にあることを示せば良い．

ここで，$\angle EMB = \angle EMA - \angle BMA = (180^\circ - \angle AFE) - \angle BCA = 180^\circ -$

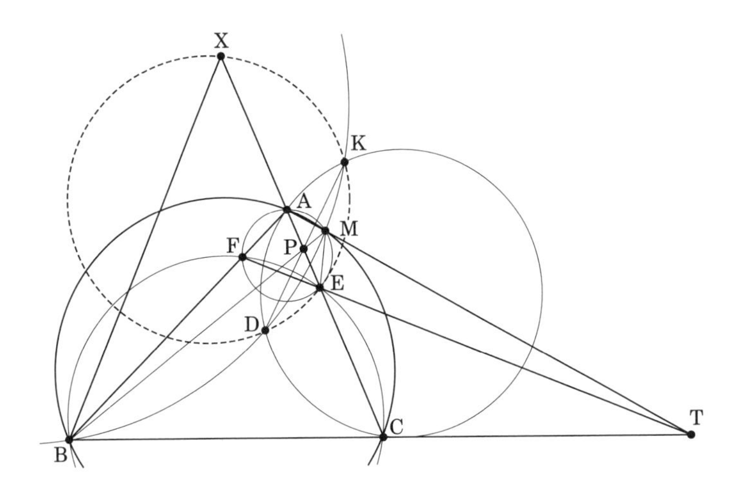

$2\angle BCA = \angle CXB = \angle EXB$ であるから，4 点 B, E, M, X は同一円周上にある．また，(ABCM), (ACDK), (MBDK) の 3 円の根心を考えることで，直線 AC, BM, DK は 1 点で交わり，この点を P とする．以上より，方べきの定理より $EP \cdot XP = BP \cdot MP = DP \cdot KP$ となるので，4 点 D, K, E, X は同一円周上にある．

【4】　I は角 A の内角の二等分線上にあることから，円周角の定理と合わせて $\angle IXY = \angle IAY = \angle BAI = \angle XYI$ となり，$IX = IY$ を得る．同様にして $IT = IZ$ を得るので，Ω の中心を O としたときに X と Y, T と Z は直線 IO に関して対称であり，これより $TX = YZ$ を得る．以上より，示すべき主張は $XA + AD + DT = YD + DC + CZ$ に帰着される．

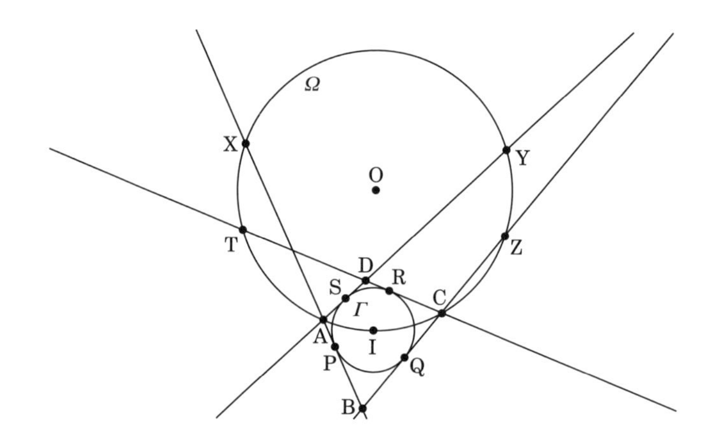

Γ と辺 AB, BC, CD, DA との接点を P, Q, R, S とする．このとき，$IX = IY$, $IP = IS$, $\angle IPX = ISY = 90^\circ$ より直角三角形 IXP, IYS は合同であるから，$XP = YS$ を得る．同様に $RT = QZ$ を得るので，$XA + AD + DT = XA + (AS + SD) + DT = (XA + AP) + (RD + DT) = XP + RT = YS + QZ = (YD + DS) + (QC + CZ) = YD + (DR + RC) + CZ = YD + DC + CZ$ となり，題意は示された．

【5】　条件をみたさないようなクルミの入れ方が存在したとして矛盾することを示す．それぞれの時点においてすでに操作が行われたクルミが入っている穴，

すなわち k 回目の操作の後について番号が k 以下のクルミが入っている穴を良い穴ということにし，そうでない穴を悪い穴ということにする．1 回目の操作の前の時点ですべての穴は悪い穴であり，2021 回目の操作の後ですべての穴は良い穴である．

k 回目の操作の前後で穴の良し悪しが変わり得るのは，クルミ k が入っている穴とそれに隣接する穴の 3 つのみである．仮定からクルミ k の両隣の穴に入っているクルミは，ともに $k-1$ 以下であるか，ともに $k+1$ 以上であるかのどちらかである．クルミ k の両隣の穴について，前者の場合は操作前も操作後も良い穴であり，後者の場合は操作前も操作後も悪い穴であるから，これらの穴の良し悪しが操作の前後で変化することはない．一方で，クルミ k が入っている穴は良い穴の定義が変わったことによって，悪い穴から良い穴へと変化する．よって k 回目の操作の前後で，クルミ k が入っている穴が悪い穴から良い穴へ変化し，それ以外は変化しない．

逆にそれぞれの穴に注目すると，いずれかの操作によって悪い穴から良い穴へと変化し，それ以降悪い穴へと戻る可能性はない．k 回目の操作の前後で悪い穴から良い穴へと変化する穴に k という番号をつけるとすると，今までの議論より，すべての穴には $1 \sim 2021$ の番号がちょうど 1 つずつ割り振られ，仮定より任意の穴について，その穴の番号は両隣の穴の番号のどちらよりも大きいか，両隣の穴の番号のどちらよりも小さいかのどちらかである必要がある．このとき隣り合う 2 つの穴の番号の関係から両隣の穴の番号より小さいものと大きいものが交互に並ぶはずであるが，穴は 2021 個，すなわち奇数個であるから，これはあり得ない．

よって矛盾が導かれ，題意が示された．

【6】　集合 A の要素数を k，その要素を $A=\{a_1,\cdots,a_k\}$ とし，$s(B_i)$ で集合 B_i の要素の総和を表す．ここで，2 つの集合

$$C=\left\{\sum_{i=1}^{m} c_i s(B_i) \mid 0 \leqq c_i \leqq m-1,\ c_i \text{は整数}\right\}$$

と

$$D = \left\{ \sum_{j=1}^{k} d_j a_j \mid 0 \leqq d_j \leqq m(m-1),\ d_j\text{は整数} \right\}$$

を考える．

$$s(B_i) = \left\{ \sum_{j=1}^{k} e_{i,j} a_j \mid e_{i,j} \in \{0,1\} \right\}$$

と書けることから，C の各要素は

$$\sum_{i=1}^{m} c_i s(B_i) = \sum_{j=1}^{k} \left(\sum_{i=1}^{m} c_i e_{i,j} \right) a_j$$

と書け，$0 \leqq c_i \leqq m-1$ $(1 \leqq i \leqq m)$ より

$$0 \leqq \sum_{i=1}^{m} c_i e_{i,j} \leqq m(m-1)$$

であることに注意すると，$C \subset D$ であることが分かる．

ここで，C は

$$C = \left\{ \sum_{i=1}^{m} c_i m^i \mid 0 \leqq c_i \leqq m-1,\ c_i\text{は整数} \right\}$$

と書け，m 以上 m^{m+1} 以上の m の倍数の m 進法での表記を考えるとこれらはすべて C に含まれることが分かるから，C の要素は m^m 個以上 (実際にはちょうど m^m 個) であることが分かる．

一方，D の要素数は $(d_1, \cdots, d_k)$ の組の個数以下であるから，$\{m(m-1)+1\}^k$ 以下である．$m \geqq 2$ より $m(m-1)+1 < m^2$ であるから特に $(m^2)^k = m^{2k}$ 未満であることが分かる．

これより，

$$m^m < m^{2k}$$

であり，m は正整数であるからこれの m についての対数を取ったあと両辺を 2 で割って，

$$\frac{m}{2} < k$$

を得る．よって，示された．

5.3　IMO 第63回 ノルウェー大会 (2022)

●第 1 日目：7 月 19 日 [試験時間 4 時間 30 分]

1.　オスロ銀行ではアルミ製の硬貨 (A で表す) とブロンズ製の硬貨 (B で表す) の 2 種類の硬貨を発行している．慶子さんは n 枚のアルミ製の硬貨と n 枚のブロンズ製の硬貨を持っており，これらの $2n$ 枚の硬貨は 1 列に並べられている．1 種類の硬貨からなる連続する部分列を**鎖**とよぶことにする．ある $2n$ 以下の正の整数 k に対して，慶子さんは以下の操作を繰り返し行う．

左から k 枚目のコインを含む最も長い鎖をとり，その鎖に含まれるコインをすべて列の一番左に移す．

たとえば $n = 4$, $k = 4$ のとき，最初のコインの並べ方が $AABBBABA$ であるとすると，操作の過程は次のようになる．

$$AAB\underline{B}BABA \to BBB\underline{A}AABA \to AAA\underline{B}BBBA$$

$$\to BBB\underline{B}AAAA \to BBB\underline{B}AAAA \to \cdots.$$

$1 \leqq k \leqq 2n$ なる組 (n, k) であって，どのような最初のコインの並べ方についても，操作を何回か行った後に，列の左から n 枚のコインの種類がすべて等しくなるようなものをすべて求めよ．

2.　$\mathbb{R}^+$ を正の実数全体からなる集合とする．関数 $f : \mathbb{R}^+ \to \mathbb{R}^+$ であって，任意の $x \in \mathbb{R}^+$ に対して，$xf(y) + yf(x) \leqq 2$ なる $y \in \mathbb{R}^+$ がちょうど 1 つ存在するようなものをすべて求めよ．

3.　k を正の整数とし，S を奇素数からなる有限集合とする．このとき，次の条件をみたすように S の要素を 1 つずつ円周上に並べる方法は高々 1 通りしかないことを示せ．ただし，回転や裏返しで一致する並べ方は同じものとみなす．

隣接するどの 2 つの要素の積も，ある正の整数 x を用いて $x^2 + x + k$ と表される．

●第 2 日目：7 月 20 日 [試験時間 4 時間 30 分]

4.　BC = DE なる凸五角形 ABCDE の内部に点 T があり，TB = TD, TC = TE, ∠ABT = ∠TEA をみたしている．直線 AB は直線 CD, CT とそれぞれ点 P, Q で交わっており，P, B, A, Q はこの順に並んでいる．また，直線 AE は直線 CD, DT とそれぞれ点 R, S で交わっており，R, E, A, S はこの順に並んでいる．このとき，P, S, Q, R は同一円周上にあることを示せ．

5.　p が素数であるような正の整数の組 (a, b, p) であって，$a^p = b! + p$ をみたすものをすべて求めよ．

6.　n を正の整数とする．**北欧風の地形**とは，各マスに整数が 1 つずつ書き込まれているような $n \times n$ のマス目であって，1 以上 n^2 以下の整数が 1 つずつ書き込まれているようなものを指す．2 つの相異なるマスが隣接するとは，それらのマスがある辺を共有することをいう．そして，あるマスが**谷**であるとは，隣接するどのマスに書き込まれている数も，そのマスに書き込まれている数より大きいことをいう．さらに，次の 3 つの条件をみたす 1 つ以上のマスからなるマスの列を**登山道**とよぶ．

(i) 列の最初のマスは谷である．
(ii) 列において連続する 2 つのマスは隣接している．
(iii) 列の各マスに書き込まれている数は狭義単調増加である．

各 n に対して，北欧風の地形における登山道の個数としてありうる最小の値を求めよ．

解答

【1】　鎖であって，それを含む鎖がそれ自身しかないものを**ブロック**とよぶこととする．また，$A(B)$ が m 個並んだものを $A^m(B^m)$ と表すとする．

まず $k \leqq n-1$ のとき，最初のコインの並べ方が $A^{n-1}B^nA$ だとすると，操作を行っても並びは変わらないから，(n,k) は条件をみたさない．

次に $\dfrac{3n+1}{2} < k$ とする．n が偶数のとき，$n=2m$ とすると $k \geqq 3m+1$ である．最初のコインの並べ方が $A^mB^mA^mB^m$ だとすると，コインの列は操作によって

$$A^mB^mA^mB^m \to B^mA^mB^mA^m \to \cdots$$

を繰り返すから，条件をみたさない．n が奇数のとき，$n=2m+1$ とすると $k \geqq 3m+3$ である．最初のコインの並べ方が $A^{m+1}B^{m+1}A^mB^m$ だとすると，コインの列は操作によって

$$A^{m+1}B^{m+1}A^mB^m \to B^mA^{m+1}B^{m+1}A^m \to$$

$$A^mB^mA^{m+1}B^{m+1} \to B^{m+1}A^mB^mA^{m+1} \to \cdots$$

を繰り返すから，条件をみたさない．

以下，$n \leqq k \leqq \dfrac{3n+1}{2}$ の場合に条件をみたすことを示そう．操作によって左端のブロックを移すとき，操作によって並びは変わらないため，ブロックの個数は変わらない．また，右端のブロックを移すとき，ブロックが奇数個のときは両端のコインの種類が同じだからブロックは 1 つ減るが，ブロックが偶数個のときは個数は変わらない．そして，両端でないブロックを移すとき，そのブロックの右と左のコインの種類は同じだから，まずそのブロックを抜き取ると，ブロックは 2 減る．そしてブロックを端に追加したとき，ブロックは高々 1 増える．結局ブロックは少なくとも 1 減る．

以上より，ブロックの個数は操作によって増加しないから，十分な回数操作を行った後，何回操作を行ってもブロックの個数は変わらない．以下，そのよ

うな状態について考察する．操作によってブロックの個数が変わらないとき，操作では端のブロックを移している．

ある操作で左端のブロックが移されるとき，そのブロックは左から k 個のコインを含むから，$k \geqq n$ より，それは左から n 枚のコインの種類が等しいことを意味する．したがってこの場合は条件をみたす．

以下，右端のブロックしか移されないとする．操作によってブロックの個数が変わらないとしているから，ブロックの個数 d は偶数である．よって $d=2$ または $d \geqq 4$ である．$d \geqq 4$ とすると，あるブロックの長さは $\dfrac{2n}{d} \leqq \dfrac{n}{2}$ 以下である．右端のブロックを移すのを繰り返すと，任意のブロックについて，それが右端に来る状態が存在し，特に，長さ $\dfrac{n}{2}$ 以下のブロックを移す場面が存在する．しかし仮定より $2n-k+1 \geqq \dfrac{n+1}{2} > \dfrac{n}{2}$ であるから，そのブロックは操作できず，矛盾する．したがって $d=2$ であり，条件をみたす．

以上より，条件をみたす組 (n,k) は $n \leqq k \leqq \dfrac{3n+1}{2}$ なる組である．

【2】　まず，f が狭義単調減少（$x_1 < x_2 \implies f(x_1) > f(x_2)$）であることを示す．$x_1 < x_2$ かつ $f(x_1) \leqq f(x_2)$ となる正の実数の組が存在したとする．ここで (x_2, y_2) を良い組とすると，問題文の仮定より (x, y_2) が良い組となるような正の実数 x は x_2 のみである．しかし，$x_1 f(y_2) + y_2 f(x_1) \leqq x_2 f(y_2) + y_2 f(x_2) \leqq 2$ が成立するので，(x_1, y_2) も良い組となり，矛盾である．よって f が狭義単調減少なことが従う．

次に，任意の正の実数 x に対し，$f(x) \geqq \dfrac{1}{x}$ であることを示す．ある正の実数 x_0 が存在し $f(x_0) < \dfrac{1}{x_0}$ となったとする．このとき，$x_0 f(x_0) + x_0 f(x_0) < 2$ なので，(x_0, x_0) は良い組である．また，仮定より $\dfrac{1}{f(x_0)} > x_0$ であり，狭義単調減少性より $f\Bigl(\dfrac{1}{f(x_0)}\Bigr) < f(x_0)$ である．すると，

$$x_0 f\Bigl(\frac{1}{f(x_0)}\Bigr) + \frac{1}{f(x_0)} f(x_0) < x_0 f(x_0) + 1 < 2$$

が成立するので，$\Bigl(x_0, \dfrac{1}{f(x_0)}\Bigr)$ も良い組である．$x_0 \neq \dfrac{1}{f(x_0)}$ なので x_0 と良い組

になる実数が 2 つあることになり矛盾である．よって $f(x) \geqq \dfrac{1}{x}$ が従う．

最後に，任意の正の実数 x に対し $f(x) = \dfrac{1}{x}$ であることを示す．ある正の実数 x_0 が存在し $f(x_0) > \dfrac{1}{x_0}$ だったとする．上の結果と相加・相乗平均の不等式より，任意の正の実数 y に対して $x_0 f(y) + y f(x_0) > \dfrac{x_0}{y} + \dfrac{y}{x_0} \geqq 2$ が成立し，(x_0, y) が良い組となるような y が存在しないので仮定に矛盾する．よって $f(x) \leqq \dfrac{1}{x}$ が従い，前の結果とあわせて $f(x) = \dfrac{1}{x}$ がわかる．

逆に任意の正の実数 x に対し $f(x) = \dfrac{1}{x}$ であるとき，$xf(y) + yf(x) = \dfrac{x}{y} + \dfrac{y}{x}$ であり，相加・相乗平均の不等式より 2 以下になることと $x = y$ は同値なので，$xf(y) + yf(x) \leqq 2$ となる y は x ただ 1 つとなり条件をみたす．

以上より，求める答は $f(x) = \dfrac{1}{x}$ である．

【3】 問の条件を「正の整数」より弱めて「非負整数」としても並べ方が高々 1 通りしかないことを示せば十分である．S の要素が 3 つ以下の場合は，元々並べ方が 1 通りなので明らかである．4 以上の n に対し，S の要素が n 個未満なら条件をみたす並べ方が高々 1 通りであると仮定し，S の要素が n 個の場合を考える．

S に含まれる最大の素数を p とする．条件をみたす並べ方が存在したとし，p に隣接する素数を q, r とする．ここで S の要素は 3 つ以上なので q と r は異なる素数である．このとき，条件よりある非負整数 x, y を用いて $x^2 + x + k = pq, y^2 + y + k = pr$ となる．ここで p の最大性から pq, pr は p^2 未満なので，x, y は p 未満である．2 式の差を取ることで $(x-y)(x+y+1) = p(q-r)$ がわかる．$pq \neq pr$ より $x - y \neq 0$ であり，また $0 \leqq x, y < p$ より $|x-y| < p$ なので，$x - y$ は p で割り切れない．よって $x + y + 1$ は p の倍数である．さらに $0 < x + y + 1 \leqq 2(p-1) + 1$ なので，$x + y + 1 = p$ である．これより $x - y = q - r$ も従う．またここで，p, q, r と異なる S の元 s が存在し，非負整数 z を用いて $z^2 + z + k = ps$ と書けたとする．すると，上の議論で r を s に置き換えることで $x + z + 1 = p$ が従い，$y = z$ となるが，これは r と s が異なることに矛盾である．よっ

て，どの並べ方に対しても p と隣接する素数は q, r であることがわかる．

今，$x+y+1=p, x-y=q-r$ より $x=\dfrac{p+q-r-1}{2}$ である．よって，

$$k=pq-x^2-x=pq-\left(x+\frac{1}{2}\right)^2+\frac{1}{4}=pq-\left(\frac{p+q-r}{2}\right)^2+\frac{1}{4}$$
$$=\frac{-(p^2+q^2+r^2)+2(pq+qr+rp)+1}{4}$$

となる．これは p, q, r に対し対称式なので，$k=pq-\left(\dfrac{p+q-r-1}{2}\right)^2-\left(\dfrac{p+q-r-1}{2}\right)$ において p と r を入れ替えても値は変わらず，$k=qr-\left(\dfrac{-p+q+r-1}{2}\right)^2-\left(\dfrac{-p+q+r-1}{2}\right)$ が従う．これは，$w=\dfrac{-p+q+r-1}{2}$ としたとき $qr=w^2+w+k$ であることを表している．ここで p, q, r が奇数のため w は整数である．さらに $w^2+w+k=(-1-w)^2+(-1-w)+k$ で，$w, -1-w$ のどちらかは非負整数なので，非負な方を w' とおけば，$qr={w'}^2+w'+k$ となる．よって，条件をみたす並べ方に対し，p を取り除いた $n-1$ 個の並べ方も条件をみたしていることがわかる．仮定より条件をみたす $n-1$ 個の並べ方は回転，裏返しを除いて高々 1 通りであり，最大の元 p が隣接する元 q, r も一意だったので，条件をみたす n 個の並べ方も回転，裏返しを除いて高々 1 通りであることがわかる．

よって帰納法により示された．

【4】　条件より $\mathrm{BC}=\mathrm{DE}, \mathrm{CT}=\mathrm{ET}, \mathrm{TB}=\mathrm{TD}$ であるから，$\triangle\mathrm{TBC}\equiv\triangle\mathrm{TDE}$ である．特に $\angle\mathrm{BTC}=\angle\mathrm{DTE}$ が成り立つ．すると三角形 TBQ と TES において $\angle\mathrm{TBQ}=\angle\mathrm{SET}$, $\angle\mathrm{QTB}=180^\circ-\angle\mathrm{BTC}=180^\circ-\angle\mathrm{DTE}=\angle\mathrm{ETS}$ が成り立つから，これらは相似である．したがって $\angle\mathrm{TSE}=\angle\mathrm{BQT}$ および

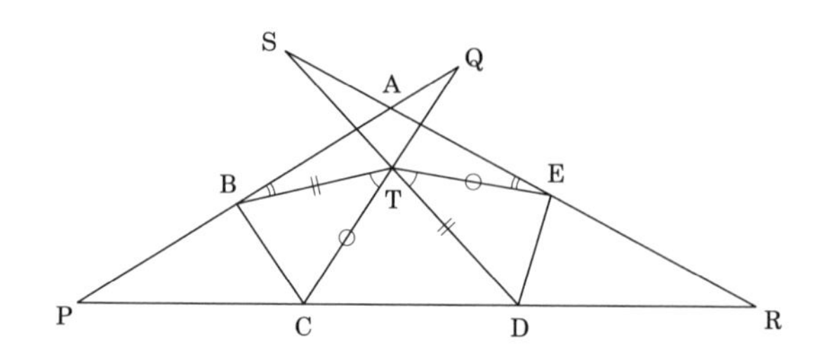

$$\frac{\mathrm{TD}}{\mathrm{TQ}} = \frac{\mathrm{TB}}{\mathrm{TQ}} = \frac{\mathrm{TE}}{\mathrm{TS}} = \frac{\mathrm{TC}}{\mathrm{TS}}$$

を得る．よって $\mathrm{TD} \cdot \mathrm{TS} = \mathrm{TC} \cdot \mathrm{TQ}$ であるから，C, D, Q, S は同一円周上にある．したがって，$\angle\mathrm{DCQ} = \angle\mathrm{DSQ}$ であるから，

$$\angle\mathrm{RPQ} = \angle\mathrm{RCQ} - \angle\mathrm{PQC} = \angle\mathrm{DSQ} - \angle\mathrm{DSR} = \angle\mathrm{RSQ}$$

より，P, S, Q, R が同一円周上にあることが示された．

【5】　正の整数 n, m に対し，n が m を割り切ることを $n \mid m$ と書く．また，素数 q と正の整数 n に対し，n が q^i で割り切れるような最大の非負整数 i を $\mathrm{ord}_q\, n$ で表す．

1. $a > b$ の場合

   (a) $b \leqq p$ のとき
   二項定理より，$a^p \geqq (b+1)^p > b^p + pb \geqq b^p + p$ となる．ここで $b \leqq p$ より $b^p \geqq b^b > b!$ が成立し，以上をあわせると $a^p > b! + p$ となるので不適である．

   (b) $b > p$ のとき
   $b!$ は途中に p をかけているので p の倍数である．よって $p \mid b! + p$ となるので，$p \mid a^p$ で，p は素数なので $p \mid a$ が成立する．ここで，a^p は p で p 回以上割り切れる．b が $2p$ 以上のとき，$b!$ は p で 2 回以上割り切れるため，$b! + p$ は 1 回しか割り切れず不適である．よって $b \leqq 2p - 1$ が成立することがわかる．
   また，a は p の倍数より，ある正の整数 k を用いて $a = kp$ と書ける．ここで $a > b > p$ より $k > 1$ である．$k < p$ と仮定する．このとき $k < b$ より $k \mid b!$ が成立するので，k は $a^p - b!$ を割り切る．しかし $1 < k < p$ より k は p を割り切らず，$a^p - b! = p$ に矛盾する．よって $k \geqq p$ で，$a \geqq p^2$ が従う．
   このとき，上の結果と相加・相乗平均の不等式から

$$b! + p \leqq (2p-1)! + p \leqq \left(\frac{\sum_{i=1}^{2p-1} i}{2p-1}\right)^{2p-1} + p = p^{2p-1} + p < p^{2p} \leqq a^p$$

が従うため，不適なことがわかる．

2. $a \leqq b$ の場合

$a \mid a^p, b!$ と $p = a^p - b!$ より，$a \mid p$ が従う．ここで $a = 1$ は明らかに不適なので $a = p$ がわかる．

まず $p = 2, 3, 5$ の場合を個別に考えると，$(2, 2, 2), (3, 4, 3)$ が条件をみたすことがわかる．

次に $p \geqq 7$ の場合を考える．まず $p^p - p > p^{p-1} \geqq p!$ より，$b \geqq p + 1$ である．ここで次の補題を示す．

補題　3以上の奇数 x と正の整数 n に対し，$\mathrm{ord}_2(x^{2n} - 1) = \mathrm{ord}_2(x^2 - 1) + \mathrm{ord}_2 n$ が成立する．

補題の証明　x を固定して考える．n に関する帰納法で示す．まず $n = 1$ のときは明らかに成立する．$n < r$ について補題が成立すると仮定する．

r が奇数のとき，$x^{2r} - 1 = (x^2 - 1)(x^{2(r-1)} + x^{2(r-2)} + \cdots + x^{2\cdot 0})$ となり，右辺の右側は奇数の奇数個の和なので奇数である．よって $\mathrm{ord}_2(x^{2r} - 1) = \mathrm{ord}_2(x^2 - 1)$ となり，$n = r$ でも補題が成立する．

r が偶数のとき，r 未満の正の整数 r' を用いて $r = 2r'$ と書ける．ここで $x^{2r} - 1 = (x^{2r'} - 1)(x^{2r'} + 1)$ であり，帰納法の仮定と奇数の平方数は4でわって1余ることより

$$\mathrm{ord}_2(x^{2r} - 1) = \mathrm{ord}_2(x^{2r'} - 1) + \mathrm{ord}_2(x^{2r'} + 1)$$

$$= (\mathrm{ord}_2(x^2 - 1) + \mathrm{ord}_2 r') + 1 = \mathrm{ord}_2(x^2 - 1) + \mathrm{ord}_2 r$$

が成立し，$n = r$ でも補題が成立する．　(補題の証明終り)

この補題を $x = p$, $n = \dfrac{p-1}{2}$ に適用することで，$\mathrm{ord}_2(p^{p-1} - 1) = \mathrm{ord}_2(p^2 - 1) + \mathrm{ord}_2 \dfrac{p-1}{2}$ が従う．また $b \geqq p + 1$ と $p > 5$ より，

$$\mathrm{ord}_2 b! \geqq \mathrm{ord}_2\Big(2 \cdot \frac{p-1}{2} \cdot (p-1) \cdot (p+1)\Big) > \mathrm{ord}_2(p^2 - 1) + \mathrm{ord}_2 \frac{p-1}{2}$$

$$= \mathrm{ord}_2(p^{p-1} - 1) = \mathrm{ord}_2(p^p - p)$$

がわかる．しかしこれは $b! = p^p - p$ に矛盾である．よって $p > 5$ のとき解は存在しない．

以上をあわせて，求める解は $(2,2,2),(3,4,3)$ である．

定理　正の整数 n に対し，$\mathrm{ord}_2 n! = n-$(n を 2 進数表記したときの 1 の個数).

定理　p を奇素数，x, y を共に p で割り切れず $x-y$ は p の倍数であるような整数とする．このとき，任意の正の整数 n に対し，$\mathrm{ord}_p(x^n - y^n) = \mathrm{ord}_p(x-y) + \mathrm{ord}_p n$ が成立する．

実際に多くの日本選手が上の定理を用いて証明をしていた．上の定理は帰納的に，下の定理 (LTE の補題) は問 5 の補題の証明と同じ流れで証明できる．

【6】　解答ではグラフ理論の言葉を用いる．以下，グラフは無向（辺に向きがない）とする．(頂点数) − (辺の数) = 1 かつ，連結な（任意の 2 頂点がいくつかの辺で行き来できる）グラフを**木**という．頂点数の帰納法により，木にはループがないことが示される．すると，木の任意の 2 頂点について，それらをいくつかの辺で結ぶ方法はちょうど 1 通りであることが示される．というのも，少なくとも 1 通りあることは連結性から，2 通りないことはループがないことから従うからだ．

答が $2n^2 - 2n + 1$ であることを示そう．登山道に含まれるマスの個数を登山道の**長さ**とよぶこととする．

登山道は必ず $2n^2 - 2n + 1$ 個以上あることを示す．まず，長さ 1 の登山道は谷 1 つからなる列である．1 の書かれたマスは必ず谷となるから，これは 1 つ以上存在する．次に，任意の隣接する 2 マスを選ぶとき，書かれた数が小さい方のマスから始め，

- それが谷であるならば，そこで終了し，
- それが谷でないならば，隣接するマスであって，より小さい数が書かれたマスを見る

という操作を続けることを考えると，マスの数は有限個であるから，この操作は有限回で終了する．この一連の操作で得られるマスの列を逆順にしたものは

長さ 2 以上の登山道となる．各々の隣接する 2 マスについて，これで得られる登山道は相異なり，隣接する 2 マスの選び方は $2n^2-2n$ 通りであるから，長さ 2 以上の登山道は $2n^2-2n$ 個以上存在する．したがって登山道は少なくとも $2n^2-2n+1$ 個存在する．

以下，登山道がちょうど $2n^2-2n+1$ 個である北欧風の地形の例を与える．まず，以下の条件をみたすように $n \times n$ のマス目を白黒 2 色で塗り分けたとする．

- 白いマスは互いに隣接しない．
- 黒いマスを頂点とし，隣接する 2 マスを辺で結ぶグラフは木となる．

そして以下のようにマス目に数字を書き込む．

1. 黒いマスを 1 つ選び，1 を書き込む．
2. 黒いマスであって，隣接するマスにすでに数の書き込まれたものがあるものを選び，そこに今まで書き込まれていない最小の正の整数を書き込む．
3. 白いマスに残りの数を適当に書き込む．

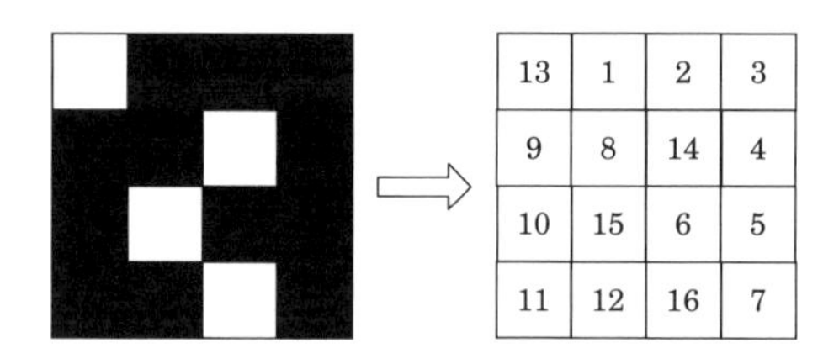

このとき，任意の白いマスは黒いマスに隣接するから谷ではない．また，黒いマスのうち 1 以外の数が書かれたものは，数字の書き込み方から谷ではない．よって谷は 1 と書かれたマスのみである．特に長さ 1 の登山道はただ 1 つである．

そして，任意の隣接する 2 マスを選ぶとき，書き込み方から，書かれた数が小さい方のマスは黒いマスである．登山道では白いマスは必ず最後のマスとなるから，この 2 マスを終点とする登山道から最後のマスを除くと，谷と，書かれた数が小さい方のマスを結ぶ黒いマスのみからなる列である．谷は唯一であ

り，しかも木の性質よりそのような列は唯一であるから，そのような登山道は唯一である．よって，長さ 2 以上の登山道と，隣接する 2 マスは一対一対応するから，ちょうど $2n^2-2n$ 個である．したがって，この北欧風の地形には登山道がちょうど $2n^2-2n+1$ 個ある．

最後に，このような塗り分け方が存在することを示そう．$n=1$ ならば黒で，$n=2$ ならば 3 マスを黒で塗ればよい．以下 $n>2$ とする．$n\equiv 0,2 \pmod 3$ ならば $s=2$，$n\equiv 1 \pmod 3$ ならば $s=1$ と定める．そして非負整数 k,l を用いて

$$(1,6k+s),(2+2l,6k+s+3\pm 1),(3+2l,6k+s\pm 1)$$

と表されるマスを白，他を黒で塗ると，これは上の条件をみたしている．以上より示された．(上図参照)

5.4　IMO 第64回 日本大会 (2023)

●第 1 日目：7 月 8 日 [試験時間 4 時間 30 分]

1.　次の条件をみたす合成数 $n > 1$ をすべて求めよ．

> n のすべての正の約数 $d_1, d_2, \cdots, d_k$ を，$1 = d_1 < d_2 < \cdots < d_k = n$ をみたすようにとったとき，任意の $1 \leqq i \leqq k-2$ に対し d_i が $d_{i+1} + d_{i+2}$ を割りきる．

2.　$\mathrm{AB} < \mathrm{AC}$ なる鋭角三角形 ABC があり，その外接円を Ω とする．点 S を，Ω の A を含む弧 CB の中点とする．A を通り BC に垂直な直線が直線 BS と点 D で交わり，Ω と A と異なる点 E で交わる．D を通り BC と平行な直線が直線 BE と点 L で交わる．三角形 BDL の外接円を ω とおくと，ω と Ω が B と異なる点 P で交わった．このとき，点 P における ω の接線と直線 BS が，$\angle\mathrm{BAC}$ の二等分線上で交わることを示せ．

3.　$k \geqq 2$ を整数とする．正の整数からなる無限数列 $a_1, a_2, \cdots$ であって，以下の条件をみたすものをすべて求めよ．

> 非負整数 $c_0, c_1, \cdots, c_{k-1}$ を用いて $P(x) = x^k + c_{k-1}x^{k-1} + \cdots + c_1 x + c_0$ と表される多項式 P が存在して，任意の整数 $n \geqq 1$ に対して
>
> $$P(a_n) = a_{n+1}a_{n+2}\cdots a_{n+k}$$
>
> をみたす．

●第 2 日目：7 月 9 日 [試験時間 4 時間 30 分]

4. $x_1, x_2, \cdots, x_{2023}$ を相異なる正の実数とする．任意の $n = 1, 2, \cdots, 2023$ に対して

$$a_n = \sqrt{(x_1 + x_2 + \cdots + x_n)\left(\frac{1}{x_1} + \frac{1}{x_2} + \cdots + \frac{1}{x_n}\right)}$$

が整数であるとき，$a_{2023} \geqq 3034$ が成り立つことを示せ．

5. n を正の整数とする．「和風三角形」とは，$1+2+\cdots+n$ 個の円が正三角形状に並んでおり，各 $i = 1, 2, \cdots, n$ に対し，上から i 段目に並んだ i 個の円のうちちょうど 1 つが赤く塗られているようなものを指す．また，和風三角形における「忍者小路」とは，一番上の段にある円から出発し，今いる円のすぐ下に隣り合う 2 つの円のいずれかに移ることを繰り返し，一番下の段にたどり着くまでに通った n 個の円として得られる列とする．以下の図は $n = 6$ における和風三角形と 2 つの赤い円を含む忍者小路の例である．（「赤い円」を「灰色の円」と読み替えてください．編集部注）

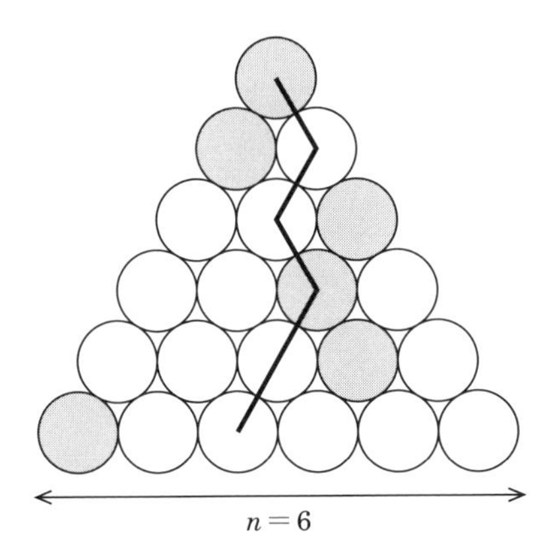

このとき，どのような和風三角形に対しても，少なくとも k 個の赤い円を含む忍者小路が存在するような k としてありうる最大の値を n を用いて表せ．

6. 正三角形 ABC の内部に，3 点 $\mathrm{A_1, B_1, C_1}$ があり，$\mathrm{BA_1 = A_1C}$, $\mathrm{CB_1 = B_1A}$, $\mathrm{AC_1 = C_1B}$ および

$$\angle \mathrm{BA_1C} + \angle \mathrm{CB_1A} + \angle \mathrm{AC_1B} = 480^\circ$$

をみたしている．直線 $\mathrm{BC_1}$ と $\mathrm{CB_1}$ の交点を $\mathrm{A_2}$，直線 $\mathrm{CA_1}$ と $\mathrm{AC_1}$ の交点を $\mathrm{B_2}$，直線 $\mathrm{AB_1}$ と $\mathrm{BA_1}$ の交点を $\mathrm{C_2}$ とする．三角形 $\mathrm{A_1B_1C_1}$ が不等辺三角形であるとき，三角形 $\mathrm{AA_1A_2}$, $\mathrm{BB_1B_2}$, $\mathrm{CC_1C_2}$ の外接円すべてがある共通する 2 点を通ることを示せ．

(備考：不等辺三角形とは，どの二辺の長さも異なる三角形のことである．)

解答

【1】 まず，n が素数 p と 2 以上の整数 m を用いて $n = p^m$ と表されている，つまり n の素因数が 1 つである場合を考える．このとき $k = m+1$ であり，任意の $m+1$ 以下の正の整数 i について $d_i = p^{i-1}$ が成り立つ．よって任意の $m-1$ 以下の正の整数 i について $d_i = p^{i-1}$ は $d_{i+1} + d_{i+2} = p^i + p^{i+1}$ を割りきるので，このような n は条件をみたすとわかる．

次に n が 2 つ以上の素因数を持つとき，問題の条件をみたすと仮定して矛盾を示す．n の素因数を小さい方から順に 2 つとり，p, q とする．このとき q 未満の n の約数は，p しか素因数を持たない．よってある正の整数 s が存在して，$d_1 = 1, d_2 = p, \cdots, d_{s+1} = p^s$ および $d_{s+2} = q$ が成り立つ．任意の k 以下の正の整数 i について $d_i \cdot d_{k+1-i} = n$ が成り立つことから，$d_{k-s-1} = \dfrac{n}{q}, d_{k-s} = \dfrac{n}{p^s}, d_{k-s+1} = \dfrac{n}{p^{s-1}}$ といえる．問の条件より d_{k-s-1} が $d_{k-s} + d_{k-s+1}$ を割りきるので，ある正の整数 t を用いて

$$\frac{n}{q}t = \frac{n}{p^s} + \frac{n}{p^{s-1}}$$

が成り立つとわかる．この式を整理することで

$$p^s \cdot t = q(1+p)$$

となるが，p と q および p と $1+p$ はそれぞれ互いに素なので矛盾する．よって答えは素数 p と 2 以上の整数 m を用いて $n = p^m$ と表されるすべての合成数 n である．

【2】 線分 AF, ST が Ω の直径となるように点 F, T をとる．このとき，直線 AE, ST はともに直線 BC に垂直であるから平行である．すると，$\angle\mathrm{BPD} = \angle\mathrm{BLD} = \angle\mathrm{EBC} = 90^\circ - \angle\mathrm{BEA} = \angle 90^\circ - \angle\mathrm{BFA} = \angle\mathrm{BAF} = \angle\mathrm{BPF}$ より 3 点 P, D, F は同一直線上にある．

P における ω の接線と直線 BS の交点を点 X，Ω との交点のうち P と異なる

ものを点Qとする．

$$\angle\mathrm{XPD} = \angle\mathrm{DBP} = \angle\mathrm{SBP} = \angle\mathrm{SQP}$$

より直線PDとQSは平行であり，直線ADとTSが平行であることとあわせて $\angle\mathrm{PDA} = \angle\mathrm{QST}$ となる．さらに，$\angle\mathrm{DPA} = \angle\mathrm{SQT} = 90^\circ$ とあわせて三角形DPAとSQTは相似である．また，三角形XDPとXSQも相似であるから四角形XDPAとXSQTは相似であり，三角形PAXとQTXは相似である．よって $\angle\mathrm{AXP} = \angle\mathrm{TXQ}$ となり，3点A, X, Tは同一直線上にある．TはAを含まない弧BCの中点であるから直線ATは $\angle\mathrm{BAC}$ の二等分線であり，示された．

注．点Xは三角形APDを三角形TQSに移す相似変換の中心．

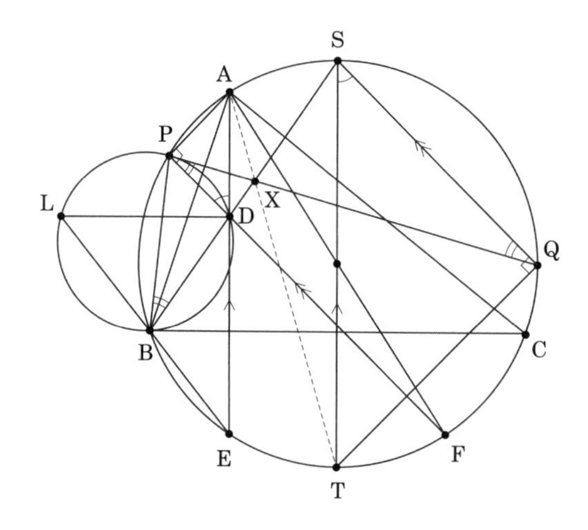

別解　P, D, Fが同一直線上にあることは同様．

直線ATとBSの交点をYとする．Ω 上に $\mathrm{YA} = \mathrm{YP}'$ をみたす点Aと異なる点 P' をとる．

$\angle\mathrm{DAY} = \angle\mathrm{EAT} = \angle\mathrm{ATS} = \angle\mathrm{ABS} = \angle\mathrm{ABY}$ より直線AYは三角形ADBの外接円に接し，方べきの定理より $\mathrm{YA}^2 = \mathrm{YD}\cdot\mathrm{YB}$ が成り立つ．$\mathrm{YA} = \mathrm{YP}'$ とあわせて $\mathrm{YP}'^2 = \mathrm{YD}\cdot\mathrm{YB}$ となり，方べきの定理の逆より直線 $\mathrm{P}'\mathrm{Y}$ は三角形 $\mathrm{P}'\mathrm{DB}$ の外接円に接し，$\angle\mathrm{DP}'\mathrm{Y} = \angle\mathrm{P}'\mathrm{BY}$ が成り立つ．よって $\angle\mathrm{AP}'\mathrm{D} = \angle\mathrm{AP}'\mathrm{Y} + \angle\mathrm{DP}'\mathrm{Y} = \angle\mathrm{P}'\mathrm{AY} + \angle\mathrm{P}'\mathrm{BY} = \angle\mathrm{P}'\mathrm{AT} + \angle\mathrm{P}'\mathrm{BS} = \angle\mathrm{P}'\mathrm{ST} + \angle\mathrm{P}'\mathrm{TS} = 90^\circ$ となり，P' は直線FDと Ω のFと異なる交点である．よって $\mathrm{P} = \mathrm{P}'$ であるから，

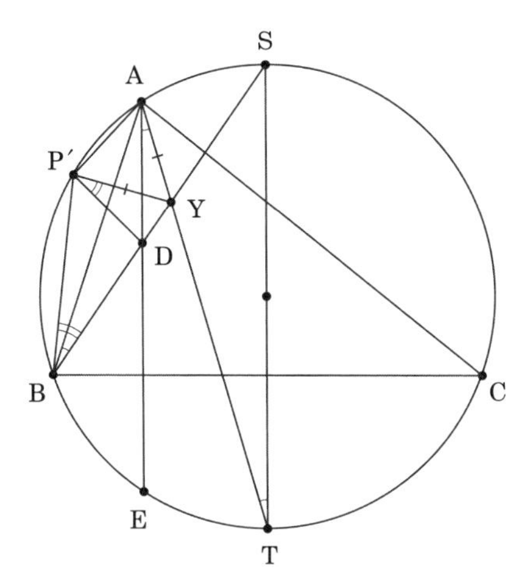

直線 PX は ω に接することが示された.

【3】 まず, 正の整数 m に関して $P(m)$ は狭義単調増加であるから, $a_n > a_{n+1}$ のとき, $a_{n+1}a_{n+2}\cdots a_{n+k} > a_{n+2}a_{n+3}\cdots a_{n+k+1}$ より $a_{n+1} > a_{n+k+1}$ が従い, 同様に $a_n = a_{n+1}$ ならば $a_{n+1} = a_{n+k+1}$ である.

$a_n > a_{n+1}$ をみたすような正の整数 n が存在すると仮定して矛盾を導く. そのような n のなかで a_{n+1} が最小となるようなものの 1 つを s とする. $a_s > a_{s+1}$ より $a_{s+1} > a_{s+k+1}$ であるから, $a_{s+i} > a_{s+i+1}$ となるような整数 $1 \leqq i \leqq k$ が存在する. そのような i のなかで最大のものを t とすると, t の定義より

$$a_{s+t} > a_{s+t+1} \leqq a_{s+t+2} \leqq \cdots \leqq a_{s+k+1} < a_{s+1}$$

となり, s の定義に矛盾する.

よって $\{a_n\}$ が広義単調増加することが示された.

(i) $a_m = a_{m+1}$ となる正の整数 m が存在するとき

このとき, $a_{m+1} = a_{m+k+1}$ であり, $\{a_n\}$ が広義単調増加することとあわせて, $a_{m+1} = a_{m+2} = \cdots = a_{m+k+1}$ が成り立つ. よって帰納的に $n \geqq m$ ならば $a_n = a_m$ が成り立つ. ${a_m}^k + c_{k-1}{a_m}^{k-1} + \cdots + c_1a_m + c_0 = P(a_m) = a_{m+1}a_{m+2}\cdots a_{m+k} = {a_m}^k$ より $c_{k-1} = c_{k-2} = \cdots = c_0 = 0$ である. よって 2 以上の整数 N に関して, $n \geqq N$ ならば $a_n = a_m$ が成り立っているとき, ${a_{N-1}}^k = P(a_{N-1}) = a_Na_{N+1}\cdots a_{N+k-1} = {a_m}^k$ より $a_{N-1} = a_m$ となるか

ら，帰納的に $\{a_n\}$ が定数列であることが示される．

(ii) $a_m = a_{m+1}$ となる正の整数 m が存在しないとき

このとき，$\{a_n\}$ が広義単調増加することとあわせて，$\{a_n\}$ は狭義単調増加する．正の整数 n, i に対して，$b_{n,i} = a_{n+i} - a_n$ とおく．$i \leqq k$ のとき，

$$\begin{aligned} &{a_n}^k + (c_{k-1} + \cdots + c_1 + c_0){a_n}^{k-1} \\ &\geqq {a_n}^k + c_{k-1}{a_n}^{k-1} + \cdots + c_1 a_n + c_0 \\ &= a_{n+1}a_{n+2}\cdots a_{n+k} > a_{n+i}{a_n}^{k-1} \end{aligned}$$

より $a_{n+i} < a_n + (c_{k-1} + \cdots + c_1 + c_0)$ となり，$b_{n,i} < c_{k-1} + \cdots + c_1 + c_0$ が従う．また，$b_{n,k+1} = b_{n,k} + b_{n+k,1} < 2(c_{k-1} + \cdots + c_1 + c_0)$ である．よって $(b_{n,1}, b_{n,2}, \cdots, b_{n,k+1})$ の組としてありうるものは高々有限通りしかないから，$(b_{n,1}, b_{n,2}, \cdots, b_{n,k+1}) = (d_1, d_2, \cdots, d_{k+1})$ となるような正の整数 n が無数に存在するような正整数の組 $(d_1, d_2, \cdots, d_{k+1})$ が鳩の巣原理により存在する．$(b_{n,1}, b_{n,2}, \cdots, b_{n,k+1}) = (d_1, d_2, \cdots, d_{k+1})$ のとき，$P(a_n) = (a_n + d_1)(a_n + d_2)\cdots(a_n + d_k)$ が成り立ち，このような a_n が $k+1$ 種類以上存在するから，$P(x) = (x + d_1)(x + d_2)\cdots(x + d_k)$ となる．また，$P(a_{n+1}) = a_{n+2}a_{n+3}\cdots a_{n+k+1}$ より

$$\begin{aligned} &(a_n + d_1 + d_1)(a_n + d_1 + d_2)\cdots(a_n + d_1 + d_k) \\ &= (a_n + d_2)(a_n + d_3)\cdots(a_n + d_{k+1}) \end{aligned}$$

が成り立ち，このような a_n が $k + 1$ 種類以上存在することから，x の多項式の等式

$$\begin{aligned} &(x + d_1 + d_1)(x + d_1 + d_2)\cdots(x + d_1 + d_k) \\ &= (x + d_2)(x + d_3)\cdots(x + d_{k+1}) \end{aligned}$$

が成り立つ．ここで $d_1 + d_1 < d_1 + d_2 < \cdots < d_1 + d_k$, $d_2 < d_3 < \cdots < d_{k+1}$ に注意すると，任意の k 以下の正整数 i について上の多項式の i 番目に大きい根を考えることで $-(d_1 + d_i) = -d_{i+1}$ を得る．よって，$d = d_1$ とすると $(d_1, d_2, \cdots, d_{k+1}) = (d, 2d, \cdots, (k+1)d)$ であり，$P(x) = (x+d)(x+2d)\cdots(x+kd)$ となる．$(a_{n+1}, a_{n+2}, \cdots, a_{n+k}) = (a_n + d, a_n + 2d, \cdots, a_n + kd)$ が成り

立っているとき，$a_{n+k+1} = \dfrac{P(a_{n+1})}{a_{n+2}a_{n+3}\cdots a_{n+k}}$ より $a_{n+k+1} = a_n + (k+1)d$ となる．また，$n \geqq 2$ のとき，$P(a_{n-1}) = a_n a_{n+1} \cdots a_{n+k-1} = P(a_n - d)$ が成り立つ．$a_{n-1}, a_n - d > -d$ であり，$P(x)$ は $x > -d$ の範囲で狭義単調増加することから，$a_{n-1} = a_n - d$ である．よって帰納的に $\{a_n\}$ が等差数列であることが示された．

以上のことから，条件をみたす $\{a_n\}$ は等差数列であることが必要である．

逆に，$a_n = a_1 + (n-1)d$ (d は非負整数) と表されるとき，$P(x) = (x+d)(x+2d)\cdots(x+kd)$ が条件をみたすことから求める答えは正の整数からなる任意の等差数列である．

【4】　まず，明らかに数列 $a_1, a_2, \cdots, a_{2023}$ は狭義単調増加である．1 以上 2022 以下の整数 n について，

$$\begin{aligned}
a_{n+1}^2 &= (x_1 + x_2 + \cdots + x_{n+1})\left(\frac{1}{x_1} + \frac{1}{x_2} + \cdots + \frac{1}{x_{n+1}}\right) \\
&= (x_1 + x_2 + \cdots + x_n)\left(\frac{1}{x_1} + \frac{1}{x_2} + \cdots + \frac{1}{x_n}\right) + 1 \\
&\quad + \frac{1}{x_{n+1}}(x_1 + x_2 + \cdots + x_n) + x_{n+1}\left(\frac{1}{x_1} + \frac{1}{x_2} + \cdots + \frac{1}{x_n}\right) \\
&\geqq a_n^2 + 1 + 2\sqrt{\frac{1}{x_{n+1}}(x_1 + x_2 + \cdots + x_n) \cdot x_{n+1}\left(\frac{1}{x_1} + \frac{1}{x_2} + \cdots + \frac{1}{x_n}\right)} \\
&= a_n^2 + 1 + 2a_n \\
&= (a_n + 1)^2
\end{aligned}$$

が相加相乗平均の不等式より従う．特に等号成立は

$$\frac{1}{x_{n+1}}(x_1 + x_2 + \cdots + x_n) = x_{n+1}\left(\frac{1}{x_1} + \frac{1}{x_2} + \cdots + \frac{1}{x_n}\right)$$

のときである．

ここで，$a_{n+1} - a_n = 1$ かつ $a_{n+2} - a_{n+1} = 1$ であるような n が存在するとき，上の議論より

$$\frac{1}{x_{n+1}}(x_1 + x_2 + \cdots + x_n) = x_{n+1}\left(\frac{1}{x_1} + \frac{1}{x_2} + \cdots + \frac{1}{x_n}\right) \tag{1}$$

かつ

$$\frac{1}{x_{n+2}}(x_1+x_2+\cdots+x_{n+1})=x_{n+2}\left(\frac{1}{x_1}+\frac{1}{x_2}+\cdots+\frac{1}{x_{n+1}}\right) \tag{2}$$

である．(1) より，

$$\frac{1}{x_{n+1}}(x_1+x_2+\cdots+x_{n+1})=\frac{1}{x_{n+1}}(x_1+x_2+\cdots+x_n)+1$$

$$=x_{n+1}\left(\frac{1}{x_1}+\frac{1}{x_2}+\cdots+\frac{1}{x_n}\right)+1=x_{n+1}\left(\frac{1}{x_1}+\frac{1}{x_2}+\cdots+\frac{1}{x_{n+1}}\right) \tag{3}$$

が従うが，(2)，(3) より，

$$x_{n+1}^2=\frac{x_1+x_2+\cdots+x_{n+1}}{\dfrac{1}{x_1}+\dfrac{1}{x_2}+\cdots+\dfrac{1}{x_{n+1}}}=x_{n+2}^2$$

となり，x_{n+1} と x_{n+2} が異なる正の実数であることに矛盾する．したがって，$a_{n+1}-a_n$ と $a_{n+2}-a_{n+1}$ の少なくとも一方は 2 以上であり，$a_{n+2}-a_n \geqq 3$ が成立する．よって，

$$a_{2023}=a_1+(a_3-a_1)+(a_5-a_3)+\cdots+(a_{2023}-a_{2021})\geqq 1+3\cdot 1011=3034$$

となり，示された．

【5】　実数 r に対して r 以下の最大の整数を $[r]$ で表すこととする．このとき求める値が $1+[\log_2 n]$ であることを示す．

まず，求める値が $1+[\log_2 n]$ 以下であること，すなわちどの忍者小路も赤い円を高々 $1+[\log_2 n]$ 個しか含まないような和風三角形が存在することを示す．1 以上 n 以下の任意の整数 i は，非負整数 a と 0 以上 2^a-1 以下の整数 b を用

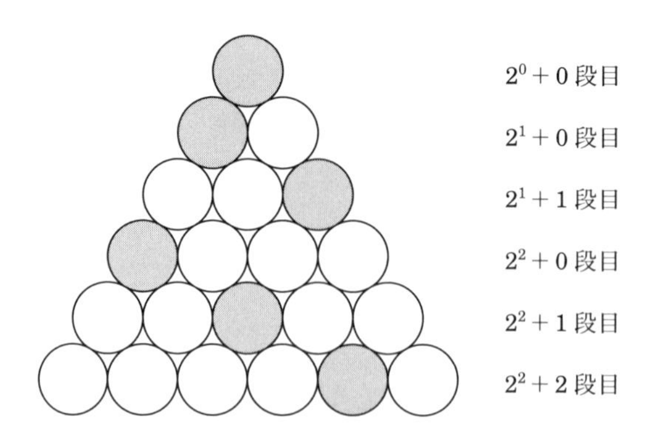

いて $i = 2^a + b$ と一意に表せるが，上から i 段目に並んだ円のうち，左から $2b+1$ 個目の円が赤く塗られた和風三角形を考える．

この和風三角形における任意の忍者小路は，0 以上 $[\log_2 n]$ 以下の整数 a について，$2^a, 2^a+1, \cdots, 2^{a+1}-1$ 段目にある赤く塗られた円のうち，高々 1 つしか含まない．したがってどの忍者小路も赤い円を高々 $1+[\log_2 n]$ 個しか含まない．

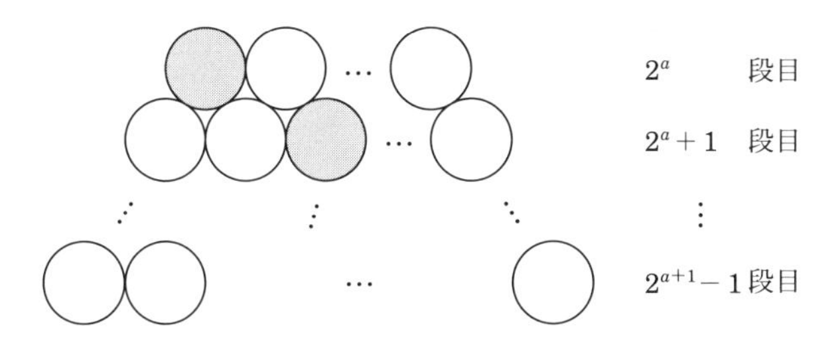

次に，求める値が $1+[\log_2 n]$ 以上であること，すなわちどの和風三角形に対しても $1+[\log_2 n]$ 個の赤い円を含む忍者小路が存在することを示す．まず，和風三角形の各円に，その円に到達するまでに通る赤い円の数としてありうる最大の値を書き込むことを考える．

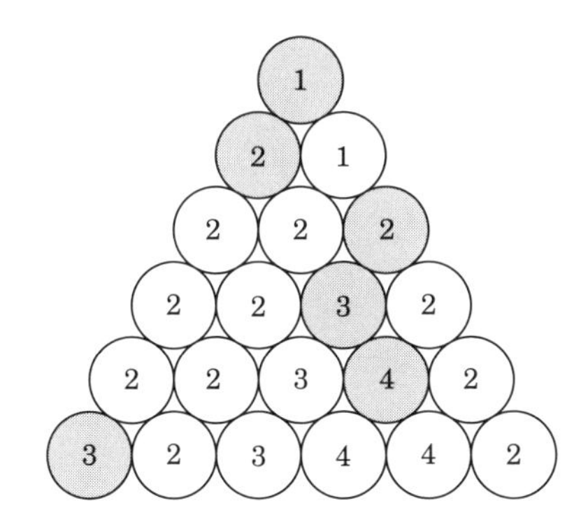

上から i 段目に並んだ i 個の円のうち，左から j 個目の円に書かれた数を $v_{i,j}$ と表すこととし，$\sum_{j=1}^{i} v_{i,j} = \sigma_i$ とする．

ここで，i 段目に書かれた数である，

$$v_{i,1}, v_{i,2}, \cdots, v_{i,i}$$

の中で最大値をとるものの1つを $v_{i,m}$ とおき，特に v_i と表す．このとき，$i+1$ 段目には赤く塗られた円があるということを無視しても，

$$v_{i+1,1} \geqq v_{i,1},$$

$$v_{i+1,2} \geqq v_{i,2},$$

$$\cdots$$

$$v_{i+1,m} \geqq v_{i,m},$$

$$v_{i+1,m+1} \geqq v_{i,m},$$

$$v_{i+1,m+2} \geqq v_{i,m+1},$$

$$\cdots$$

$$v_{i+1,i+1} \geqq v_{i,i}$$

が成立する．$i+1$ 列目には赤く塗られた円が1つあるので，

$$\sigma_{i+1} \geqq (v_{i,1} + v_{i,2} + \cdots + v_{i,m}) + (v_{i,m} + v_{i,m+1} + \cdots + v_{i,i}) + 1 = \sigma_i + v_i + 1$$

が成り立つ．

次に，0以上 $[\log_2 n]$ 以下の整数 j について $\sigma_{2^j} \geqq j2^j + 1$ が成立することを，j についての帰納法で示す．$j = 0$ のとき，明らかに成立する．$j = k$ で成立しているとき，$v_{2^k} \geqq \dfrac{\sigma_{2^k}}{2^k} > k$ なので，2^k 以上 $2^{k+1} - 1$ 以下の整数 i について，$v_i \geqq v_{2^k} \geqq k + 1$ である．よって，$\sigma_{i+1} - \sigma_i \geqq v_i + 1 \geqq (k+1) + 1 = k + 2$ であり，

$$\begin{aligned}\sigma_{2^{k+1}} &= \sigma_{2^k} + (\sigma_{2^k+1} - \sigma_{2^k}) + (\sigma_{2^k+2} - \sigma_{2^k+1}) + \cdots + (\sigma_{2^{k+1}} - \sigma_{2^{k+1}-1}) \\ &\geqq (k2^k + 1) + (k+2)2^k = (k+1)2^{k+1} + 1\end{aligned}$$

を得る．これは $j = k + 1$ での成立を意味し，$\sigma_{2^j} \geqq j2^j + 1$ が示された．これより $v_{2^j} \geqq \dfrac{\sigma_{2^j}}{2^j} > j$ であり，特に $j = [\log_2 n]$ を考えることで $2^{[\log_2 n]}$ 段目に $1 + [\log_2 n]$ 以上の数が書かれた円が存在する，すなわち $1 + [\log_2 n]$ 個以上の赤い円を含む忍者小路が存在することが示された．

【6】 相異なる 3 点 P, Q, R に対して，直線 PQ を P を中心に反時計周りに角度 θ だけ回転させたときに直線 PR に一致するとき，この θ を $\measuredangle$QPR で表すことにする．ただし，180° の差は無視して考えることにする．

(ABC) のようにして，いくつかの点を通る円を表すこととする．三角形 B_1CA, C_1AB が二等辺三角形であるので，

$$\begin{aligned}\angle BA_2C &= \angle A_2BA + \angle ACA_2 + \angle BAC \\ &= \frac{180^\circ - \angle AC_1B}{2} + \frac{180^\circ - \angle CB_1A}{2} + 60^\circ \\ &= 240^\circ - \frac{\angle AC_1B + \angle CB_1A}{2}\end{aligned}$$

といえる．これと

$$\angle BA_1C + \angle CB_1A + \angle AC_1B = 480^\circ$$

より

$$\angle BA_2C = \frac{\angle BA_1C}{2}$$

が従うので，三角形 A_1BC が二等辺三角形であることと合わせて A_1 は三角形 A_2BC の外心であるとわかる．同様に，B_1, C_1 はそれぞれ三角形 B_2CA，三角形 C_2AB の外心であるといえる．

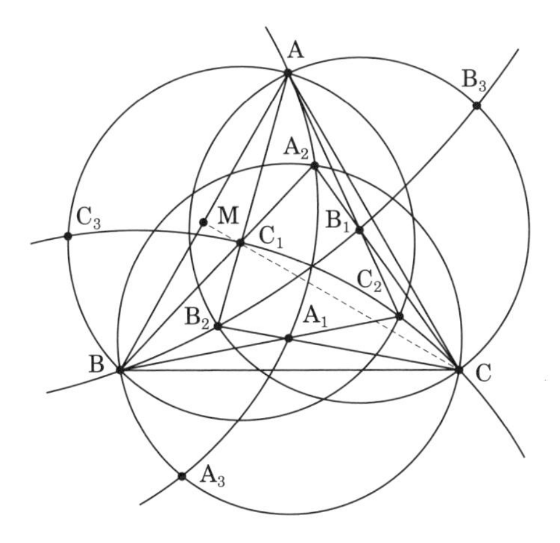

これらより，

$$\angle B_1B_2C_1 = \angle B_1B_2A = \angle B_2AB_1 = \angle C_1AC_2$$

$$= \angle AC_2C_1 = \angle B_1C_2C_1$$

となるので，4 点 B_1, C_1, B_2, C_2 は同一円周上にあるとわかる．同様に 4 点 C_1, A_1, C_2, A_2 および A_1, B_1, A_2, B_2 もそれぞれ同一円周上にあるといえる．

$$\angle C_2A_1B_2 + \angle A_2B_1C_2 + \angle B_2C_1A_2 = 480^\circ > 360^\circ$$

より，6 点 $A_1, B_1, C_1, A_2, B_2, C_2$ が同一円周上にあることはない．よって，$(A_1B_1A_2B_2), (B_1C_1B_2C_2), (C_1A_1C_2A_2)$ はどの 2 つもちょうど 2 点で交わり，その 2 点を結ぶ直線が根軸となる．このとき 3 本の根軸はどの 2 本をとっても平行でないので，直線 A_1A_2, B_1B_2, C_1C_2 は一点で交わる．また，六角形 $A_1C_2B_1A_2C_1B_2$ は凸であるので，その交点を X とおくと，X は線分 A_1A_2, B_1B_2, C_1C_2 上にある．

3 点 A, A_1, A_2 が同一直線上にあるとすると，$BA_1 = A_1C$ より A_2 は線分 BC の垂直二等分線上にあることになる．このとき，B_1 は線分 AC の垂直二等分線と A_2C の交点であり，C_1 は線分 AB の垂直二等分線と A_2B の交点であるので，B_1, C_1 は AA_1 について対称の位置にあるといえる．特に三角形 $A_1B_1C_1$ が二等辺三角形になるので，問題の条件に矛盾する．よって 3 点 A, A_1, A_2 は同一直線上にないとわかり，この 3 点を通る円が存在する．B, B_1, B_2 および C, C_1, C_2 についても同様に外接円が存在するといえる．X の取り方より，X における $(AA_1A_2), (BB_1B_2), (CC_1C_2)$ の方べきは等しい．よって，もし X の他にもう 1 つ $(AA_1A_2), (BB_1B_2), (CC_1C_2)$ の方べきが等しくなる点が存在すれば，X とその点を結ぶ直線上でも $(AA_1A_2), (BB_1B_2), (CC_1C_2)$ の方べきが等しくなる．また X が線分 A_1A_2 上にあることからその直線は (AA_1A_2) と 2 点で交わる．その 2 点における (AA_1A_2) の方べきは 0 になるので，$(BB_1B_2), (CC_1C_2)$ の方べきも 0 となり，題意が示される．以上より，X 以外の点で $(AA_1A_2), (BB_1B_2), (CC_1C_2)$ の方べきが等しくなるようなものを見つければよい．(A_2BC) と (AA_1A_2) の交点のうち A_2 でないものを A_3 とおく．B_3, C_3 も同様に定義する．

直線 CC_1 と線分 AB の交点を M とおく．

$$\measuredangle MAC_2 + \measuredangle AC_2C_1 + \measuredangle C_2C_1M + \measuredangle C_1MA = 0^\circ$$

より，

$$\measuredangle BC_3C = \measuredangle BC_3C_2 - \measuredangle CC_3C_2 = \measuredangle BAC_2 - \measuredangle CC_1C_2$$

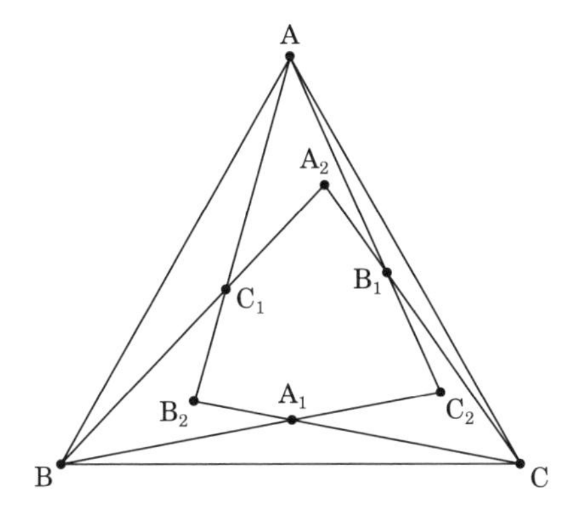

$$= \measuredangle \mathrm{MAC_2} + \measuredangle \mathrm{C_2C_1M} = -\measuredangle \mathrm{C_1MA} - \measuredangle \mathrm{AC_2C_1}$$

$$= 90^\circ - \measuredangle \mathrm{AC_2C_1}$$

とわかる．同様に $\measuredangle \mathrm{BB_3C} = 90^\circ - \measuredangle \mathrm{B_1B_2A}$ とわかるので，4 点 $\mathrm{B_1, C_1, B_2, C_2}$ は同一円周上にあることより

$$\measuredangle \mathrm{BC_3C} = 90^\circ - \measuredangle \mathrm{AC_2C_1} = 90^\circ - \measuredangle \mathrm{B_1B_2A} = \measuredangle \mathrm{BB_3C}$$

とわかり，4 点 $\mathrm{B, C, B_3, C_3}$ は同一円周上にあることがわかる．同様に，$\mathrm{C, A, C_3, A_3}$ および $\mathrm{A, B, A_3, B_3}$ もそれぞれ同一円周上にあるとわかる．

6 点 $\mathrm{A, B, C, A_3, B_3, C_3}$ が同一円周上にあることはない．実際，もし同一円周上にあったとすると，$\mathrm{A_3}$ の取り方より $\mathrm{A_1}$ が三角形 ABC の外心になるが，このとき

$$480^\circ = \angle \mathrm{BA_1C} + \angle \mathrm{CB_1A} + \angle \mathrm{AC_1B} < 120^\circ + 180^\circ + 180^\circ = 480^\circ$$

となり矛盾する．よって，$(\mathrm{ABA_3B_3})$, $(\mathrm{BCB_3C_3})$, $(\mathrm{CAC_3A_3})$ はどの 2 つもちょうど 2 点で交わり，その 2 点を結ぶ直線が根軸となる．このとき 3 本の根軸はどの 2 本をとっても平行でないので，直線 $\mathrm{AA_3, BB_3, CC_3}$ は 1 点で交わる．その点を Y とおくと，Y でこれらの円についての方べきは等しいので，$(\mathrm{AA_1A_2})$, $(\mathrm{BB_1B_2})$, $(\mathrm{CC_1C_2})$ の方べきも等しい．$\mathrm{A_3}$ の取り方より，4 点 $\mathrm{A, A_2, A_1, A_3}$ はこの順で $(\mathrm{AA_1A_2})$ 上に並んでいる．また X は線分 $\mathrm{A_1A_2}$ 上の点であり，Y は $\mathrm{AA_3}$ 上の点であるため，X と Y は一致することはない．よって題意は示された．

5.5 IMO 第 65 回 イギリス大会 (2024)

●第 1 日目：7 月 16 日 [試験時間 4 時間 30 分]

1. 　実数 α であって，任意の正の整数 n に対して

$$\lfloor \alpha \rfloor + \lfloor 2\alpha \rfloor + \cdots + \lfloor n\alpha \rfloor$$

が n の倍数となるようなものをすべて求めよ．

(ただし，実数 z に対して z 以下の最大の整数を $\lfloor z \rfloor$ で表す．例えば，$\lfloor -\pi \rfloor = -4$, $\lfloor 2 \rfloor = \lfloor 2.9 \rfloor = 2$ である．)

2. 　正の整数の組 (a, b) であって，次をみたす正の整数 g と N が存在するようなものをすべて求めよ．

任意の整数 $n \geqq N$ について $\gcd(a^n + b, b^n + a) = g$ が成り立つ．

(ただし，正の整数 x, y に対し，x と y の最大公約数を $\gcd(x, y)$ で表す．)

3. 　正の整数からなる数列 $a_1, a_2, a_3, \cdots$ と正の整数 N があり，任意の整数 $n > N$ について，a_n は a_{n-1} が $a_1, a_2, \cdots, a_{n-1}$ に現れる回数に等しい．このとき，$a_1, a_3, a_5, \cdots$ または $a_2, a_4, a_6, \cdots$ が十分先で周期的であることを示せ．

(ただし，数列 $b_1, b_2, b_3, \cdots$ が「十分先で周期的である」とは正の整数 p と M であって，任意の整数 $m \geqq M$ について $b_{m+p} = b_m$ となるものが存在することである．)

●第 2 日目：7 月 17 日 [試験時間 4 時間 30 分]

4. $AB < AC < BC$ をみたす三角形 ABC において，その内心と内接円をそれぞれ I, ω とおく．直線 BC 上の C と異なる点 X を，X を通り直線 AC に平行な直線が ω に接するようにとる．同様に，直線 BC 上の B と異なる点 Y を，Y を通り直線 AB に平行な直線が ω に接するようにとる．直線 AI と三角形 ABC の外接円の交点のうち A でない方を P とする．辺 AC, AB の中点をそれぞれ K, L とおく．このとき，$\angle KIL + \angle YPX = 180^\circ$ が成り立つことを示せ．

5. かたつむりのターボ君は 2024 行 2023 列からなるマス目においてゲームを行う．2022 個のマスにモンスターが潜んでいる．最初，ターボ君はモンスターがどこに潜んでいるかを知らないが，モンスターが 1 行目と 2024 行目を除く各行にちょうど 1 体ずつ潜んでおり，どの列についても潜んでいるモンスターは高々 1 体であることはわかっている．

ターボ君は 1 行目から 2024 行目まで移動する挑戦を何回か行う．各挑戦の内容は以下の通りである：

> まず，ターボ君は開始地点となるマスを 1 行目から選ぶ．そして，今いるマスと辺を共有して隣り合うマスに移動することを繰り返す．(既に訪れたマスに再び移動してもよい．) 移動したマスにモンスターが潜んでいると，その挑戦は失敗となり 1 行目に戻され次の挑戦が始まる．2024 行目のいずれかのマスに到達すれば挑戦は成功となり，ゲームを終了する．

ただし，モンスターは動かず，またターボ君は既に訪れたマスがモンスターの潜んでいるマスかどうかを覚えているとする．

モンスターの配置によらず，ターボ君が n 回以内の挑戦で 2024 行目に到達する戦略があるような n としてありうる最小の値を求めよ．

6. $\mathbb{Q}$ を有理数全体からなる集合とする．関数 $f\colon \mathbb{Q} \to \mathbb{Q}$ が「麗しい」とは，任意の有理数 x, y について

「　$f(x+f(y))=f(x)+y$　　または　　$f(f(x)+y)=x+f(y)$　」

が成立することである．次の条件をみたす整数 c が存在することを示し，そのような c としてありうる最小の値を求めよ．

> 任意の麗しい関数 f について，有理数 r を用いて $f(r)+f(-r)$ と表せる有理数は高々 c 種類である．

解答

【1】 まず，α が整数の場合を考える．$n=2$ とすると $\lfloor\alpha\rfloor+\lfloor 2\alpha\rfloor=3\alpha$ が 2 で割りきれることがわかるため，α は偶数である．逆に α が偶数であるとき，

$$\lfloor\alpha\rfloor+\lfloor 2\alpha\rfloor+\cdots+\lfloor n\alpha\rfloor=\alpha+2\alpha+\cdots+n\alpha$$
$$=\frac{n(n+1)}{2}\alpha=n\cdot\frac{(n+1)\alpha}{2}$$

は必ず n で割りきれるから，問題の条件をみたす．

以下では，整数でない α が問題の条件をみたすと仮定して矛盾を導く．$a=\lfloor\alpha\rfloor$, $\beta=\alpha-a$ とする．β は α の小数部分であり，$0<\beta<1$ をみたすから，$k\beta\geqq 1$ となるような最小の整数 k がとれて，$k>1$ が成り立つ．ここで，$k\beta=(k-1)\beta+\beta<2$ より，$\lfloor k\beta\rfloor=1$ である．$n=k$ とすると，

$$\lfloor\alpha\rfloor+\lfloor 2\alpha\rfloor+\cdots+\lfloor k\alpha\rfloor=\frac{k(k+1)}{2}a+\lfloor\beta\rfloor+\lfloor 2\beta\rfloor+\cdots+\lfloor k\beta\rfloor$$
$$=\frac{k(k+1)}{2}a+1$$

が k で割りきれることがわかる．k が奇数または a が偶数のとき，$\frac{k(k+1)}{2}a$ は k の倍数であるから，$1\equiv 0 \pmod{k}$ となり $k>1$ に矛盾する．k が偶数かつ a が奇数のとき，$\frac{k}{2}+1\equiv 0 \pmod{k}$ となるから，$k=2$ が従う．以上より，$k=2$ かつ a が奇数である．

補題　任意の正の整数 i について，$\lfloor i\beta\rfloor=i-1$ が成り立つ．

補題の証明　i に関する帰納法で示す．$i=1,2$ のときは β の定義と $k=2$, $\lfloor k\beta\rfloor=1$ から従う．$i\leqq j-1$ で補題の主張が成立するとき, $n=j$ とすると

$$\lfloor\alpha\rfloor+\lfloor 2\alpha\rfloor+\cdots+\lfloor j\alpha\rfloor=\frac{j(j+1)}{2}a+\lfloor\beta\rfloor+\lfloor 2\beta\rfloor+\cdots+\lfloor j\beta\rfloor$$
$$=\frac{j(j+1)}{2}a+0+1+\cdots+(j-2)+\lfloor j\beta\rfloor$$
$$=\frac{j(j+1)}{2}a+\frac{(j-2)(j-1)}{2}+\lfloor j\beta\rfloor$$

$$= j\left(\frac{a+1}{2}\cdot j + \frac{a-3}{2}\right) + 1 + \lfloor j\beta \rfloor$$

が j で割りきれるとわかる．a は奇数であったから，$\lfloor j\beta \rfloor \equiv -1 \pmod{j}$ である．一方で，$0 \leqq \lfloor j\beta \rfloor < j$ が成立するから，$\lfloor j\beta \rfloor = j-1$ がわかり，補題が示された．

(補題の証明終り)

いま，$\beta < 1$ より，$\beta < 1 - \dfrac{1}{\ell}$ となる正の整数 ℓ が存在するが，$\lfloor \ell\beta \rfloor < \ell - 1$ となり，補題に矛盾する．以上より，問題の条件をみたす実数 α は偶数のみである．

【2】　正の整数 n に対して，1 以上 n 以下の整数であって n と互いに素なものの個数を $\varphi(n)$ で表すとする．$K = ab+1$ とおく．このとき，N 以上の整数 n_0 を $n_0 \equiv -1 \pmod{\varphi(K)}$ をみたすようにとると，a は K と互いに素であるので，オイラーの定理より

$$a^{n_0} + b \equiv a^{-1} + b \equiv a^{-1}(1+ab) \equiv 0 \pmod{K}$$

が成り立つ．同様に $a + b^{n_0} \equiv 0 \pmod{K}$ も成り立つので，$g = \gcd(a^{n_0}+b, a+b^{n_0})$ は K の倍数となる．よって $a^N(a-1) \equiv a^{N+1} + b - (a^N + b) \equiv 0 \pmod{K}$ が成り立つので，a と K が互いに素であることより $a-1$ は K で割りきれることがわかる．これと $0 \leqq a-1 < ab+1 = K$ より $a = 1$ が必要である．同様に $b = 1$ もいえる．

逆に $(a,b) = (1,1)$ のとき $g = 2$ で条件をみたすことから，求める組 (a,b) は $(1,1)$ のみであるとわかる．

【3】　まず，数列に無限回現れる数があることを示す．どの数も有限回しか現れないと仮定して矛盾を導く．このとき，数列には無限種類の数が現れるが，$N+1$ 項目以降で新しい数が現れると，その次の数は 1 になる．したがって 1 が無限回現れることになり仮定に矛盾する．

次に，$k > 1$ が無限回現れるなら $k-1$ も無限回現れることを示す．$M = \max(a_1, a_2, \cdots, a_N, N)$ とする．k が無限回現れるとすると，特に k は $N+1$ 項目以降に無限回現れる．それらの 1 つ前の項の値は相異なり，k 回以上現れる数が無限個あることがわかる．ここで，数列に k 回以上現れる数 x について，

$x \geqq M+1$ ならば，x が $k-1$ 回目に現れるのは $N+1$ 項目以降であり，その次の項は $k-1$ となる．したがって，$k-1$ も無限回現れることがわかる．

さらに，無限回現れる数が有限個であることを示す．

補題 1 任意の $M+1$ 以上の整数 k について，k は数列に高々 M 回しか現れない．

補題 1 の証明 背理法で示す．$M+1$ 以上の整数で，数列に $M+1$ 回以上現れるものが存在するとする．そのような整数のうち最初に $M+1$ 回以上現れる整数を x とし，$a_n = x$ が x の $M+1$ 回目の出現だったとする．$a_1, a_2, \cdots, a_n$ に x は $M+1$ 回現れるが，$x \geqq M+1$ よりすべて $N+1$ 項目以降である．したがって，x の 1 つ前の数字はそれぞれ異なり，それらの $M+1$ 個の数は $a_1, a_2, \cdots, a_{n-1}$ に $x \geqq M+1$ 回以上現れることになる．しかし，x のとり方から a_{n-1} までに $M+1$ 回以上現れる数は M 以下であり，特にそのような数は高々 M 個である．以上より矛盾が導けたので，主張が示された．(補題の証明終り)

以上より，数列に無限回現れる数の集合は正の整数 $K \leqq M$ を用いて $\{1, 2, \cdots, K\}$ と表せる．ここで，正の整数 $N' \geqq N$ を次の性質をみたすように十分大きくとる．

- 任意の K 以下の整数は $a_1, a_2, \cdots, a_{N'}$ に M 回以上現れる．
- 任意の $K+1$ 以上 M 以下の整数は $a_{N'+1}, a_{N'+2}, \cdots$ に現れない．

補題 2 $a_{N'+1}, a_{N'+2}, \cdots$ には K 以下の整数と $M+1$ 以上の整数が交互に現れる．

補題 2 の証明 $n > N' (\geqq N)$ とする．$a_n \leqq K$ のとき N' の 1 つ目の条件より $a_1, a_2, \cdots, a_{n-1}$ には a_n が M 回以上現れるから $a_{n+1} \geqq M+1$ である．そうでないとき，N' の二つ目の条件から $a_n \geqq M+1$ である．したがって，補題 1 より $a_{n+1} \leqq M$ であり，再び N' の二つ目の条件から $a_{n+1} \leqq K$ となる．以上より示された． (補題の証明終り)

補題 3 $n > N'+1$ かつ $a_n \geqq M+1$ のとき，$a_1, a_2, \cdots, a_{n-1}$ に a_n 回以上

現れる数はちょうど a_{n+1} 種類である．

補題 3 の証明　$a_n \geqq N+1$ であるから，正の整数 x が a_n 回以上現れるなら，x の a_n 回目の出現は $N+1$ 項目以降であり，その次の項は a_n と同じ値となる．一方で，$a_n \geqq M+1$ より a_n の出現はすべて $N+1$ 項目以降であり，その前の項はその値の a_n 回目の出現となっている．したがって，正の整数 x が $a_1, a_2, \cdots, a_{n-1}$ に a_n 回以上現れることと，x, a_n という値の並びが $a_1, a_2, \cdots, a_n$ に現れることは同値となり，主張が示される．(補題の証明終り)

補題 4　$N'+2 < i < j$ について，$a_i = a_j \leqq K$ かつ $a_i, a_{i+2}, a_{i+4}, \cdots, a_{j-2}$ が相異なるとき，$a_{i-2} \in \{a_i, a_{i+2}, a_{i+4}, \cdots, a_{j-2}\}$ となる．

補題 4 の証明　まず，$a_{i-1} < a_{j-1}$ を示す．補題 2 より $a_{i-1} \geqq M+1$ であるから，a_{i-1} の出現はすべて $N+1$ 項目以降である．最初の a_i 回の出現の前の項をそれぞれ $x_1, x_2, \cdots, x_{a_i}$ とする．このとき，$1 \leqq t \leqq a_i$ について，x_t は $a_1, a_2, \cdots, a_{i-2}$ に a_{i-1} 回以上現れる．$a_{i-1} \geqq a_{j-1}$ とすると，x_t は $a_1, a_2, \cdots, a_{i-2}$ に a_{j-1} 回以上現れる．x_t が a_{j-1} 回目に現れるのは $a_{j-1} \geqq N+1$ 項目以降であるから，その次の項は a_{j-1} に等しい．したがって，a_{j-1} は $a_1, a_2, \cdots, a_{i-1}$ に a_i 回現れることになるが，a_{j-1} が $a_1, a_2, \cdots, a_{j-1}$ に a_i+1 回以上現れることになり矛盾する．以上より $a_{i-1} < a_{j-1}$ である．

$\mathcal{I}$ を $a_1, a_2, \cdots, a_{i-2}$ に a_{i-1} 回以上現れる数の集合，$\mathcal{J}$ を $a_1, a_2, \cdots, a_{j-2}$ に a_{j-1} 回以上現れる数の集合とする．補題 3 より $|\mathcal{I}| = a_i$, $|\mathcal{J}| = a_j$ となるが，$a_i = a_j$ であるから，$|\mathcal{I}| = |\mathcal{J}|$ である．$x \in \mathcal{J}$ とする．補題 1 および $a_{j-1} \geqq M+1$ より $x \leqq M$ である．したがって，補題 2 より $i \equiv j \pmod 2$ かつ $a_{i-1}, a_{i+1}, \cdots, a_{j-1} \not\ni x$ がわかる．いま $a_i, a_{i+2}, a_{i+4}, \cdots, a_{j-2}$ が相異なるから，x は $a_1, a_2, \cdots, a_{i-2}$ に $a_{j-1} - 1 \geqq a_{i-1}$ 回以上現れる．したがって，$x \in \mathcal{I}$ となり，$\mathcal{J} \subset \mathcal{I}$ が従う．$|\mathcal{I}| = |\mathcal{J}|$ であったから，$\mathcal{I} = \mathcal{J}$ である．

いま，$i - 2 > N'$ であるから，a_{i-2} は $a_1, a_2, \cdots, a_{i-2}$ にちょうど a_{i-1} 回現れ，特に $a_{i-2} \in \mathcal{I} = \mathcal{J}$ である．したがって，a_{i-2} は $a_i, a_{i+2}, a_{i+4}, \cdots, a_{j-2}$ に $a_{j-1} - a_{i-1} \geqq 1$ 回以上現れる．以上より示された．　(補題の証明終り)

$a_n \leqq K$ となる $n > N'$ に対して，p_n を $a_{n+p_n} = a_m \leqq K$ となる $n \leqq m < n + p_n$ が存在するような最小の値とする．このとき，p_n の最小性から

$a_m, a_{m+2}, \cdots, a_{n+p_n-2}$ は相異なる．したがって，$m > n$ ならば補題 4 より $a_{m-2} \in \{a_m, a_{m+2}, \cdots, a_{n+p_n-2}\}$ となり，これは p_n の最小性に矛盾するから $m = n$ が従う．結局，$a_{n+p_n} = a_n$ であり，$a_n, a_{n+2}, \cdots, a_{n+p_n-2}$ は相異なることがわかる．したがって，$a_{n+2}, a_{n+4}, \cdots, a_{n+p_n} = a_n$ は相異なる値であり，p_{n+2} の定義から $p_{n+2} \geqq p_n$ がわかる．一方で，$a_{n+2}, a_{n+4}, \cdots$ はすべて K 以下であるから，$p_n \leqq K$ である．したがって，$p_n, p_{n+2}, p_{n+4}, \cdots$ は上に有界かつ単調増加の整数列となり，十分先で一定となる．よって $a_n, a_{n+2}, a_{n+4}, \cdots$ は十分先で周期的になり，問題の主張が示された．

【4】 X を通り AC に平行な直線 ℓ, Y を通り AB に平行な直線 m, 直線 AB, 直線 AC のなす四角形は内接円をもつ平行四辺形，すなわちひし形である．よって，ℓ と m の交点 A$'$ は I に関して A と対称な点である．よって A, I, A$'$, P は同一直線上にある．また，A を中心に L, I, K を 2 倍に拡大して得られる点は B, A$'$, C であるから，$\angle\mathrm{KIL} = \angle\mathrm{BA'C}$ が成り立つ．よって示すべきことは $\angle\mathrm{BA'C} + \angle\mathrm{YPX} = 180^\circ$ と言いかえられる．

(1) A$'$ と P が異なるとき

$\angle\mathrm{PBX} = \angle\mathrm{PBC} = \angle\mathrm{PAC} = \angle\mathrm{AA'X}$ より，4 点 X, A$'$, B, P は同一円周上にある．よって $\angle\mathrm{A'BC} = \angle\mathrm{APX}$ が成り立つ．同様に $\angle\mathrm{A'CB} = \angle\mathrm{APY}$ も得るので，

$$\angle\mathrm{YPX} = \angle\mathrm{YPA} + \angle\mathrm{APX} = \angle\mathrm{YCA'} + \angle\mathrm{A'BX} = 180^\circ - \angle\mathrm{CA'B}$$

となり主張を得る．

(2) A$'$ と P が一致するとき

$\angle\mathrm{YPX} = \angle\mathrm{YA'X} = \angle\mathrm{BAC} = 180^\circ - \angle\mathrm{BPC} = 180^\circ - \angle\mathrm{BA'C}$ となり主張を得る．

以上より，いずれの場合も示された．

【5】 上から i 行目，左から j 列目のマスを (i, j) で表す．

ターボ君が 3 回以内に目標を達成できることを示す．まず，1 回目の挑戦では次の移動を試みる：

$$(1,1) \to (2,1) \to (2,2) \to \cdots \to (2,2023).$$

この挑戦においてモンスターに出会ったマスを $(2,j)$ とおく．

j が 1, 2023 のいずれでもないとき，次の 2 つの経路を考える：

$$(1,j-1)\to(2,j-1)\to(3,j-1)\to(3,j)\to(4,j)\to\cdots(2024,j),$$

$$(1,j+1)\to(2,j+1)\to(3,j+1)\to(3,j)\to(4,j)\to\cdots(2024,j).$$

(i,j) にモンスターがいることより，これらの経路に属するマスのうちモンスターがいる可能性のあるマスは $(3,j-1)$, $(3,j+1)$ のみである．これらは同じ行に属するマスなので，少なくとも一方にはモンスターがいない．よって，少なくとも一方の経路の上にはモンスターがいないから，これらの移動を試みることで，合計 3 回以内の挑戦で目標を達成できる．

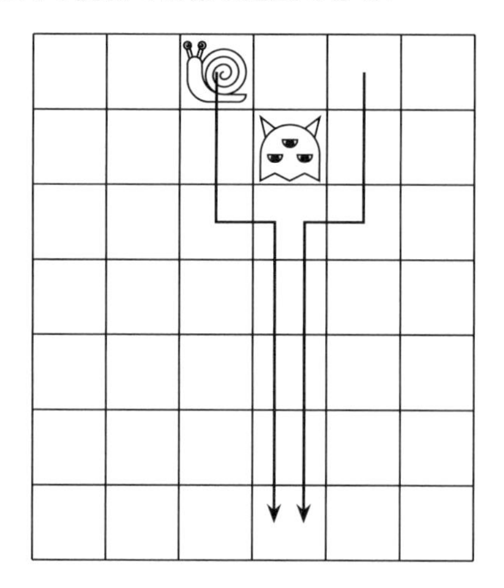

$j=1$ または $j=2023$ のとき，対称性より $j=2023$ として一般性を失わない．2 回目の挑戦では次の移動を試みる：

$$\begin{aligned}&(1,1)\\ &\to(2,1)\to(2,2)\to\cdots\to(2,2022)\to(2,2021)\to\cdots\to(2,1)\\ &\to(3,1)\to(3,2)\to\cdots\to(3,2021)\to(3,2020)\to\cdots\to(3,1)\\ &\to\cdots\\ &\to(i,1)\to(i,2)\to\cdots\to(i,2024-i)\to(i,2023-i)\to\cdots\to(i,1)\end{aligned}$$

$$\to \cdots$$

$$\to (2022,1) \to (2022,2) \to (2022,1)$$

$$\to (2023,1)$$

$$\to (2024,1).$$

この挑戦において，モンスターに出会わなければ合計 2 回の挑戦で目標達成となる．以下，この挑戦において (k,ℓ) でモンスターに出会ったとする．$(2,2023)$ にモンスターがいることより $k \geqq 3$ である．

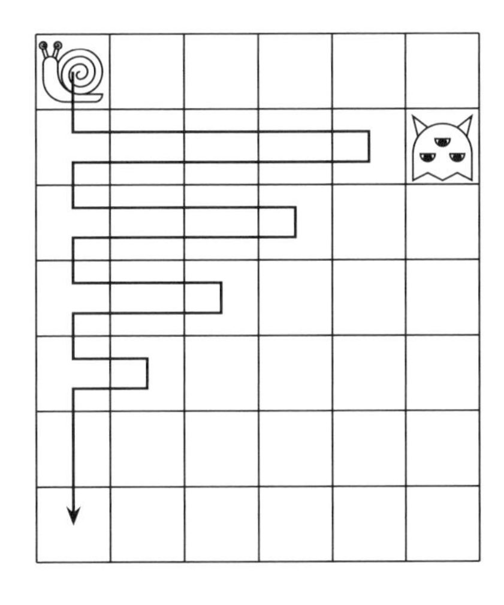

3 回目の挑戦では次の移動を試みる：

$$(1,\ell) \to (2,\ell) \to \cdots \to (k-1,\ell)$$

$$\to (k-1,\ell+1) \to (k,\ell+1)$$

$$\to (k,\ell+2) \to \cdots \to (k,2023)$$

$$\to (k+1,2023) \to \cdots \to (2024,2023).$$

このとき，$(k-1,\ell+1)$ までのマスは 2 回目の挑戦で通過したマスであり，$(k,\ell+1)$ 以降のマスは，$(2,2023)$ と (k,ℓ) のいずれかと同じ行または同じ列にあるので，モンスターがいないことがわかる．よってこの挑戦は成功する．

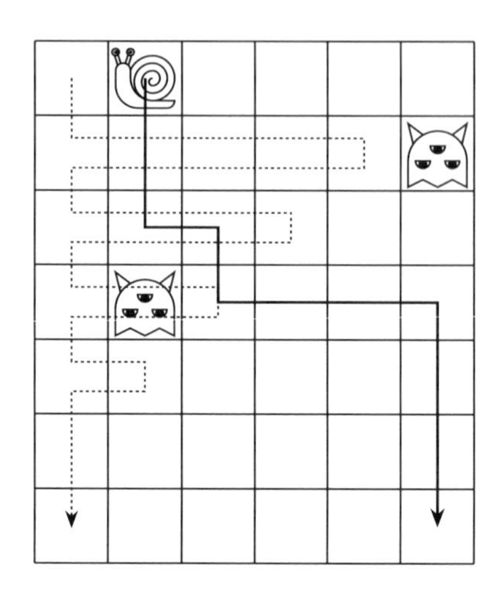

次に，ターボ君が 2 回以内の挑戦で必ず目標を達成できるような戦略が存在しないことを示す．1 回目の挑戦ではじめて訪れる 2 行目のマスを $(2,i)$ とおく．このマスにはモンスターが隠れている可能性がある．その場合，1 行目を除けば 1 回目の挑戦で訪れたマスは $(2,i)$ のみとなる．さらに，2 回目の挑戦で最初に訪れる 3 行目のマスを $(3,j)$ とおく．$(3,j)$ の直前に訪れるマスは $(2,j)$ であるから，$i \neq j$ である．よって $(3,j)$ にはモンスターが隠れている可能性がある．その場合，2 回目の挑戦も失敗となる．

以上より，答は $n=3$ である．

【6】　f を麗しい関数とし，有理数 x, y に対して，「$f(x+f(y))=f(x)+y$ または $f(f(x)+y)=x+f(y)$」という条件を $P(x,y)$ で表す．

補題 1　任意の有理数 t について，$f(t)=0$ ならば $t=0$ である．

補題 1 の証明　$f(t)=0$ のとき，$P(t,t)$ により $0=t$ または $0=t$ をえる．

(補題の証明終り)

補題 2　任意の有理数 x について，$f(-f(x))=-x$ であり，f は単射である．

補題 2 の証明　$f(0)\neq 0$ を仮定すると，補題 1 より任意の有理数 x について $f(x)\neq 0$ である．よって $P(x,-f(x))$ により $f(0)=x+f(-f(x))$ を得る．これに $x=f(0)$ を代入すると $f(-f(f(0)))=0$ となり矛盾である．よって $f(0)=$

0 であり，ふたたび $P(x, -f(x))$ により $f(x+f(-f(x)))=0$ または $0=x+f(-f(x))$ である．前者が成り立つときは補題 1 より $x+f(-f(x))=0$ となるから，任意の有理数 x について $f(-f(x))=-x$ である．また，有理数 s, t が $f(s)=f(t)$ をみたすならば，$s=-f(-f(s))=-f(-f(t))=t$ となり，f は単射である．(補題の証明終り)

補題 3　任意の有理数 x, d について $f(x+d)-f(x)=f(d)$ または $f(x+d)-f(x)=-f(-d)$ である．

補題 3 の証明　$P(x+d, -f(x))$ により $f(d)=f(x+d)-f(x)$ または $f(f(x+d)-f(x))=d$ が成り立つ．後者のときは $d=f(-f(-d))$ と f の単射性から $f(x+d)-f(x)=-f(-d)$ が成り立つから示された．(補題の証明終り)

補題 4　任意の有理数 d と整数 n について $f(nd)+f(-nd)=0$ または $f(nd)+f(-nd)=f(d)+f(-d)$ である．

補題 4 の証明　有理数 d を固定し，$D=f(d)+f(-d)$, 整数 n に対して $g(n)=f(nd)+f(-nd)$ とおく．$g(n+1)-g(n)=(f(nd+d)-f(nd))-(f(-nd-d+d)-f(-nd-d))$ であり，補題 3 より $g(n+1)-g(n)$ は $0, \pm D$ のいずれかである．$g(0)=0$ であるから任意の整数 n に対して $g(n)=kD$ (k は整数) と表せる．よって $D=0$ のときは任意の整数 n に対して $g(n)=0$ となり補題 4 が成り立つ．以下，$D \neq 0$ として考える．$g(N) \neq 0, D$ となるような整数 N が存在すると仮定する．このとき，$g(0)=0, g(1)=D$ より $|g(N)-g(M)| \geqq 2D$ となるような整数 M が存在する．ここで整数 n に対して $h(n)=f(nd)-f((n-N-M)d)$ と定める．このとき，$h(n+1)-h(n)=(f(nd+d)-f(nd))-(f((n-N-M)d+d)-f((n-N-M)d))$ より任意の整数 n について $h(n+1)-h(n)$ は $0, \pm D$ のいずれかである．$h(N)-h(M)=g(N)-g(M)$ より $|h(N)-h(M)| \geqq 2D$ であるから，整数 n を用いて $h(n)$ と表される有理数は 3 種類以上存在する．しかし，これは補題 3 より任意の整数 n について $h(n)=f((N+M)d)$ または $h(n)=-f((-N-M)d)$ であることに矛盾する．以上より補題 4 は示された．

(補題の証明終り)

有理数 u, v について $f(u)+f(-u), f(v)+f(-v)$ がともに 0 でないとする．ある有理数 w と整数 n, m を用いて $u=nw, v=mw$ と表され，補題 4 より

$f(u)+f(-u)=f(w)+f(-w)=f(v)+f(-v)$ である．よって有理数 r を用いて $f(r)+f(-r)$ と表される数は 0 以外には高々 1 種類であり，0 を含めて高々 2 種類である．

さて，有理数 x に対して x 以下の最大の整数を $\lfloor x \rfloor$ と表し，$\{x\}=x-\lfloor x \rfloor$ と定め，関数 $f(x)=\lfloor x \rfloor-\{x\}$ が麗しいことを示す．有理数 x, y について $\{x\} \geqq \{y\}$ のときは，$0 \leqq \{x\}-\{y\}<1$ より $\lfloor x+f(y) \rfloor=\lfloor \lfloor x \rfloor+\lfloor y \rfloor+\{x\}-\{y\} \rfloor=\lfloor x \rfloor+\lfloor y \rfloor$ および $\{x+f(y)\}=\{x\}-\{y\}$ であり，$f(x+f(y))=f(x)+y=\lfloor x \rfloor+\lfloor y \rfloor-\{x\}+\{y\}$ が成り立つ．同様に，$\{x\} \leqq \{y\}$ のときは $f(f(x)+y)=x+f(y)$ が成り立つから，f は麗しい関数である．さらに

$$f(0)+f(0)=0$$

$$f\left(\frac{1}{2}\right)+f\left(-\frac{1}{2}\right)=\frac{-1}{2}+\frac{-3}{2}=-2$$

であり，有理数 r を用いて $f(r)+f(-r)$ と表される有理数は少なくとも 2 種類ある．

以上より求める最小の c は 2 である．

第6部

付録

6.1　日本数学オリンピックの記録

●第 34 回日本数学オリンピック予選結果

得点	人数	累計	ランク (人数)
12	0	0	
11	0	0	
10	2	2	
9	8	10	A
8	14	24	
7	37	61	
6	76	137	
5	291	428	
4	704	1132	
3	1380	2512	
2	1310	3822	
1	608	4430	
0	181	4611	
欠席	481	5092	

応募者総数：5092
男：4220
女：872

高校	3 年生	37
	2 年生	2664
	1 年生	2240
中学	3 年生	100
	2 年生	29
	1 年生	9
小学生		2
その他		11

●第 34 回 日本数学オリンピック A ランク (予選合格) 者一覧 (137 名)

氏名	学 校 名	学年
佐藤 圭都	札幌西高等学校	高 2
牧野 嵩平	札幌南高等学校	高 2
岩井 翔太	安積高等学校	高 2
大久保 佑紀	土浦第一高等学校	高 1
宮本 聡一朗	開成高等学校	高 2
長瀬 満	千葉高等学校	高 2
松尾 洋佑	渋谷教育学園幕張高等学校	高 1
宇杉 悠志	開成高等学校	高 1
荒金 幸希	越谷北高等学校	高 1
清水 大智	渋谷教育学園幕張高等学校	高 2
松浦 諒	開成高等学校	高 1
濱門 雪菜	お茶の水女子大学附属	高 1
服部 圭太	S 高等学校	高 1
大庭 嵩弘	筑波大学附属駒場高等学校	高 2
髙木 怜音	慶應義塾高等学校	高 2
古川 美乃里	桜蔭高等学校	高 2
谷中 遥彦	筑波大学附属駒場高等学校	高 1
安井 寛人	慶應義塾普通部	中 3
妻鹿 洸佑	筑波大学附属駒場高等学校	高 2
鈴木 雄智	筑波大学附属駒場中学校	中 3
綱川 智文	筑波大学附属駒場高等学校	高 2
佐々木 俊介	東京都市大学附属高等学校	高 1
山本 一揮	筑波大学附属駒場中学校	中 3
木下 修一	東京学芸大学国際中等教育学校	高 1
比嘉 秀海	筑波大学附属駒場高等学校	高 2
松井 智生	筑波大学附属駒場高等学校	高 1
鹿島 伸彦	浙江省杭州第二中学	高 2
堀内 慶伸	攻玉社高等学校	高 2
設楽 悠一郎	開成高等学校	高 1
太田 克樹	筑波大学附属駒場高等学校	高 1
金井 一真	筑波大学附属駒場高等学校	高 2
中村 柚貴	筑波大学附属駒場高等学校	高 2
飯川 恵人	筑波大学附属駒場高等学校	高 1
川田 祐生	渋谷教育学園幕張高等学校	高 1
本間 颯一郎	筑波大学附属駒場高等学校	高 2
松下 秀	筑波大学附属駒場高等学校	高 2
齋藤 輝	市川学園高等学校	高 2
甘蔗 秦臥	栄東高等学校	高 1
伊藤 成希	開成中学校	中 3
坂山 航大	開成高等学校	高 1
髙橋 洋翔	開成高等学校	高 1
角谷 賢斗	開成高等学校	高 1
飯島 隆介	開成高等学校	高 2
池本 直樹	開成高等学校	高 2
佐々木 真心	開成高等学校	高 2
福田 慧斗	開成高等学校	高 2
田代 拓生	桜修館中等教育学校	高 2
多部田 啓	日比谷高等学校	高 3
滝口 翔太	日比谷高等学校	高 2
長 朝日	慶應義塾高等学校	高 1
多田 諒典	筑波大学附属駒場高等学校	高 3
馬場 温久	開成中学校	中 3
佐藤 耀大	横浜サイエンスフロンティア高等学校	高 1
野下 晃平	栄光学園中学校	中 3
濵本 将太郎	栄光学園高等学校	高 1
金 是佑	栄光学園高等学校	高 2
三島 宏介	聖光学院高等学校	高 1
重元 健太朗	聖光学院高等学校	高 1
篠原 貴生	聖光学院高等学校	高 1
松浦 悠人	聖光学院高等学校	高 1
狩野 慧志	松本深志高等学校	高 1
真壁 啓太	諏訪清陵高等学校	高 2
窪田 裕成	新潟高等学校	高 2
市川 遙一	高志高等学校	高 1
猿田 凌平	浜松北高等学校	高 2
出川 幹啓	滝高等学校	高 1
齊藤 樹	滝高等学校	高 1
浅井 夢希	旭丘高等学校	高 2
宮田 将宗	明和高等学校	高 3
酒井 正裕	東海高等学校	高 2
安田 賢司	東海中学校	中 3
大谷 脩	名古屋市立向陽高等学校	高 2
田中 博登	旭丘高等学校	高 2
長谷川 寿一	海陽中等教育学校	高 2
堀 日幸	海陽中等教育学校	中 2
小坂 唯木	膳所高等学校	高 2
福田 康太	八鹿青渓中学校	中 1
若山 智徳	洛南高等学校	高 1

氏名	学校	学年
遠山 龍之介	洛南高等学校	高 2
藤澤 俊介	洛北高等学校	高 1
小矢野 翔太	灘中学校	中 3
西村 晃俊	高等学校以外	−
中 洋貴	灘高等学校	高 2
籏智 里奈	洛南高等学校附属中学校	中 2
保井 孝介	東大寺学園高等学校	高 1
潘 登	灘中学校	中 2
加野 琢雲	灘中学校	中 3
朝来 龍ノ介	灘高等学校	高 1
山口 雄大	灘高等学校	高 1
若杉 直音	帝塚山学院泉ケ丘高等学校	高 1
櫻井 信彰	高槻高等学校	高 1
西島 賢	大阪教育大附属高等学校天王寺校舎	高 2
西田 亮太	大阪星光学院高等学校	高 1
安齋 一畝	灘高等学校	高 1
冨嶋 春伸	灘高等学校	高 1
小山 哲生	灘高等学校	高 1
丸岡 亮太	灘高等学校	高 1
梅本 一蔵	灘高等学校	高 1
松﨑 大和	灘高等学校	高 1
宮村 隆仁	灘高等学校	高 1
楠 慶文	灘高等学校	高 1
目片 仁	灘高等学校	高 2
宮原 尚大	灘高等学校	高 2
卞 陽介	灘高等学校	高 2
井上 峻	白陵高等学校	高 1
水野 嵩仁	白陵高等学校	高 2
岡野 和子	神戸高等学校	高 2
中村 太一	洛南高等学校	高 1
桐越 瑛久	神戸大学附属中等教育学校	高 1
澤西 良奈	四天王寺高等学校	高 2
長沢 裕介	東大寺学園高等学校	高 2
加持 太一	灘中学校	中 3
田中 陽登	鳥取西高等学校	高 2
大下 智士	広島学院高等学校	高 2
的野 陽向	広島学院高等学校	高 2
佃 琉成	広島大学附属高等学校	高 3
宮嶋 優気	山口高等学校	高 2
永居 瑠依	愛光高等学校	高 1
横尾 和弥	愛光高等学校	高 2
金子 明弘	土佐高等学校	高 2
西村 直哉	土佐高等学校	高 2
村松 快栄	土佐中学校	中 3
友枝 純太郎	筑紫丘高等学校	高 2
津田 康介	久留米大学附設高等学校	高 3
福山 月	久留米大学附設高等学校	高 3
東郷 仁	久留米大学附設高等学校	高 2
八谷 知拓	久留米大学附設高等学校	高 2
奥田 和弘	久留米大学附設高等学校	高 1
増渕 巧	久留米大学附設高等学校	高 1
寺﨑 颯太	久留米大学附設高等学校	高 1
石倉 啓	日本航空高等学校	高 2
坂本 昇大	小倉高等学校	高 2
松本 賢志	久留米大学附設高等学校	高 2
窪田 智仁	熊本高等学校	高 1
濵川 慎次郎	ラ・サール中学校	中 3
河野 次郎	ラ・サール高等学校	高 2
田中 泳州	昭和薬科大学附属高等学校	高 2

氏名等の掲載については，本人と保護者の許可のとれた者のみを掲載しています．

●第 34 回 日本数学オリンピック本選合格者リスト (21 名)

賞	氏名	所属校	学年	都道府県
川井杯・金賞	狩野 慧志	長野県松本深志高等学校	高 1	長野県
銀賞	濵川 慎次郎	ラ・サール中学校	中 3	鹿児島県
銅賞	太田 克樹	筑波大学附属駒場高等学校	高 1	神奈川県
銅賞	多田 諒典	筑波大学附属駒場高等学校	高 3	神奈川県
銅賞	安齋 一畝	灘高等学校	高 1	兵庫県
優秀賞	大庭 嵩弘	筑波大学附属駒場高等学校	高 2	東京都
優秀賞	髙木 怜音	慶應義塾高等学校	高 2	東京都
優秀賞	鈴木 雄智	筑波大学附属駒場中学校	中 3	東京都
優秀賞	綱川 智文	筑波大学附属駒場高等学校	高 2	東京都
優秀賞	木下 修一	東京学芸大学附属国際中等教育学校	高 1	東京都
優秀賞	松井 智生	筑波大学附属駒場高等学校	高 1	東京都
優秀賞	鹿島 伸彦	浙江省杭州第二中学	高 2	神奈川県
優秀賞	金井 一真	筑波大学附属駒場高等学校	高 2	神奈川県
優秀賞	西村 晃俊	ー	ー	大阪府
優秀賞	籏智 里奈	洛南高等学校附属中学校	中 2	大阪府
優秀賞	長沢 裕介	東大寺学園高等学校	高 2	奈良県
優秀賞	金子 明弘	土佐高等学校	高 2	高知県
優秀賞	髙橋 洋翔	開成高等学校	高 1	東京都
優秀賞	飯島 隆介	開成高等学校	高 2	東京都
優秀賞	金 是佑	栄光学園高等学校	高 2	神奈川県
優秀賞	加持 太一	灘中学校	中 3	奈良県
優秀賞	梅本 一蔵	灘高等学校	高 1	兵庫県
優秀賞	宮原 尚大	灘高等学校	高 2	兵庫県
優秀賞	永居 瑠依	愛光高等学校	高 1	愛媛県
優秀賞	若杉 直音	帝塚山学院泉ヶ丘高等学校	高 1	大阪府

(以上 25 名．同賞内の配列は受験番号順，学年は 2024 年 3 月現在)

6.2 APMOにおける日本選手の成績

JMO 代表選考合宿参加有資格者 29 名中，全 29 名が受験しその結果，上位 10 名の成績を日本代表の成績として主催国のブラジルに提出し，日本は金賞 1，銀賞 2，銅賞 4，優秀賞 3，国別順位 9 位の成績を収めた．

参加各国の成績は，以下のとおりである．

●第 35 回 アジア太平洋数学オリンピック (2024) の結果

国名	参加人数	総得点	金賞	銀賞	銅賞	優秀賞
大韓民国	10	246	1	2	4	3
アメリカ合衆国	10	223	1	2	4	3
香港	10	200	1	2	4	3
タイ	10	177	1	2	4	3
台湾	10	171	1	2	4	3
カナダ	10	169	1	2	4	3
インド	10	166	1	2	4	3
イラン	10	161	1	2	4	3
日本	10	160	1	2	4	3
マレーシア	10	158	1	2	4	3
シンガポール	10	153	1	2	4	3
ブラジル	10	151	1	2	4	3
ペルー	10	147	0	3	4	3
カザフスタン	10	145	0	3	4	3
サウジアラビア	10	141	0	2	5	3
オーストラリア	10	140	0	0	7	3
ウクライナ	10	139	0	0	7	3
インドネシア	10	139	0	1	6	3
バングラデシュ	10	133	0	2	5	3
シリア	10	130	0	0	7	3
キルギスタン	10	127	1	2	3	4
メキシコ	10	124	0	0	4	6
ウズベキスタン	10	124	0	0	7	3
フィリピン	10	123	1	0	4	4
アルゼンチン	10	108	0	2	3	5
モロッコ	10	96	0	1	1	7
コロンビア	9	84	0	2	1	3
ニュージーランド	10	81	0	0	3	3
アゼルバイジャン	10	80	0	0	0	10
コスタリカ	9	57	0	0	1	5
タジキスタン	10	50	0	0	0	5
スリランカ	8	49	0	0	1	3
ウルグアイ	10	46	0	0	1	2

エルサルバドル	7	38	0	0	0	4
マケドニア	4	31	0	1	0	1
パナマ	2	27	0	0	2	0
ニカラグア	4	18	0	0	0	2
ボリビア	2	16	0	0	1	0
トリニダードトバゴ	10	11	0	0	0	0
計	355	4539	14	43	125	127
参加国数	39					

●日本選手の得点平均

問題番号	1	2	3	4	5	総計平均
得点平均	7.0	6.6	0	1.0	1.4	16.0

● APMO での日本選手の成績

賞	氏名	所属校	学年
金賞	宮原 尚大	灘高等学校	2 年
銀賞	西村 晃俊	高等学校以外	
銀賞	金 是佑	栄光学園高等学校	2 年
銅賞	長沢 裕介	東大寺学園高等学校	2 年
銅賞	松井 智生	筑波大学附属駒場高等学校	1 年
銅賞	濵川 慎次郎	ラ・サール中学校	3 年
銅賞	狩野 慧志	長野県松本深志高等学校	1 年
優秀賞	飯島 隆介	開成高等学校	2 年
優秀賞	安齋 一畝	灘高等学校	1 年
優秀賞	金井 一真	筑波大学附属駒場高等学校	2 年

(以上 10 名，学年は 2024 年 3 月現在)

参加者数は 39 ヶ国 355 名であり，日本の国別順位は 9 位であった．国別順位で上位 10 ヶ国は以下の通りである．

1. 韓国，2. アメリカ，3. 香港，4. タイ，5. 台湾，6. カナダ，7. インド，8. イラン，9. 日本，10. マレーシア

6.3 EGMO における日本選手の成績

4 月 13 日から行われた 2024 年ヨーロッパ女子数学オリンピック (EGMO) ジョージア大会において，日本代表選手は，銀メダル 3，銅メダル 1，国別総合順位 9 位という成績を収めた.

氏　名	学　校　名	学年	メダル
古川 美乃里	桜蔭高等学校	3 年	銀
簱智 里奈	洛南高等学校附属中学校	3 年	銀
川﨑 菫	洛南高等学校	3 年	銀
井口 里紗	早稲田実業学校高等部	3 年	銅

日本の国際順位は，53 ヶ国・地域 (54 チーム) 中 9 位であった．国別順位は，上位より，1. アメリカ，2. オーストラリア，3. 中国，4. ウクライナ，5. ルーマニア，6. トルコ，7. カナダ，8. ドイツ，9. 日本，10. スロバキア，11. クロアチア，12. インド，13. 台湾，14. ハンガリー・ポーランド，16. イギリス，17. カザフスタン，18. スロベニア，19. ベラルーシ，19. イタリア，$\cdots$ の順であった.

6.4 IMOにおける日本選手の成績

●第61回ロシア大会 (2020) の結果

氏 名	学 校 名	学年	メダル
渡辺 直希	広島大学附属高等学校	高3	銀
神尾 悠陽	開成高等学校	高2	銀
石田 温也	洛南高等学校	高3	銀
馬杉 和貴	洛南高等学校	高3	銀
宿田 彩斗	開成高等学校	高3	銀
平山 楓馬	灘高等学校	高3	銅

日本の国際順位は，105ヶ国・地域中18位であった．国別順位は，上位より，1. 中国，2. ロシア，3. アメリカ，4. 韓国，5. タイ，6. イタリア・ポーランド，8. オーストラリア，9. イギリス，10. ブラジル，11. ウクライナ，12. カナダ 13. ハンガリー，14. フランス，15. ルーマニア，16. シンガポール，17. ベトナム，18. 日本・ジョージア・イラン，… の順であった．

●第62回ロシア大会 (2021) の結果

氏 名	学 校 名	学年	メダル
神尾 悠陽	開成高等学校	高3	金
沖 祐也	灘高等学校	高2	銀
床呂 光太	筑波大学附属駒場高等学校	高3	銀
吉田 智紀	東大寺学園高等学校	高3	銅
小林晃一良	灘高等学校	高3	銅
井本 匡	麻布高等学校	高2	銅

日本の国際順位は，107ヶ国・地域中25位であった．国別順位は，上位より，1. 中国，2. ロシア，3. 韓国，4. アメリカ，5. カナダ，6. ウクライナ，7. イスラエル・イタリア，9. 台湾・イギリス，11. モンゴル，12. ドイツ，13. ポーラ

ンド，14. ベトナム，15. シンガポール，16. チェコ・タイ，18. オーストラリア，19. ブルガリア，20. カザフスタン，21. 香港，22. クロアチア，23. フィリピン，24. ベラルーシ，25. 日本，… の順であった．

●第63回ノルウェー大会 (2022) の結果

氏　名	学　校　名	学年	メダル
沖 祐也	灘高等学校	高3	金
北村 隆之介	東京都立武蔵高等学校	高2	銀
新井 秀斗	海城高等学校	高3	銀
井本 匡	麻布高等学校	高3	銀
三宮 拓実	福岡県立福岡高等学校	高3	銀
北山 勇次	札幌市立札幌開成中等教育学校	中6	銅

日本の国際順位は，104ヶ国・地域中8位であった．国別順位は，上位より，1. 中国，2. 韓国，3. アメリカ，4. ベトナム，5. ルーマニア，6. タイ，7. ドイツ，8. 日本・イラン，10. イスラエル・イタリア，12. ポーランド，… の順であった．

●第64回日本大会 (2023) の結果

氏　名	学　校　名	学年	メダル
古屋　楽	筑波大学附属駒場高等学校	高3	金
北村 隆之介	東京都立武蔵高等学校	高3	金
林 康生	海城高等学校	高3	銀
狩野 慧志	長野県立松本深志高等学校	高1	銀
若杉 直音	帝塚山学院泉ヶ丘高等学校	高1	銀
小出 慶介	灘高等学校	高3	銅

日本の国際順位は，112ヶ国・地域中6位であった．国別順位は，上位より，1. 中国，2. アメリカ合衆国，3. 韓国，4. ルーマニア，5. カナダ，6. 日本，7. ベ

トナム, 8. トルコ, 9. インド, 10. 台湾, 11. イラン, 12. シンガポール, ⋯ の順であった.

●第 65 回イギリス大会 (2024) の結果

氏　名	学　校　名	学年	メダル
狩野 慧志	松本深志高等学校	2 年	金
金 是佑	栄光学園高等学校	3 年	金
濵川 慎次郎	ラ・サール高等学校	1 年	銀
宮原 尚大	灘高等学校	3 年	銀
飯島 隆介	開成高等学校	3 年	銅
若杉 直音	帝塚山学院泉ヶ丘高等学校	2 年	優秀賞

日本の国際順位は, 108 ヶ国・地域中 14 位であった. 国別順位は, 上位より, 1. アメリカ合衆国, 2. 中国, 3. 韓国, 4. インド, 5. ベラルーシ, 6. シンガポール, 7. イギリス, 8. ハンガリー, 9. ポーランド・トルコ, 11. 台湾, 12. ルーマニア, 13. ボスニア–ヘルツェゴビナ, 14. 日本・イタリア, 16. イスラエル・モンゴル, 18. イラン, 19. ブラジル, ⋯ の順であった.

6.5　2020年～2024年数学オリンピック出題分野

6.5.1　日本数学オリンピック予選

出題分野	(小分野)	年–問題番号	解答に必要な知識
幾何	(初等幾何)	20–2	合同
		20–6	合同，三平方の定理，二等辺三角形の性質
		20–11	合同，内接四角形の性質，平行
		21–2	合同，平行
		21–3	三平方の定理，二等辺三角形の性質
		21–7	垂心，三平方の定理
		21–10	相似，内接四角形の性質
		22–2	台形，外接四角形の性質
		22–4	回転相似
		22–7	回転相似，直角二等辺三角形
		22–12	正弦定理，方べきの定理
		23–3	正三角形，相似
		23–6	正六角形，相似
		23–10	方べきの定理，二等辺三角形の性質
		24–3	方べきの定理
		24–6	接弦定理，相似，方べきの定理
		24–9	内接四角形の性質，2 直線のなす角
代数	(多項式)	20–5	多項式，不等式，正の数・負の数
		22–11	多項定理
	(関数方程式)	19–7	因数定理，因数分解
		20–9	関数，不等式，指数
		23–12	不動点，単調な数列の数え上げ
		24–8	関数，絶対値，場合の数
	(数列)	20–8	数列，不等式
		20–12	数列，倍数
		22–8	不等式，平方数
		23–5	等差数列，最小公倍数
		23–9	絶対値，不等式評価，順列
	(計算)	21–11	絶対値，総和の計算
		23–4	特になし
		24–1	階乗，平方根，既約分数
	(関数)	24–11	三角形の成立条件，関数，不等式評価
整数論	(合同式)	21–8	フェルマーの小定理，場合の数
	(方程式)	21–1	不等式評価，互いに素
		23–1	平方数，倍数
		23–7	不等式評価，因数分解
		24–5	不等式評価，倍数
	(整数の表示)	20–1	倍数
		20–4	不等式評価，平方数と立方数の性質

		22–1	倍数，列挙
	(不等式)	21–4	不等式評価
	(素因数)	21–6	倍数，約数，互いに素，素数
	(最大公約数)	22–5	ユークリッドの互除法
	(倍数，約数)	22–10	倍数，約数，素因数分解
	(整数論)	24–2	素数
		24–7	素数，平方数
離散数学	(場合の数)	20–3	場合の数，互いに素，対称性
		20–7	場合の数，対称性
		20–10	場合の数，対称性，偶奇
		21–5	場合の数
		21–9	場合の数，対称性，偶奇
		22–3	場合の数，ハミルトン 閉路，塗り分け
		22–6	場合の数，塗り分け
		23–2	整数の表示
		23–8	偶奇，対称性
		24–10	場合の数，対称性
	(組合せ)	21–12	不変量
		23–11	ゲーム，互いに素
		24–4	特になし
		24–12	対称性，メビウス関数
	(順列)	22–9	関数，サイクル，倍数，約数

6.5.2　日本数学オリンピック本選

出題分野	(小分野)	年–問題番号	解答に必要な知識
幾何	(初等幾何)	20–2	垂心，合同，内接四角形の性質
		21–3	パスカルの定理，正弦定理
		22–3	円周角の定理，有向角
		23–2	垂心，円周角の定理
		24–4	円周角の定理，二等辺三角形の性質
代数	(関数方程式)	20–3	不等式評価，帰納法
		22–2	関数の合成，不等式評価
	(数列)	21–4	不等式評価
		23–3	不等式評価，単調増加性
		24–1	並べ替え
整数論	(方程式)	20–1	不等式評価，平方数の性質
	(剰余)	19–5	中国剰余定理，集合の要素の個数の最大値
	(数列)	20–5	数列，最大公約数，多項式
	(関数方程式)	21–1	同値性，倍数，約数
		24–2	最小公倍数，不等式評価
	(整数論)	22–4	オーダー，LTE(Lifting The Exponent) の補題
		23–4	正の約数の総和，オーダー，LTE の補題
		24–5	合同式，オーダー
離散数学	(場合の数)	20–4	ゲーム，グラフ
	(組合せ)	21–2	ゲーム
		21–5	グラフ
		22–1	ゲーム
		22–5	数列，階差数列
		23–1	マス目，塗り分け
		23–5	関数，不等式評価
		24–3	塗り分け

6.5.3 国際数学オリンピック

出題分野	(小分野)	年–問題番号	解答に必要な知識
幾何	(初等幾何)	20–1	円周角の定理，共円条件
		20–6	垂線，不等式評価
		21–3	共線，共円，方べき，正弦定理
		21–4	内接円を持つ凸四角形，対称性
		23–2	接弦定理，相似
		23–6	共円，方べきの定理
		24–4	共円
	(円)	22–4	相似，方べきの定理
代数	(関数不等式)	22–2	相加相乗，単調性
	(不等式)	20–2	重み付き相加平均相乗平均の不等式(または，イエンセンの凸不等式)，同次化
		21–2	不等式の証明，平行移動，できれば大学数学における二次形式と正定値実対称行列
		23–4	相加相乗平均の不等式
	(m 進法と整数の表現)	21–6	m 進法による整数の表現，背理法
	(多項式)	23–3	多項式，数列
	(倍数)	24–1	床関数，倍数，不等式評価，合同式
	(関数方程式)	24–6	関数，単射性
整数論	(素因数分解)	20–5	素因数，最大公約数
	(不定方程式)	22–5	位数，LTE(Lifting The Exponent)の補題
	(平方数)	21–1	平方数と不等式による評価
	(素数，順列)	22–3	不等式評価，対称式
	(約数)	23–1	素因数
	(方程式)	24–2	最大公約数，合同式
組合せ論	(組合せ)	21–5	
		24–5	ゲーム
	(グラフ理論)	20–3	グラフ，オイラーの一筆書き定理
		20–4	グラフ，連結成分
		22–6	木，ループ
	(数え上げ)	23–5	帰納法，漸化式
	(順列)	22–1	偶数奇数，実験，不変性
	(数列)	24–3	数列

6.6 記号，用語・定理

6.6.1 記号

$\equiv$	合同
$a \equiv b \pmod{p}$	$a-b$ が p で割れる，a と b とが p を法として等しい.
$a \not\equiv b \pmod{p}$	$a-b$ が p で割れない
$=$	恒等的に等しい
$[x]$ あるいは $\lfloor x \rfloor$	x を越えない最大整数，ガウス記号
$\lceil x \rceil$	x 以上の最小整数
$\binom{n}{k}$, ${}_n\mathrm{C}_k$	二項係数，n 個のものから k 個とる組合せの数
$p \mid n$	p は n を割り切る
$p \nmid n$	p は n を割り切れない
$n!$	n の階乗 $= 1 \cdot 2 \cdot 3 \cdots (n-1)n$, $0! = 1$
$\prod_{i=1}^{n} a_i$	積 $a_1 a_2 \cdots a_n$
$\sum_{i=1}^{n} a_i$	和 $a_1 + a_2 + \cdots + a_n$
$\circ$	$f \circ g(x) = f[g(x)]$ 合成
$K_1 \cup K_2$	集合 K_1 と K_2 の和集合
$K_1 \cap K_2$	集合 K_1 と K_2 の共通部分集合
$[a, b]$	閉区間，$a \leqq x \leqq b$ である x の集合
(a, b)	開集合，$a < x < b$ である x の集合

6.6.2　用語・定理

●あ行

オイラーの拡張 (フェルマーの定理)　「フェルマーの定理」参照.

オイラーの定理 (三角形の内接円の中心と外接円の中心間の距離 d)

$$d = \sqrt{R^2 - 2rR}$$

ここで r, R は内接円，外接円の半径である.

重さ付きの相加・相乗平均の不等式　$a_1, a_2, \cdots, a_n$ が n 個の負でない数で，$w_1, w_2, \cdots, w_n$ は重さとよばれる負でない，その和が 1 である数．このとき $\sum_{i=1}^{n} w_i a_i \geqq \prod_{i=1}^{n} a_i^{w_i}$.

"=" が成り立つ必要十分条件は $a_1 = a_2 = \cdots = a_n$．証明はジェンセン (Jensen) の不等式を $f(x) = -\log x$ として用いる.

●か行

外積　2 つのベクトルのベクトル積 $\boldsymbol{x} \times \boldsymbol{y}$,「ベクトル」参照.

幾何級数　「級数」参照.

幾何平均　「平均」参照.

行列式 (正方行列 M の) $\det M$　M の列 $C_1, \cdots, C_n$ に関する次のような性質をみたす多重線形関数 $f(C_1, C_2, \cdots, C_n)$ である.

$$f(C_1, C_2, \cdots, C_i, \cdots, C_j, \cdots, C_n)$$
$$= -f(C_1, C_2, \cdots, C_j, \cdots, C_i, \cdots, C_n)$$

また $\det I = 1$ である．幾何学的には，$\det(C_1, C_2, \cdots, C_n)$ は原点を始点とするベクトル $C_1, C_2, \cdots, C_n$ よりできる平行 n 次元体の有向体積である.

逆関数　$f : X \to Y$ が逆写像 f^{-1} をもつとは，f の値域の任意の点 y に対して $f(x) = y$ となる領域の点 x が一意に存在することであり，このとき $f^{-1}(y) = x$ であり，かつ $f^{-1} \circ f$, $f \circ f^{-1}$ は恒等写像である.「合成」参照.

既約多項式　恒等的にゼロでない多項式 $g(x)$ が体 F の上で既約であるとは，$g(x) = r(x)s(x)$ と分解できないことである．ここで $r(x)$, $s(x)$ は F 上の正の次数の多項式である．たとえば $x^2 + 1$ は実数体の上では既約であるが，$(x+i)(x-i)$ となり，複素数体の上では既約でない.

級数　算術級数 $\sum_{j=1}^{n} a_j$, $a_{j+1} = a_j + d$. d は公差．幾何級数 $\sum_{j=0}^{n-1} a_j$, $a_{j+1} = ra_j$．r は公比.

級数の和

— の線形性

$$\sum_k [aF(k)+bG(k)] = a\sum_k F(k) + b\sum_k G(k)$$

— の基本定理 (望遠鏡和の定理)

$$\sum_{k=1}^{n} [F(k)-F(k-1)] = F(n)-F(0)$$

F をいろいろ変えて以下の和が得られる.

$$\sum_{k=1}^{n} 1 = n, \quad \sum_{k=1}^{n} k = \frac{1}{2}n(n+1), \quad \sum_{k=1}^{n} k^2 = \frac{1}{6}n(n+1)(2n+1),$$

$$\sum_{k=1}^{n} [k(k+1)]^{-1} = 1 - \frac{1}{n+1},$$

$$\sum_{k=1}^{n} [k(k+1)(k+2)]^{-1} = \frac{1}{4} - \frac{1}{2(n+1)(n+2)}.$$

幾何級数の和　$\sum_{k=1}^{n} ar^{k-1} = a(1-r^n)/(1-r)$. 上記参照.

$$\sum_{k=1}^{n} \cos 2kx = \frac{\sin nx \cos(n+1)x}{\sin x}, \quad \sum_{k=1}^{n} \sin 2kx = \frac{\sin nx \sin(n+1)x}{\sin x}$$

行列　数を正方形にならべたもの (a_{ij}).

コーシー–シュワルツの不等式　ベクトル $\boldsymbol{x}$, $\boldsymbol{y}$ に対して $|\boldsymbol{x}\cdot\boldsymbol{y}| < |\boldsymbol{x}||\boldsymbol{y}|$, 実数 x_i, y_i, $i=1,2,\cdots,n$ に対して

$$|x_1y_1 + x_2y_2 + \cdots + x_ny_n| \leqq \left(\sum_{i=1}^{n} {x_i}^2\right)^{1/2} \left(\sum_{i=1}^{n} {y_i}^2\right)^{1/2}$$

等号の成り立つ必要十分条件は $\boldsymbol{x}$, $\boldsymbol{y}$ が同一線上にある, すなわち $x_i = ky_i$, $i=1,2,\cdots,n$. 証明は内積の定義 $\boldsymbol{x}\cdot\boldsymbol{y} = |x||y|\cos(\boldsymbol{x},\boldsymbol{y})$ または二次関数 $q(t) = \sum(y_it - {x_i}^2)$ の判別式より.

根　方程式の解.

根軸 (同心でない 2 つの円の —)　2 つの円に関して方べきの等しい点の軌跡 (円が交わるときには共通弦を含む直線である).

根心 (中心が一直線上にない 3 つの円の —)　円の対の各々にたいする 3 つの根軸の交点.

合成 (関数の —)　関数 f, g で f の値域は g の領域であるとき, 関数 $F(x) = f\circ g(x) = f[g(x)]$ を f, g の合成という.

合同 $a \equiv b \pmod{p}$　"a は p を法として b と合同である" とは $a-b$ が p で割りきれることである.

●さ行

三角恒等式

$$\left.\begin{aligned}\sin(x \pm y) &= \sin x \cos y \pm \sin y \cos x \\ \cos(x \pm y) &= \cos x \cos y \mp \sin x \sin y\end{aligned}\right\} \qquad \text{(加法公式)}$$

$$\sin nx = \cos^n x \left\{ \binom{n}{1} \tan x - \binom{n}{3} \tan^3 x + \cdots \right\}$$

ド・モアブルの定理より

$$\cos nx = \cos^n x \left\{ 1 - \binom{n}{2} \tan^2 x + \binom{n}{4} \tan^4 x - \cdots \right\},$$

$$\sin 2x + \sin 2y + \sin 2z - \sin 2(x+y+z)$$

$$= 4 \sin(y+z) \sin(z+x) \sin(x+y),$$

$$\cos 2x + \cos 2y + \cos 2z + \cos 2(x+y+z)$$

$$= 4 \cos(y+z) \cos(z+x) \cos(x+y),$$

$$\sin(x+y+z) = \cos x \cos y \cos z (\tan x + \tan y + \tan z - \tan x \tan y \tan z),$$

$$\cos(x+y+z) = \cos x \cos y \cos z (1 - \tan y \tan z - \tan z \tan x - \tan x \tan y)$$

三角形の等周定理　面積が一定のとき，正三角形が辺の長さの和が最小な三角形である．

ジェンセン (Jensen) の不等式　$f(x)$ は区間 I で凸で，$w_1, w_2, \cdots, w_n$ は和が 1 である任意の負でない重さである．

$$w_1 f(x_1) + w_2 f(x_2) + \cdots + w_n f(x_n) > f(w_1 x_1 + w_2 x_2 + \cdots + w_n x_n)$$

が I のすべての x_i にたいして成り立つ．

シュアーの不等式　実数 $x, y, z, n \geqq 0$ に対して

$$x^n (x-y)(x-z) + y^n (y-z)(y-x) + z^n (z-x)(z-y) \geqq 0$$

周期関数　$f(x)$ はすべての x で $f(x+a) = f(x)$ となるとき周期 a の周期関数という．

巡回多角形　円に内接する多角形．

斉次　$f(x, y, z, \cdots)$ が次数が k の斉次式であるとは，

$$f(tx, ty, tz, \cdots) = t^k f(x, y, z, \cdots).$$

線形方程式系が斉次とは，各方程式が $f(x, y, z, \cdots) = 0$ の形で f は次数 1 である．

零点 (関数 $f(x)$ の —)　$f(x) = 0$ となる点 x．

相加・相乗・調和平均の不等式　$a_1, a_2, \cdots, a_n$ が n 個の負でない数であるとき，

$$\frac{1}{n} \sum_{i=1}^{n} a_i \geqq \sqrt[n]{a_1 \cdots a_i \cdots a_n} \geqq \left(\frac{1}{n} \sum_{i=1}^{n} \frac{1}{a_i} \right)^{-1}, \quad (a_i > 0)$$

"=" の成り立つ必要十分条件は $a_1 = a_2 = \cdots = a_n$.

相似拡大　相似の中心という定点Oおよび定数 $k \neq 0$ に対し，点Aを $\overrightarrow{\mathrm{OA'}} = k\overrightarrow{\mathrm{OA}}$ をみたす点 A′ に移すような，平面あるいは空間の変換である．この変換 (写像) は直線をそれと平行な直線へ写し，中心のみが不動点である．逆に，任意の2つの相似図形の対応する辺が平行であれば，一方を他方へ写す相似変換が存在する．対応する点を結ぶ直線はすべて中心で交わる．

●た行

チェバの定理　三角形ABCで直線BC上に点Dを，直線CA上に点Eを，直線AB上に点Fをとる．もし直線AD, BE, CFが1点で交われば (i) $\mathrm{BD}\cdot\mathrm{CE}\cdot\mathrm{AF} = \mathrm{DC}\cdot\mathrm{EA}\cdot\mathrm{FB}$ である．逆に (i) が成り立つとき直線AD, BE, CFは1点で交わる．

中国剰余定理　$m_1, m_2, \cdots, m_n$ が正の整数でどの2つの対をとってもそれらは互いに素で，$a_1, a_2, \cdots, a_n$ は任意の n 個の整数である．このとき合同式 $x \equiv a_i \pmod{m_i}$, $i = 1, 2, \cdots, n$ は共通の解をもち，どの2つの解も $m_1 m_2 \cdots m_n$ を法として合同である．

調和平均　「平均」参照.

ディリクレの原理　「鳩の巣原理」を参照.

凸関数　関数 $f(x)$ が区間 I で凸であるとは，I の任意の2点 x_1, x_2 と負でない任意の重み w_1, w_2 $(w_1 + w_2 = 1)$ に対して $w_1 f(x_1) + w_2 f(x_2) > f(w_1 x_1 + w_2 x_2)$ が成り立つことである．幾何学的には $(x_1, f(x_1))$ と $(x_2, f(x_2))$ の間の f のグラフがその2点を結ぶ線分の下にあることである．以下の重要事項が成り立つ.

(1) $w_1 = w_2 = \dfrac{1}{2}$ で上の不等式をみたす連続関数は凸である.

(2) 2階微分可能な関数が凸である必要十分条件は $f''(x)$ がその区間の中で負でないことである.

(3) 微分可能な関数のグラフはその接線の上にある．さらに「ジェンセン (Jensen) の不等式」を参照せよ.

凸集合　点集合 S が凸であるとは，S の任意の2点の点対P, Qを結ぶ線分PQ上のすべての点が S の点であることである.

凸包 (集合 S の)　S を含むすべての凸集合の共通部分集合.

ド・モアブルの定理　$(\cos\theta + i\sin\theta)^n = \cos n\theta + i\sin n\theta$

●な行

二項係数

$$\binom{n}{k} = \frac{n!}{k!(n-k)!} = \binom{n}{n-k} = (1+y)^n \text{の展開式の } y^k \text{の係数.}$$

また，

$$\binom{n+1}{k+1} = \binom{n}{k+1} + \binom{n}{k}$$

二項定理

$$(x+y)^n = \sum_{k=0}^{n} \binom{n}{k} x^{n-k} y^k$$

ここで $\binom{n}{k}$ は二項係数.

●は行

鳩の巣原理 (ディリクレの箱の原理)　n 個のものが $k < n$ 個の箱に入ると，$\left\lfloor \frac{n}{k} \right\rfloor$ 個以上のものが入っている箱が少なくとも 1 つ存在する.

フェルマーの定理　p が素数のとき，$a^p \equiv a \pmod{p}$.

— **オイラーの拡張**　m が n に相対的に素であると，$m^{\phi(n)} \equiv 1 \pmod{n}$. ここでオイラーの関数 $\phi(n)$ は n より小で n と相対的に素である正の整数の個数を示す．次の等式が成り立つ.

$$\phi(n) = n \prod \left(1 - \frac{1}{p_j}\right)$$

ここで p_j は n の相異なる素の因数である.

複素数　$x + iy$ で示される数．ここで x, y は実数で $i = \sqrt{-1}$.

平均 (n 個の数の —)

$$算術平均 = \text{A.M.} = \frac{1}{n} \sum_{i=1}^{n} a_i,$$

$$幾何平均 = \text{G.M.} = \sqrt[n]{a_1 a_2 \cdots a_n}, \quad a_i \geqq 0,$$

$$調和平均 = \text{H.M.} = \left(\frac{1}{n} \sum_{i=1}^{n} \frac{1}{a_i}\right)^{-1}, \quad a_i > 0,$$

$$\text{A.M.–G.M.–H.M. 不等式} : \quad \text{A.M.} \geqq \text{G.M.} \geqq \text{H.M.}$$

等号の必要十分条件は，n 個の数がすべて等しいこと.

べき平均

$$P(r) = \left(\frac{1}{n}\sum_{i=1}^{n} {a_i}^r\right)^{1/r}, \quad a_i > 0, \quad r \neq 0, \quad |r| < \infty$$

特別の場合：$P(0) = \text{G.M.}$, $P(-1) = \text{H.M.}$, $P(1) = \text{A.M.}$

$P(r)$ は $-\infty < r < \infty$ 上で連続である．すなわち

$$\lim_{r\to 0} P(r) = \left(\prod a_i\right)^{1/n},$$

$$\lim_{r\to -\infty} P(r) = \min(a_i),$$

$$\lim_{r\to \infty} P(r) = \max(a_i).$$

べき平均不等式　$-\infty \leqq r < s < \infty$ に対して $P(r) \leqq P(s)$．等号の必要十分条件はすべての a_i が等しいこと．

ベクトル　順序付けられた n 個の実数の対 $\boldsymbol{x} = (x_1, x_2, \cdots, x_n)$ を n 次元ベクトルという．実数 a との積はベクトル $a\boldsymbol{x} = (ax_1, ax_2, \cdots, ax_n)$．2 つのベクトル $\boldsymbol{x}$ と $\boldsymbol{y}$ の和ベクトル $\boldsymbol{x} + \boldsymbol{y} = (x_1 + y_1, x_2 + y_2, \cdots, x_n + y_n)$ (加法の平行四辺形法則，加法の三角形法則).

内積 $\boldsymbol{x} \cdot \boldsymbol{y}$ は，幾何学的には $|\boldsymbol{x}||\boldsymbol{y}|\cos\theta$，ここで $|\boldsymbol{x}|$ は $\boldsymbol{x}$ の長さで，θ は 2 つのベクトル間の角である．代数的には $\boldsymbol{x} \cdot \boldsymbol{y} = x_1y_1 + x_2y_2 + \cdots + x_ny_n$ で $|\boldsymbol{x}| = \sqrt{\boldsymbol{x} \cdot \boldsymbol{x}} = \sqrt{{x_1}^2 + {x_2}^2 + \cdots + {x_n}^2}$．3 次元空間 E では，ベクトル積 $x \times y$ が定義される．幾何学的には x と y に直交し，長さ $|\boldsymbol{x}||\boldsymbol{y}|\sin\theta$ で向きは右手ネジの法則により定まる．代数的には $\boldsymbol{x} = (x_1, x_2, x_3)$ と $\boldsymbol{y} = (y_1, y_2, y_3)$ の外積はベクトル $\boldsymbol{x} \times \boldsymbol{y} = (x_2y_3 - x_3y_2, x_3y_1 - x_1y_3, x_1y_2 - x_2y_1)$．幾何的定義から三重内積 $\boldsymbol{x} \cdot \boldsymbol{y} \times \boldsymbol{z}$ は $\boldsymbol{x}$, $\boldsymbol{y}$ と $\boldsymbol{z}$ がつくる平行六面体の有向体積であり，

$$\boldsymbol{x} \cdot \boldsymbol{y} \times \boldsymbol{z} = \begin{vmatrix} x_1 & x_2 & x_3 \\ y_1 & y_2 & y_3 \\ z_1 & z_2 & z_3 \end{vmatrix} = \det(\boldsymbol{x}, \boldsymbol{y}, \boldsymbol{z}).$$

「行列」参照.

ヘルダーの不等式　a_i, b_i は負でない数であり，p, q は $\dfrac{1}{p} + \dfrac{1}{q} = 1$ である正の数である．すると

$$\begin{aligned} &a_1b_1 + a_2b_2 + \cdots + a_nb_n \\ &< ({a_1}^p + {a_2}^p + \cdots + {a_n}^p)^{1/p}({b_1}^q + {b_2}^q + \cdots + {b_n}^q)^{1/q}. \end{aligned}$$

ここで等号となる必要十分条件は $a_i = kb_i$, $i = 1, 2, \cdots, n$.

コーシー–シュワルツの不等式は $p = q = 2$ の特別な場合になる．

ヘロンの公式　辺の長さが a, b, c である三角形 ABC の面積 [ABC].

$$[\mathrm{ABC}] = \sqrt{s(s-a)(s-b)(s-c)}$$

ここで $s = \dfrac{1}{2}(a+b+c)$.

傍接円　1 辺の内点と 2 辺の延長上の点に接する円.

●ま行

メネラウスの定理　三角形 ABC の直線 BC, CA, AB 上の点をそれぞれ D, E, F とする．3 点 D, E, F が一直線上にある必要十分条件は $\mathrm{BD} \cdot \mathrm{CE} \cdot \mathrm{AF} = -\mathrm{DC} \cdot \mathrm{EA} \cdot \mathrm{FB}$.

●や行

ユークリッドの互除法 (ユークリッドのアルゴリズム)　2 つの整数 $m > n$ の最大公約数 GCD を求める繰り返し除法のプロセス．$m = nq_1 + r_1$，$q_1 = r_1 q_2 + r_2$，$\cdots$，$q_k = r_k q_{k+1} + r_{k+1}$．最後の 0 でない剰余が m と n の GCD である．

6.7　参考書案内

●『math OLYMPIAN』(数学オリンピック財団編)

年 1 回発行 (10 月).

内容：前年度 JMO, APMO, IMO の問題と解答の紹介及び IMO 通信添削問題と解答．JMO 受験申込者に，当該年度発行の 1 冊を無料でお送りします．

以下の本は，発行元または店頭でお求めください．

[1]『数学オリンピック 2020～2024』(2024 年 9 月発行)，数学オリンピック財団編，日本評論社．

内容：2020 年から 2024 年までの日本予選，本選，APMO (2024 年)，EGMO (2024 年)，IMO の全問題 (解答付) 及び日本選手の成績．

[2]『数学オリンピック教室』，野口廣著，朝倉書店．

[3]『ゼロからわかる数学 — 数論とその応用』，戸川美郎著，朝倉書店．

[4]『幾何の世界』，鈴木晋一著，朝倉書店．

内容：シリーズ数学の世界 ([2][3][4]) は，JMO 予選の入門書です．

[5]『数学オリンピック事典 — 問題と解法』，朝倉書店．

内容：国際数学オリンピック (IMO) の第 1 回 (1960 年) から第 40 回 (2000 年) までの全問題と解答，日本数学オリンピック (JMO) の 1989 年から 2000 年までの全問題と解答及びその他アメリカ，旧ソ連等の数学オリンピックに関する問題と解答の集大成です．

[6]『数学オリンピックへの道 1：組合せ論の精選 102 問』，小林一章，鈴木晋一監訳，朝倉書店．

[7]『数学オリンピックへの道 2：三角法の精選 103 問』，小林一章，鈴木晋一監訳，朝倉書店．

[8]『数学オリンピックへの道 3：数論の精選 104 問』，小林一章，鈴木晋一監訳，朝倉書店．

内容：シリーズ数学オリンピックへの道 ([6][7][8]) は，アメリカ合衆国の国際数学オリンピックチーム選手団を選抜すべく開催される数学オリンピック夏期合宿プログラム (MOSP) において，練習と選抜試験に用いられた問題から精選した問題集です．組合せ数学・三角法・初等整数論の 3 分野で，いずれも日本の中学校・高等学校の数学ではあまり深入りしない分野です．

[**9**]『獲得金メダル！ 国際数学オリンピック — メダリストが教える解き方と技』，小林一章監修，朝倉書店．

内容：本書は，IMO 日本代表選手に対する直前合宿で使用された教材をもとに，JMO や IMO に出題された難問の根底にある基本的な考え方や解法を，IMO の日本代表の OB 達が解説した参考書です．

[**10**]『平面幾何パーフェクト・マスター — めざせ，数学オリンピック』，鈴木晋一編著，日本評論社．

[**11**]『初等整数パーフェクト・マスター — めざせ，数学オリンピック』，鈴木晋一編著，日本評論社．

[**12**]『代数・解析パーフェクト・マスター — めざせ，数学オリンピック』，鈴木晋一編著，日本評論社．

[**13**]『組合せ論パーフェクト・マスター — めざせ，数学オリンピック』，鈴木晋一編著，日本評論社．

内容：[10][11][12][13] は，日本をはじめ，世界中の数学オリンピックの過去問から精選した良問を，基礎から中級・上級に分類して提供する問題集となっています．

[**14**]『数学オリンピック幾何への挑戦 — ユークリッド幾何学をめぐる船旅』，エヴァン・チェン著，森田康夫監訳，兒玉太陽・熊谷勇輝・宿田彩斗・平山楓馬訳，日本評論社．

6.8　第35回日本数学オリンピック募集要項
(第66回国際数学オリンピック日本代表選手候補選抜試験)

第66回国際数学オリンピックオーストラリア大会 (IMO 2025)(2025年7月開催予定) の日本代表選手候補を選抜する第35回 JMO を行います．また，この受験者の内の女子は，ヨーロッパ女子数学オリンピック (EGMO) の最終選抜も兼ねています．奮って応募してください．

●応募資格　2025年1月時点で大学教育 (またはそれに相当する教育) を受けていない20歳未満の者．但し，IMO 代表資格は，IMO 代表資格は，高校2年生以下の者から選抜します．

●試験内容　前提とする知識は，世界各国の高校程度で，整数問題，幾何，組合せ，式変形等の問題が題材となります．(微積分，確率統計，行列は範囲外です．)

●受験料　4,000円 (納付された受験料は返還いたしません．)
申込者には，math OLYMPIAN 2024年度版を送付します．

●申込方法
(1) **個人申込**　2024年9月1日（日）〜10月25日（金）（Web申し込み締切）．

(2) **学校一括申込 (JMO5名以上)**　2024年9月1日〜9月30日の間に申し込んでください．一括申込の場合は，4,000円から，次のように割り引きます．

- 5人以上20人未満 ⟹ 1人500円引き．
- 20人以上50人未満 ⟹ 1人1,000円引き．
- 50人以上 ⟹ 1人1,500円引き．

★ JMO と JJMO の人数を合算した割引はありません．

★ JMO 5名未満の応募は個人申込での受付とさせていただきます．

★ 申込方法の詳細は，数学オリンピック財団のホームページをご覧ください．

●選抜方法と選抜日程および予定会場

▶▶ 日本数学オリンピック (JMO) 予選

日時 2025年1月13日 (月: 成人の日) 午後1:00～4:00

受験地 各都道府県 (予定). 受験地は, 数学オリンピック財団のホームページをご覧ください.

選抜方法 3時間で12問の解答のみを記す筆記試験を行います.

結果発表 2月上旬までに成績順にAランク, Bランク, Cランクとして本人に通知します. Aランク者は, 数学オリンピック財団のホームページ等に掲載し, 表彰します.

地区表彰 財団で定めた地区割りで, 成績順に応募者の約1割 (Aランク者を含め) に入るBランク者を, 地区別 (受験会場による) に表彰します.

▶▶ 日本数学オリンピック (JMO) 本選

日時 2025年2月11日 (火: 建国記念の日) 午後1:00～5:00

受験場所は, 数学オリンピック財団のホームページで発表します.

選抜方法 予選Aランク者に対して, 4時間で5問の記述式筆記試験を行います.

結果発表 2月下旬, JMO受賞者 (上位20名前後) を発表し,「代表選考合宿」に招待します.

表彰 「代表選考合宿」期間中にJMO受賞者の表彰式を行います. 優勝者には川井杯を授与します. また, 受賞者には賞状・副賞等を授与します.

●代表選考合宿

春 (2025年3月下旬) に合宿を行います. この「代表選考合宿」後に, IMO日本代表選手候補6名を決定します.

場所：未定 (都内)

●特典 コンテストでの成績優秀者には, 大学の特別推薦入試などでの特典を利用することができます. 詳しくは, 特別推薦入試実施の各大学へお問い合わせください.

(注意) 募集要項の最新の情報については，下記の数学オリンピック財団のホームページを参照して下さい．

公益財団法人　数学オリンピック財団

TEL 03-5272-9790　FAX 03-5272-9791

URL https://www.imojp.org/

公益財団法人数学オリンピック財団
〒160-0022 東京都新宿区新宿 7-26-37-2D
Tel 03-5272-9790，　Fax 03-5272-9791

数学（すうがく）オリンピック 2020 ～ 2024

2024 年 9 月 30 日　第 1 版第 1 刷発行

監　修	(公財)（こうざい）数学（すうがく）オリンピック財団（ざいだん）
発行所	株式会社 日本評論社
	〒 170-8474 東京都豊島区南大塚 3-12-4
	電話 (03)3987-8621 [販売]
	(03)3987-8599 [編集]
印　刷	三美印刷
製　本	難波製本
装　幀	海保　透

Printed in Japan　ISBN 978-4-535-79032-2